AF122864

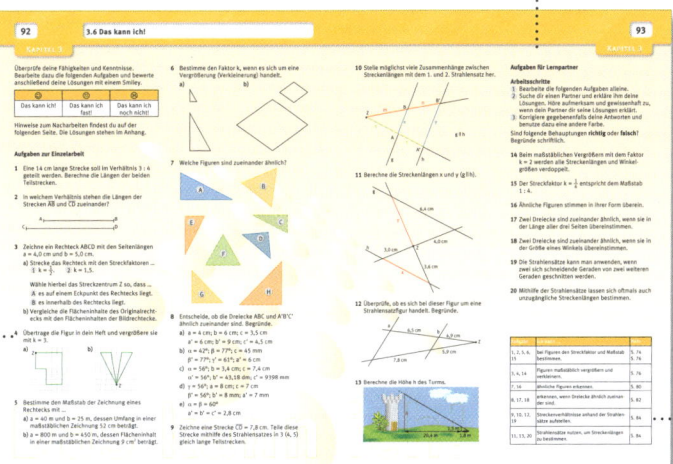

Der **zweite Teil** enthält „Diskussionsaufgaben": Bezieht Stellung zu den Behauptungen und begründet oder widerlegt sie. Anschließend vergleicht ihr eure Ergebnisse mit einem Partner.

Die Doppelseite **Das kann ich!** hat verschiedene Teile:
Im **ersten Teil** findet ihr Aufgaben, die ihr alleine löst. Anschließend bewertet ihr euch selbst. Näheres findet ihr auf den Seiten selbst. Die Aufgaben sind einfach gehalten, ihr solltet also einen Großteil davon gut schaffen.

Mithilfe der Tabelle könnt ihr prüfen, was ihr gut könnt und wo ihr noch üben müsst. Ihr findet auch Seitenverweise zum Nacharbeiten.

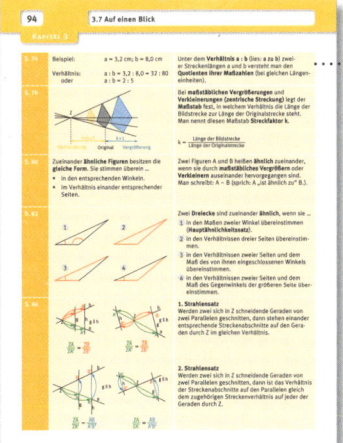

Die Seite **Auf einen Blick** enthält das Grundwissen des Kapitels in kompakter Form.

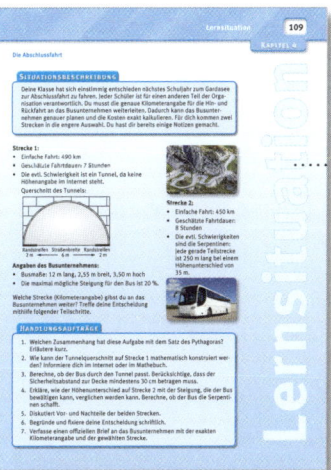

Jedes Großkapitel schließt nach den Vermischten Aufgaben mit einer **Lernsituation** ab.

Mathe.Logo 9

Wirtschaftsschule Bayern

Herausgegeben von Michael Kleine

Bearbeitet von Bernd Bauer,
Birgit Falge-Bechwar,
Elisabeth Garnreiter,
Claudia Geyer,
Michael Kleine,
Petra Kraft,
Sabrina Mistlberger,
Sandro Reinhardt,
Thorsten Spree

C.C.BUCHNER

Mathe.Logo
Wirtschaftsschule Bayern
Herausgegeben von Michael Kleine

Mathe.Logo 9
Bearbeitet von Bernd Bauer, Birgit Falge-Bechwar, Elisabeth Garnreiter, Claudia Geyer, Michael Kleine, Petra Kraft, Sabrina Mistlberger, Sandro Reinhardt und Thorsten Spree

1. Auflage, 3. Druck 2021
Alle Drucke dieser Auflage sind, weil untereinander unverändert, nebeneinander benutzbar.

Dieses Werk folgt der reformierten Rechtschreibung und Zeichensetzung. Ausnahmen bilden Texte, bei denen künstlerische und lizenzrechtliche Gründe einer Änderung entgegenstehen.

© 2016 C.C.Buchner Verlag, Bamberg
Das Werk und seine Teile sind urheberrechtlich geschützt. Jede Nutzung in anderen als den gesetzlich zugelassenen Fällen bedarf der vorherigen schriftlichen Einwilligung des Verlags. Das gilt insbesondere auch für Vervielfältigungen, Übersetzungen und Mikroverfilmungen. Hinweis zu § 52 a UrhG: Weder das Werk noch seine Teile dürfen ohne eine solche Einwilligung eingescannt und in ein Netzwerk eingestellt werden. Dies gilt auch für Intranets von Schulen und sonstigen Bildungseinrichtungen.

Redaktion: Sonja Krause
Grafische Gestaltung: Wildner+Designer GmbH, Fürth
Druck- und Bindearbeiten: mgo360 GmbH & Co. KG, Bamberg

www.ccbuchner.de

ISBN: 978-3-7661-**6253**-3

Inhalt

Mathematische Zeichen und Abkürzungen	6
Grundwissen	7

1 Wurzeln und Logarithmen — 15

1.1	Quadrat- und Kubikzahlen	16
1.2	Wurzeln	18
1.3	Rechnen mit Wurzeln	20
1.4	Irrationale Zahlen	22
1.5	Logarithmus (WS 4)	24
1.6	Vermischte Aufgaben	26
	Lernsituation	29
1.7	Das kann ich!	30
1.8	Auf einen Blick	32

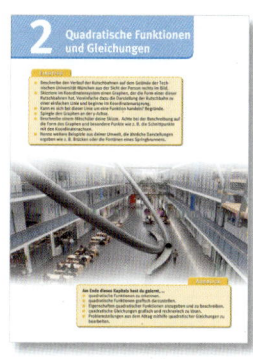

2 Quadratische Funktionen und Gleichungen — 33

2.1	Terme umformen	34
2.2	Die Normalparabel	38
2.3	Reinquadratische Gleichungen lösen	40
2.4	Stauchung, Streckung, Spiegelung	44
2.5	Parallelverschiebung	48
2.6	Die allgemeine Form einer quadratischen Funktion	52
2.7	Eigenschaften quadratischer Funktionen	56
2.8	Gemischt quadratische Gleichungen lösen	58
2.9	Quadratische Funktionen in der Praxis	62
2.10	Vermischte Aufgaben	66
	Lernsituation	69
2.11	Das kann ich!	70
2.12	Auf einen Blick	72

3 Strahlensätze — 73

3.1	Verhältnisse	74
3.2	Maßstäbliches vergrößern und verkleinern	76
3.3	Ähnlichkeit	80
3.4	Strahlensätze	84
3.5	Vermischte Aufgaben	88
	Lernsituation	91
3.6	Das kann ich!	92
3.7	Auf einen Blick	94

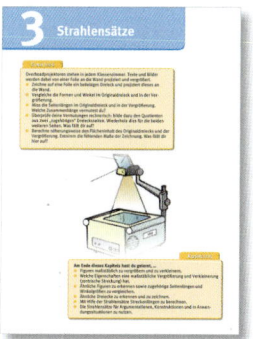

Inhalt

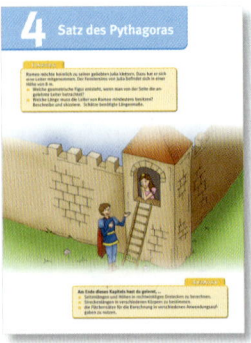

4	**Satz des Pythagoras**	**95**
4.1	Satz des Pythagoras	96
4.2	Satz des Pythagoras in Körpern	102
4.3	Satz des Pythagoras im Alltag	104
4.4	Vermischte Aufgaben	106
	Lernsituation	**109**
4.5	Das kann ich!	110
4.6	Auf einen Blick	112

5	**Berechnungen an Pyramiden und Kegeln**	**113**
5.1	Pyramiden und Kegel untersuchen	114
5.2	Oberflächeninhalt von Pyramiden und Kegeln	116
5.3	Volumen und Schrägbilder von Pyramiden und Kegeln	118
5.4	Vermischte Aufgaben	122
	Lernsituation	**125**
5.5	Das kann ich!	126
5.6	Auf einen Blick	128

6	**Trigonometrie am rechtwinkligen Dreieck**	**129**
6.1	Sinus und Kosinus im rechtwinkligen Dreieck	130
6.2	Tangens im rechtwinkligen Dreieck	132
6.3	Sinus, Kosinus und Tangens im Alltag	134
6.4	Vermischte Aufgaben	138
	Lernsituation	**141**
6.5	Das kann ich!	142
6.6	Auf einen Blick	144

Inhalt

7 Wachstum und Zerfall (WS 4) **145**
7.1 Lineares und exponentielles Wachstum (WS 4) 146
7.2 Exponentialfunktionen und ihre Eigenschaften (WS 4) 150
7.3 Exponentialfunktionen im Alltag (WS 4) 154
7.4 Vermischte Aufgaben (WS 4) 156
      Lernsituation (WS 4) **159**
7.5 **Das kann ich! (WS 4)** **160**
7.6 **Auf einen Blick (WS 4)** **162**

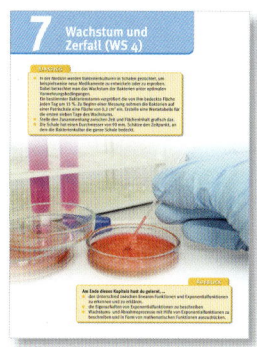

8 Einstufige Zufallsexperimente **163**
8.1 Zufallsexperimente beschreiben 164
8.2 Das Gesetz der großen Zahlen 166
8.3 Laplace-Wahrscheinlichkeit 168
8.4 Wahrscheinlichkeiten im Alltag 170
8.5 Vermischte Aufgaben 172
      Lernsituation **175**
8.6 **Das kann ich!** **176**
8.7 **Auf einen Blick** **178**

Lösungen zum Grundwissen und zu „Das kann ich!" **179**

Stichwortverzeichnis **199**

Bildnachweis **200**

Mathematische Zeichen und Abkürzungen

$\mathbb{N}$	Menge der natürlichen Zahlen	$\cdot$, :	mal, multipliziert mit, geteilt durch, dividiert durch
$\mathbb{N}_0$	Menge der natürlichen Zahlen mit Null	$\frac{a}{b}$	Bruch mit Zähler a und Nenner b
$\mathbb{Z}$	Menge der ganzen Zahlen	a^n	Potenzschreibweise; „a hoch n"
$\mathbb{Q}$	Menge der rationalen Zahlen	$\sqrt{a}, \sqrt[3]{a}$	Quadratwurzel, Kubikwurzel aus a
$\mathbb{Q}^+$	Menge der positiven rationalen Zahlen	$\log_a c$	Logarithmus von c zur Basis a
$\mathbb{D}$	Definitionsmenge; Definitionsbereich einer Funktion	%	Prozent
$\mathbb{W}$	Wertemenge; Wertebereich einer Funktion	H (Z)	absolute Häufigkeit, mit der das Ergebnis Z (z. B. Zahl) vorkommt
$\mathbb{G}$	Grundmenge		
$\mathbb{L}$	Lösungsmenge	h (Z)	relative Häufigkeit, mit der das Ergebnis Z (z. B. Zahl) vorkommt
$\emptyset$	leere Menge		
{a, b, c}	aufzählende Form der Mengendarstellung „Menge mit den Elementen a, b, und c"	$\bar{x}$	arithmetisches Mittel (Durchschnittswert)
		m	Modalwert
$T_1, T_2, \ldots$	Terme	z	Median (Zentralwert)
$\in (\notin)$	Element von (nicht Element von)	s	Spannweite
$\Rightarrow$	daraus folgt	$P(x_1 | y_1)$	Punkt P mit den Koordinaten x_1 und y_1
$\Leftrightarrow$	äquivalent	g, h, …	Geraden
$\mapsto$	ist zugeordnet	[PQ]	Strecke mit den Endpunkten P und Q
f (x), g (x), …	Funktionsgleichung; Funktionsterm; Funktionen	$\overline{PQ}$	Länge der Strecke [PQ]
m	Steigung	k (M; r)	Kreislinie mit Mittelpunkt M und Radius r
t	y-Achsenabschnitt	$\alpha, \beta, \gamma, \ldots$	Winkelbezeichnungen
x_0	Nullstelle	°	Grad, Maßeinheit für Winkel
$N(x_0 | 0)$	Schnittpunkt eines Funktionsgraphen mit x-Achse	u	Umfangslänge
$P(0 | t)$	Schnittpunkt eines Funktionsgraphen mit y-Achse	r	Radius eines Kreises
		d	Durchmesser eines Kreises
p	Parabel	A	Flächeninhalt
=, ≠	gleich, ungleich	A_O	Oberflächeninhalt
≈	ungefähr gleich	A_G, A_M	Grundfläche, Mantelfläche
>, <	größer als, kleiner als	V	Volumen, Rauminhalt
≧	größer oder gleich	$\perp, \parallel$	senkrecht auf, parallel zu
≦	kleiner oder gleich	sin α	Sinuswert des Winkels α
≙	entspricht	cos α	Cosinuswert des Winkels α
∣, ∤	teilt, teilt nicht	tan α	Tangenswert des Winkels α
+, −	plus, minus		

Grundwissen 7

Die Lösungen zum Grundwissen findest du im Anhang.

Mit rationalen Zahlen rechnen

1 Berechne.
a) $(-75,6) + (-63,4)$
b) $105,8 + (-116,2)$
c) $(-40,56) - (-32,44)$
d) $(-100,78) - 78,22$
e) $231\frac{5}{6} - \left(-456\frac{5}{12}\right)$
f) $\left(-31\frac{7}{8}\right) - \left(-29\frac{3}{56}\right)$
g) $234\frac{18}{19} + \left(-166\frac{3}{57}\right) - 56,25 + \left(-156\frac{1}{4}\right) - (-7)$

2 Übertrage die Multiplikationstabelle (Additionstabelle) ins Heft und fülle aus.

	$7\frac{3}{8}$	$-3\frac{5}{16}$	$-4,625$	$4,75$
$24\frac{1}{4}$				
$-78,125$				
$0,25$				
$-2\frac{3}{16}$				

3 Berechne und benutze die Rechengesetze, wenn es sinnvoll ist. Gib in dem Fall das Gesetz an.
a) $\frac{7}{11} \cdot \frac{2}{13} - \frac{4}{13} \cdot \frac{4}{11}$
b) $(0,25 + 3,57) + 2,43$
c) $(-0,25 + 2,45) + \left(-0,75 + 1\frac{55}{100}\right)$
d) $-\frac{3}{5} : (-0,2) + \frac{9}{20}$
e) $\frac{3}{4} + \frac{1}{5} + 0,25 + 0,8 + \frac{1}{2}$

Addition rationaler Zahlen
Bei gleichen Vorzeichen der Summanden werden die Beträge addiert; das gemeinsame Vorzeichen bleibt.
Beispiel: $(-4,2) + (-1,4) = -5,6$
Bei verschiedenen Vorzeichen der Summanden wird der kleinere Betrag vom größeren Betrag subtrahiert; das Ergebnis hat das Vorzeichen des Summanden mit dem größeren Betrag.
Beispiel: $(-6,3) + (+1,7) = -4,6$

Subtraktion rationaler Zahlen
Die Subtraktion einer rationalen Zahl lässt sich stets durch die Addition ihrer Gegenzahl ersetzen.

Multiplikation und Division rationaler Zahlen
Zwei rationale Zahlen werden multipliziert (dividiert), indem man zunächst deren Beträge multipliziert (dividiert). Haben beide Zahlen dasselbe Vorzeichen, so ist das Ergebnis positiv, andernfalls negativ.

Rechengesetze in $\mathbb{Q}$ (für alle $a, b, c \in \mathbb{Q}$)

Kommutativgesetz
$a + b = b + a$ $a \cdot b = b \cdot a$

Assozialivgesetz
$a + (b + c) = (a + b) + c$ $a \cdot (b \cdot c) = (a \cdot b) \cdot c$

Distributivgesetz
$a \cdot (b + c) = ab + ac$ $a \cdot (b - c) = ab - ac$

Potenzgesetze

4 Schreibe das Produkt als Potenz und berechne seinen Wert.
a) $-\left(\frac{2}{3} \cdot \frac{2}{3} \cdot \frac{2}{3} \cdot \frac{2}{3}\right)$
b) $\left(-\frac{4}{7}\right) \cdot \left(-\frac{4}{7}\right) \cdot \left(-\frac{4}{7}\right)$
c) $\frac{1}{5} \cdot \frac{1}{5} \cdot \frac{1}{5} \cdot \frac{1}{5}$
d) $\left(-\frac{0}{13}\right) \cdot \left(-\frac{0}{13}\right)$

5 Fasse zusammen und berechne.
a) $\left(\frac{4}{7}\right)^3 \cdot \left(\frac{4}{7}\right)^3$
b) $1,7^5 \cdot 1,7^{-2}$
c) $\left(-\frac{3}{4}\right)^8 : (-0,75)^3$
d) $\left(-\frac{2}{3}\right)^4 \cdot (-18)^4$
e) $0,25^5 : (-0,25)^5$
f) $\left(\left(-\frac{4}{5}\right)^3\right)^2 \cdot \left(-\frac{4}{5}\right)^3$
g) $(0,4^3)^3 \cdot 0,4^2$
h) $\left(\frac{1}{9}\right)^0 : \left(\frac{1}{9}\right)^3$
i) $(x^2)^3 : (y^{-2} \cdot x^6)$
j) $(0^3)^1 : 1^0$

$a^1 = a$ für alle $a \in \mathbb{Q}$ $a^0 = 1$ für alle $a \in \mathbb{Q} \setminus \{0\}$

1 Werden **Potenzen mit gleicher Basis** multipliziert (dividiert), bleibt die **Basis erhalten**. Der Exponent ist die Summe (Differenz) der Exponenten.
$(-3)^5 \cdot (-3)^3 = (-3)^{5+3} = (-3)^8$
$(-3)^5 : (-3)^3 = (-3)^{5-3} = (-3)^2$

2 Werden **Potenzen mit demselben Exponenten** multipliziert (dividiert), dann bleibt der **gemeinsame Exponent erhalten**. Die Basis ist dabei das Produkt (der Quotient) der einzelnen Basen.
$(-8)^5 \cdot 2^5 = (-8 \cdot 2)^5 = (-16)^5$
$(-8)^5 : 2^5 = (-8 : 2)^5 = (-4)^5$

3 Wird eine Potenz potenziert, werden die Exponenten multipliziert. Die Basis bleibt erhalten.
$(7^3)^5 = 7^{3 \cdot 5} = 7^{15}$

Grundwissen

Lineare Gleichungen

6 Bestimme die Lösungsmenge jeweils in $\mathbb{N}$, $\mathbb{Z}$ und $\mathbb{Q}$.
  a) $4x + 5x \cdot 2 \cdot (x - 6) = 10 \cdot x^2 + 7x + 3$
  b) $\frac{2}{3}a - 4a + 5 = 2 - \frac{1}{2}a + 8$
  c) $16 \cdot \left(\frac{3}{4}c + 2c + 6\right) = 8$
  d) $2 \cdot (5x - 7) + 47 = 5 \cdot (3x + 8) - 12$

7 Auf einem Teppich-Basar wird gefeilscht. Schließlich einigt man sich: Der Händler möchte 1200 € und lässt x % nach, der Käufer bietet 800 € und legt x % zu. Berechne den Preis des Teppichs.

Gleichungen, die die Variable in der ersten Potenz enthalten, heißen **lineare Gleichungen**.
Die **Grundmenge** $\mathbb{G}$ gibt an, welche Zahlen für die Variable eingesetzt werden dürfen.
Die **Lösungsmenge** $\mathbb{L}$ gibt die Zahlen aus $\mathbb{G}$ an, die man für die Variable einsetzen kann, damit eine wahre Aussage entsteht.

Die Lösungsmenge einer linearen Gleichung kann man durch **Äquivalenzumformungen** erhalten.
1. Zusammenfassen und ordnen von Summanden mit Variablen auf der einen Seite und Summanden ohne Variablen auf der anderen Seite der Gleichung
2. Durch den Koeffizienten der Variablen dividieren liefert die Lösung
3. Lösungsmenge angeben

Lineare Gleichungssysteme

8 Löse zeichnerisch.
  a) I $2x - y = 3$
     II $3x - 5y = 1$
  b) I $x = y + 3$
     II $y = \frac{1}{2} \cdot (2x - 6)$
  c) I $x - 2y = 3$
     II $3{,}8y - 1{,}9x = -2$
  d) I $y - 0{,}7x = 1$
     II $x + 2{,}5y = 16{,}25$

9 Bestimme die Lösungsmenge mit einem rechnerischen Verfahren deiner Wahl.
  a) I $3y + 9x + 15 = 0$
     II $2x = 45 - 4y$
  b) I $x = 5y - 27$
     II $3y = \frac{1}{2} \cdot (3x - 9)$
  c) I $x + 1{,}5y = -19$
     II $8x - 1{,}5y = 10$
  d) I $\frac{4}{7}x - 1 = -y$
     II $2x = \frac{7}{2} \cdot (1 - y)$

10 Tanja kann sich zwischen diesen beiden Handytarifen entscheiden:

Grundgebühr: 10 €
Verbrauchskosten: 3 ct/min

Grundgebühr: 8 €
Verbrauchskosten: 9 ct/min

Gib ihr eine Entscheidungshilfe, bei welchem Telefonierverhalten sie sich für welchen Tarif entscheiden soll.

Sollen Zahlenpaare (x|y) **zwei lineare Gleichungen gleichzeitig erfüllen**, so spricht man von einem **linearen Gleichungssystem**.
Es gibt drei Fälle:

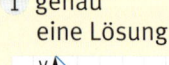

1. genau eine Lösung
2. keine Lösung
3. unendlich viele Lösungen

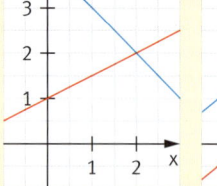
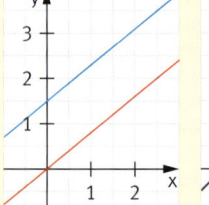
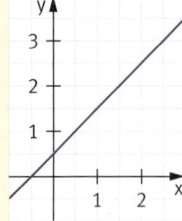

Rechnerische Verfahren:

Einsetzungsverfahren
Löst man eine der Gleichungen nach einer Variable (z. B. y) auf, dann kann man diesen Term in die andere Gleichung einsetzen.

Gleichsetzungsverfahren
Löst man beide Gleichungen nach einer Variable (z. B. y) auf, dann kann man die Terme gleichsetzen.

Additionsverfahren
Man addiert beide Gleichungen, wenn vor einer Variable betragsgleiche Koeffizienten stehen, die ein unterschiedliches Vorzeichen haben.

Mit Termen rechnen

11 Finde die zu T (x) = 8x − 10 äquivalenten Terme.

$T_1(x) = 4x \cdot (-2) - (-3)^2 - 1$

$T_2(x) = 10 - 2^3 x$ $T_3(x) = -5^2 + 8x$

$T_4(x) = -(-5) + 5x - (-5) + 4x - 2^2 \cdot 5 - 2^0 x$

$T_5(x) = -2^0 + 2^3 - (-2)^3 x - 2^4 - 2^0$

1 Gleichartige Terme kann man zusammenfassen.
3xy + 7xz − 7xy + 2xy − 2xz = −2xy + 5xz

2 Wird eine **Summe (Differenz) addiert**, dann bleiben nach Auflösen der Klammer die Vor- bzw. Rechenzeichen in der Klammer gleich.
x + (y − z) = x + y − z

3 Wird eine **Summe (Differenz) subtrahiert**, dann kehren sich nach Auflösen der Klammer die Vor- bzw. Rechenzeichen in der Klammer um.
x − (y − z) = x − y + z

4 Wird eine **Summe mit einem Faktor multipliziert**, dann wird **jeder Summand** mit dem Faktor **(aus-) multipliziert**. Die entstandenen Produkte werden mit ihren Vorzeichen addiert.
x · (y + 12) = x · y + 12x

5 Kommt in einer **Summe von Produkten** in jedem Summanden **derselbe Faktor** vor, dann kann dieser **ausgeklammert werden**.
$x^2 y + 12xy = xy \cdot (x + 12)$

12 Vervollständige die Additionsmauer.

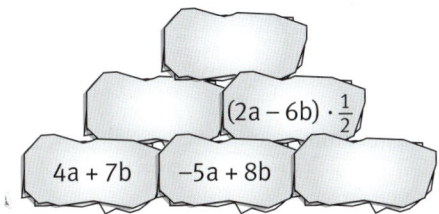

Zuordnungen und Funktionen

13 Übertrage die Tabelle in dein Heft und fülle sie aus. Zeichne jeweils den zugehörigen Graphen.

a) Die Zuordnung ist proportional.

x	1,5	2	3		9
y		3		9	

b) Die Zuordnung ist umgekehrt proportional.

x	2		6	15	
y		12	8		3

14 Wie viele Zutaten musst du besorgen, wenn du den 21 Gästen deiner Geburtstagsfeier Pizza backen möchtest?

Zutaten für 4 Personen
500 g   Pizzateigmischung
300 ml   Wasser
800 g   geschälte Tomaten
12   Scheiben Salami
100 g   Pilze
140 g   geriebener Käse

15 Eine Pflasterarbeit kann von 6 Arbeitern in 8 Stunden geschafft werden.
Anzahl Arbeiter: x   Anzahl Stunden: y

a) Zeichne den Graph mit x ∈ {1; …; 12}.
b) Wie viele Arbeiter sind notwendig, wenn die Arbeit in genau 5 Stunden fertig sein soll? Wie sinnvoll ist das genaue Ergebnis?

Proportionale Zuordnung

- Zum **Doppelten** (zum **Dreifachen**, …, zur **Hälfte**, …) der Ausgangsgröße gehört das Doppelte (das Dreifache, …, die Hälfte, …) der zugeordneten Größe.
- Der **Quotient** aus zugeordneter Größe und Ausgangsgröße ist stets **gleich**. Den Quotienten nennt man **Proportionalitätsfaktor m**.
- Die Punkte liegen auf einer **Geraden durch den Ursprung**.

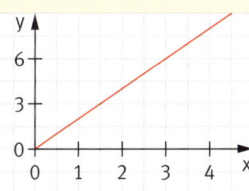

Umgekehrt proportionale Zuordnung

- Zum **Doppelten** (zum **Dreifachen**, …, zur **Hälfte**, …) der Ausgangsgröße gehört die Hälfte, (ein Drittel, …, das Doppelte, …) der zugeordneten Größe.
- Das **Produkt** aus zugeordneter Größe und Ausgangsgröße ist stets **gleich**.
- Die Punkte liegen auf einer Kurve, die **Hyperbel** heißt.

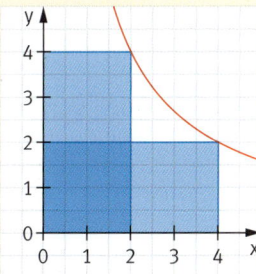

Lineare Zuordnung

16 Entscheide, ob die Zuordnung linear ist. Welche Zuordnungen sind sogar proportional?
  a) Jeder Menge an Äpfeln wird ihr Preis zugeordnet.
  b) In eine Badewanne wird gleichmäßig Wasser eingelassen. Nach jeder Minute wird die Höhe des Wasserstands gemessen.
  c) Ein Telefonvertrag besteht aus einer monatlichen Grundgebühr und Kosten pro Gesprächsminute. Je nachdem, wie lange im Monat telefoniert wurde, muss man einen bestimmten Preis bezahlen.

- Zu jedem zugeordneten Wert einer proportionalen Zuordnung wird ein **fester Wert t** ergänzt.
- Die Punkte der Zuordnung liegen auf einer **Gerade**.
- Der **Graph** ist gegenüber einer proportionalen Zuordnung um einen festen Wert t entlang der y-Achse verschoben.

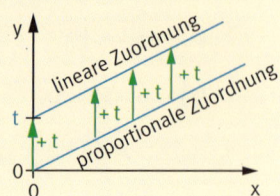

Lineare Funktionen

17 Lies jeweils die Gleichung der zugehörigen linearen Funktionen aus den Graphen ab.

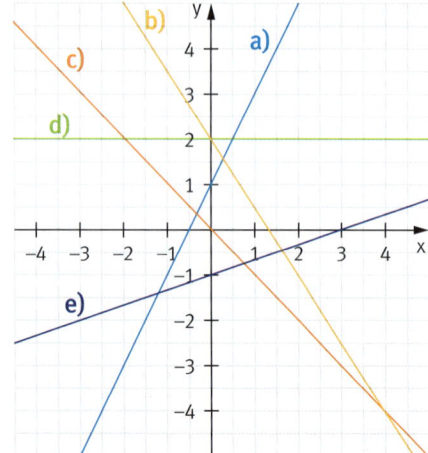

18 Begründe, ob die Aussage wahr oder falsch ist.
  a) Der Punkt A (3|4) liegt auf dem Graph von $y = \frac{3}{4}x$.
  b) Die Funktionsgraphen der Funktionen mit den Gleichungen $y = 4x + 2$ und $y = 3x + 2$ verlaufen parallel zueinander.
  c) Die Nullstelle der Funktion $y = -x + 8$ ist $x_0 = 8$.

19 Zeichne den Graphen der Funktion $y = -2x - 3$. Beschreibe dein Vorgehen, wenn du keine Wertetabelle erstellen möchtest.

Eine **eindeutige Zuordnung** nennt man **Funktion**. Dabei wird jedem x-Wert (**Argument**) genau ein y-Wert (**Funktionswert**) zugeordnet.

Definitionsbereich $\mathbb{D}$: Menge aller Argumente
Wertebereich $\mathbb{W}$: Menge aller Funktionswerte

Die allgemeine lineare Funktion wird durch eine Gleichung folgender Form beschrieben:

$$y = mx + t \quad (m, t \in \mathbb{Q})$$

Steigung   y-Achsenabschnitt

Ihre Graphen sind Geraden. Die Steigung m einer Gerade lässt sich als Quotient der Koordinatendifferenzen zweier Geradenpunkte $P_1(x_1|y_1)$ und $P_2(x_2|y_2)$ mit $x_1 \neq x_2$ berechnen:

$$m = \frac{y_2 - y_1}{x_2 - x_1} = \frac{\Delta y}{\Delta x}$$

Die **Nullstelle** x_0 einer Funktion ist diejenige Stelle, an der der Funktionsgraph die **x-Achse schneidet**. An dieser Stelle gilt: $y = 0$.

Die Schnittpunkte mit den Koordinatenachsen sind $N(x_0|0)$ und $P(0|t)$.

Prozent- und Zinsrechnung

20 Übertrage und vervollständige die Tabelle.

	a)	b)	c)
alter Preis	340 €		288 €
Erhöhung	12 %	4,4 %	
neuer Preis		28,71 €	306,72 €

Bei der Prozentrechnung gibt der **Grundwert GW** das Ganze an, der **Prozentwert PW** den Teil vom Ganzen sowie der **Prozentsatz p** die Anzahl der Hundertstel, die dem Prozentwert entsprechen.

Es gilt: $\frac{PW}{p} = \frac{GW}{100}$.

21
a) Herr Schlau hat eine Gehaltserhöhung von 5 % bekommen. Jetzt verdient er 2688 €. Wie viel hatte er vorher verdient?
b) Ein PC-Händler gewährt bei Barzahlung 3 % Rabatt. Der Computer kostet nun 921,50 €. Welcher Preis war zuerst angesetzt?
c) Zu welchem Zinssatz muss ein Kapital von 15 000 € angelegt werden, wenn es im ersten Jahr 525 € Zinsen erbringen soll?

Entspricht ein Grundwert einem Prozentsatz von mehr als 100 Teilen (weniger als 100 Teilen), so spricht man vom vermehrten (verminderten) Grundwert.

Die **Zinsrechnung** ist angewandte Prozentrechnung.

Zinsrechnung	Prozentrechnung
Kapital (K)	Grundwert (GW)
Zinsen (Z)	Prozentwert (PW)
Zinssatz (p)	Prozentsatz (p)

Zusammenhänge im Dreieck

22 Berechne jeweils die fehlenden Winkelmaße.

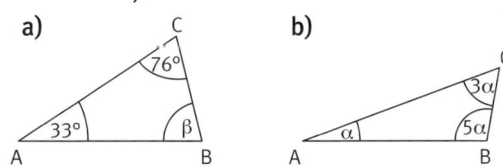

Summe der Innenwinkel
In jedem Dreieck beträgt die Summe der Innenwinkel stets 180°.

Kongruenzsätze für Dreiecke
Dreiecke sind genau dann kongruent, wenn sie …
- in der Länge aller Seiten übereinstimmen (**SSS**).
- in der Länge zweier Seiten und dem Maß des eingeschlossenen Winkels übereinstimmen (**SWS**).
- in der Länge einer Seite und dem Maß beider anliegenden Winkel übereinstimmen (**WSW**).

23 Konstruiere das Dreieck ABC.
a) a = 4 cm; b = 4,8 cm; c = 6 cm
b) c = 5,4 cm; α = 45°; β = 30°
c) a = 4 cm; c = 7 cm; β = 55°

Satz des Thales

24 Berechne jeweils die fehlenden Winkelmaße.

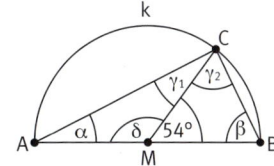

Satz des Thales
Liegt der Punkt C eines Dreiecks ABC auf einem Halbkreis („**Thaleskreis**") über der Strecke [AB] (C ∉ [AB]), dann hat das Dreieck bei C einen rechten Winkel.

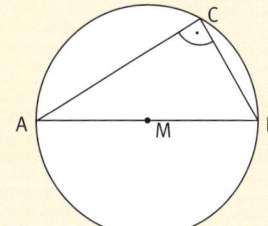

25 Konstruiere ein rechtwinkliges Dreieck ABC mit Hypotenuse c = 8 cm und a = 3 cm und rechtem Winkel bei C.

Grundwissen

Flächeninhalt und Umfang von ebenen Figuren

26 Bestimme die Seitenlängen eines Rechtecks, das einen Flächeninhalt von 54 cm² hat und einen Umfang von 30 cm.

27 Ein Parallelogramm hat einen Flächeninhalt von 33,8 cm², eine Höhe von 5,2 cm und einen Umfang von 26 cm. Zeige, dass es sich um eine Raute handelt.

28 Die Schenkel eines Trapezes mit dem Umfang u = 21 cm sind 4 cm bzw. 5 cm lang. Berechne die Höhe des Trapezes, wenn dessen Flächeninhalt A = 19,2 cm² beträgt.

29 Eva, Lars und Lisa haben den Flächeninhalt der Figur auf unterschiedliche Arten bestimmt. Leider sind dabei Fehler passiert. Wessen Lösung ist richtig? Was haben die anderen falsch gemacht?

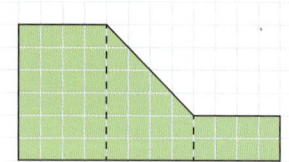

Eva: $2\,cm \cdot 3\,cm + \frac{3\,cm + 1\,cm}{2} \cdot 2\,cm + 2\,cm \cdot 1\,cm = 12\,cm^2$

Lars: $2\,cm \cdot 3\,cm + \frac{2\,cm \cdot 3\,cm}{2} + 2\,cm \cdot 1\,cm = 11\,cm^2$

Lisa: 24 Kästchen + 16 Kästchen + 8 Kästchen = 48 Kästchen = 24 cm²

30 Übertrage die Tabelle in dein Heft und bestimme die fehlenden Größen. Runde geeignet.

	r	d	u	A
a)			0,8 m	
b)	4 cm			
c)			235 m	
d)		3,2 dm		

31 Berechne Umfang und Flächeninhalt der Figuren.

a) 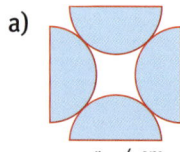 b)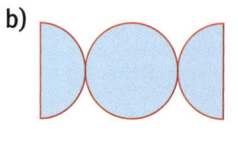

r = 4 cm   r = 2,5 dm

Rechtecke und Quadrate
Für den **Flächeninhalt** und den **Umfang** eines **Rechtecks** und **Quadrats** gilt:

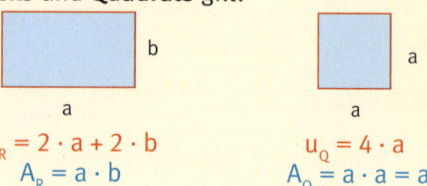

$u_R = 2 \cdot a + 2 \cdot b$ $u_Q = 4 \cdot a$
$A_R = a \cdot b$ $A_Q = a \cdot a = a^2$

Dreiecke
Für den **Flächeninhalt** und den **Umfang** eines **Dreiecks** mit der Grundseite g und der dazugehörigen Höhe h gilt:

$A_D = \frac{1}{2} \cdot g \cdot h$

hier:
$A_D = \frac{1}{2} \cdot c \cdot h_c$
$u_D = a + b + c$

Parallelogramme
Für den **Flächeninhalt** und den **Umfang** eines **Parallelogramms** gilt:
A_P = Grundseite · zugehörige Höhe
$A_P = g \cdot h$
hier:
$A_P = a \cdot h_a$ oder $A_P = b \cdot h_b$
$u_P = 2 \cdot (a + b)$

Trapeze
Für den **Flächeninhalt** und den **Umfang** eines **Trapezes** gilt:

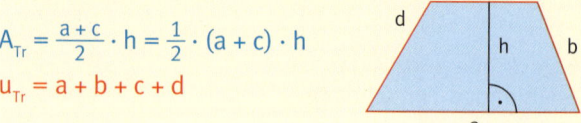

$A_{Tr} = \frac{a+c}{2} \cdot h = \frac{1}{2} \cdot (a + c) \cdot h$
$u_{Tr} = a + b + c + d$

Kreise
Für den **Flächeninhalt** und den **Umfang** eines **Kreises** gilt:
$A = \pi \cdot r^2$
$u = \pi \cdot d$
bzw. mit d = 2r
$u = 2 \cdot \pi \cdot r$

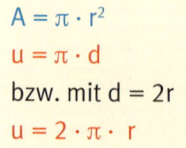
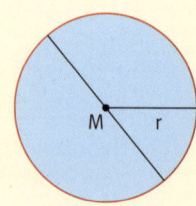

Raummessung

32 Wandle in die Einheit in Klammern um.
 a) 1877 cm³ (dm³)   b) 108 000 m³ (l)
 c) 790,02 hl (cm³) d) 20,6 dm³ (ml)
 e) 60,005 cm³ (mm³) f) 365 000 l (hl)

33 Ordne die Volumenangaben richtig zu.
  800 l   5000 cm³   1,3 hl   340 dm³

  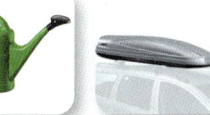 

Als Maßeinheit für das **Volumen** (Rauminhalt) verwendet man Einheitswürfel mit der Kantenlänge 1 mm, 1 cm, 1 dm, 1 m oder 1 km.
Die **Umwandlungszahl** zwischen benachbarten Volumeneinheiten ist 1000.

$$mm^3 \xrightleftharpoons[\cdot 1000]{:1000} cm^3 \xrightleftharpoons[\cdot 1000]{:1000} dm^3 \xrightleftharpoons[\cdot 1000]{:1000} m^3 \ldots$$

Hohlmaße:
 1 l = 1 dm³   1 ml = 1 cm³   1 hl = 100 l

Oberflächeninhalt und Volumen von Quadern und Würfeln

34 Bestimme die fehlenden Größen eines Quaders.

	a)	b)	c)
Länge	4 m	3,5 dm	
Breite	6 m		50 cm
Höhe	1,5 m	60 cm	6,5 dm
Oberfläche			1,616 m²
Volumen		98,7 dm³	

Quader   **Würfel**

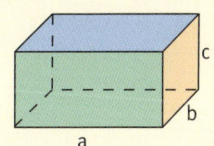 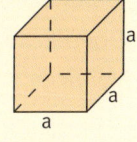

$A_{O\,Quader} = 2 \cdot (a \cdot b + a \cdot c + b \cdot c)$ $A_{O\,Würfel} = 6 \cdot a \cdot a$
$V_{Quader} = a \cdot b \cdot c$ $V_{Würfel} = a \cdot a \cdot a = a^3$

35 Bestimme das Volumen der Körper durch geschicktes Zerlegen oder Ergänzen.

a) 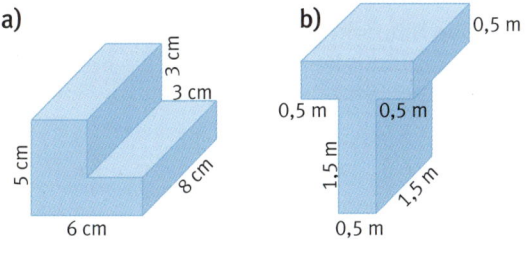   b)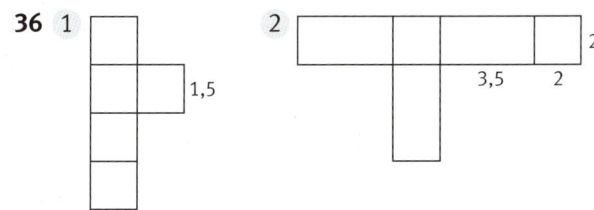

Wird ein Körper entlang seiner Kanten aufgeschnitten, entsteht ein **Körpernetz**.

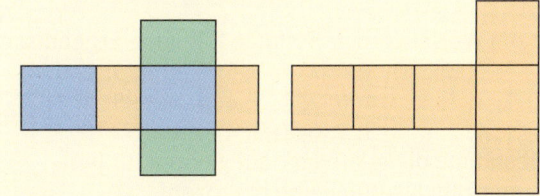

36

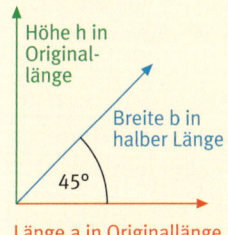

Mit einem **Schrägbild** können Körper anschaulich dargestellt werden.
Nach hinten laufende Kanten werden unter 45° auf die Hälfte gekürzt. Nicht sichtbare Kanten werden gestrichelt.

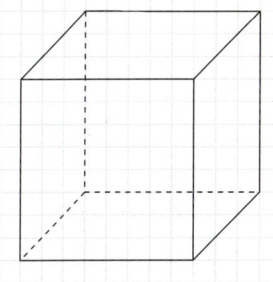

a) Übertrage in dein Heft und ergänze jeweils zu einem vollständigen Würfel- bzw. Quadernetz.
b) Bestimme das Volumen und die Oberfläche der Körper und zeichne Schrägbilder.

Oberflächeninhalt und Volumen von Prismen und Zylindern

37 Gegeben sind die Grundfläche und die Höhe der Prismen. Berechne den Oberflächeninhalt und das Volumen (Maße in cm).

	a)	b)	c)
A_G	Dreieck 25, 43, 35	Dreieck 55, 27, 22, 50, 15	Trapez 20, 22, 8, 17, 8
h	55	64	13

38 Berechne die fehlenden Größen eines Zylinders.

	a)	b)	c)
Radius r	6 cm		3 cm
Zylinderhöhe h	8 cm	6 cm	30 mm
Grundflächeninhalt A_G			
Mantelflächeninhalt A_M		226,20 cm²	
Oberflächeninhalt A_O			
Volumen V			

Prismen

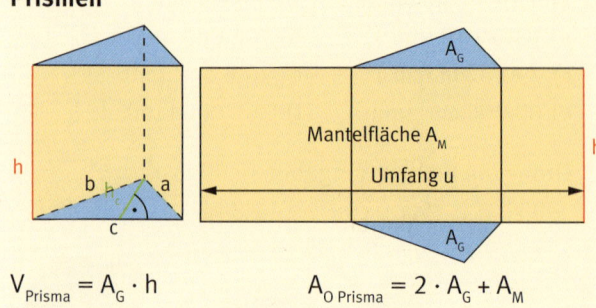

$V_{Prisma} = A_G \cdot h$ $A_{O\ Prisma} = 2 \cdot A_G + A_M$

Zylinder

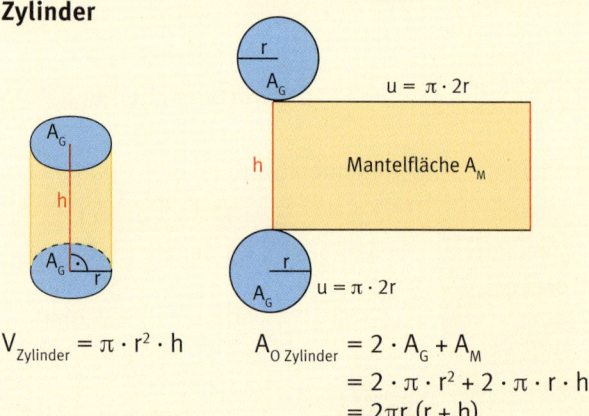

$V_{Zylinder} = \pi \cdot r^2 \cdot h$

$A_{O\ Zylinder} = 2 \cdot A_G + A_M$
$= 2 \cdot \pi \cdot r^2 + 2 \cdot \pi \cdot r \cdot h$
$= 2\pi r\ (r + h)$

Häufigkeiten

39 Beim Würfeln erhält Stefanie folgende Ergebnisse:
1; 3; 6; 6; 2; 5; 3; 4; 2; 3; 1; 5; 6; 1; 3; 5; 2; 6; 6;
1; 5; 3; 2; 3; 4; 4; 6; 2; 1; 5; 4; 3; 6; 1; 5; 5; 1; 2;
4; 1; 6; 2; 4; 3; 3; 2; 6; 1; 3; 4
Bestimme die relativen Häufigkeiten für jede Augenzahl als Bruch und in Prozent.

Die **relative Häufigkeit h** gibt den Anteil an, mit dem die **absolute Häufigkeit H** eines Ergebnisses bei n-maliger Durchführung eines Zufallsexperiments vorkommt: $h = \frac{H}{n}$.

Statistische Kennwerte

40 Eine Messung ergab folgende Datenreihe:
1,55 m; 1,58 m; 1,81 m; 1,64 m; 1,53 m;
1,46 m; 1,81 m; 1,54 m; 1,87 m; 1,47 m
a) Bestimme das arithmetische Mittel.
b) Ermittle die Spannweite.

41 Bei einer Datenreihe bestehend aus fünf Werten ergibt sich für den Zentralwert 7, der Modalwert ist 8. Wie könnte die Datenreihe lauten?

Lagemaße und Streumaße
- **arithmetisches Mittel $\bar{x}$**:
  $$\bar{x} = \frac{\text{Summe aller Einzelwerte}}{\text{Anzahl der Einzelwerte}}$$
- **Zentralwert z**: mittlerer Wert in einer der Größe nach geordneten Liste von Daten
- **Modalwert m**: Wert mit der größten absoluten Häufigkeit
- Die **Spannweite s** errechnet sich als Differenz zwischen dem größten Wert einer Datenmenge (**Maximum**) und dem kleinsten Wert (**Minimum**).

1 Wurzeln und Logarithmen

Einstieg

- Der Marienhof in München kann näherungsweise durch ein Quadrat mit dem Flächeninhalt 12 000 m² beschrieben werden. Du läufst einmal um diesen herum. Ermittle die Länge des zurückgelegten Weges. Beschreibe deinen Lösungsweg.
- Du überquerst den Marienhof diagonal. Bestimme die Länge des Weges.
- Auf dem Marienhof befinden sich rechteckige Gartenanlagen. Welche Seitenlänge hat ein Quadrat mit gleichem Flächeninhalt? Beschreibe dein Vorgehen.

Ausblick

Am Ende dieses Kapitels hast du gelernt, ...
- was Quadrat- und Kubikzahlen sind.
- dass Quadrieren und Wurzelziehen einander umkehren.
- wie man Quadrat- und Kubikwurzeln berechnet.
- was irrationale Zahlen sind.
- was logarithmieren bedeutet.

1.1 Quadrat- und Kubikzahlen

- Setze die Anordnungen ① und ② im Heft um mindestens drei Schritte fort.
- Bestimme die Anzahl der Plättchen bzw. Würfel für die einzelnen Schritte.
- Beschreibe, wie man für jede Anordnung die Anzahl der Plättchen bzw. Würfel für die n-te Figur bestimmen kann. Findest du verschiedene Möglichkeiten?

Rechenoperationen:
$a \xrightarrow{\text{Potenzieren}} a^n$

für den Exponent 2:
$a \xrightarrow{\text{Quadrieren}} a^2$

„Kubus" (lat.): Würfel
„quadratus" (lat.): viereckig
Bekannt sind dir die Sprechweisen bei den Maßeinheiten, z.B. m² („Quadratmeter"), m³ („Kubikmeter")

Die Menge ℕ der natürlichen Zahlen:
ℕ = {1; 2; 3; ...}

MERKWISSEN

Produkte aus lauter gleichen Faktoren kann man als Potenz schreiben.

5 gleiche Faktoren		Potenz		Potenzwert
2 · 2 · 2 · 2 · 2	=	2^5	=	32

Exponent
2^5
Basis

Bei Potenzen können **alle rationalen Zahlen** als **Basis a** auftreten.
Sprechweisen:
- a^2: „a hoch 2" oder „a Quadrat"
- a^3: „a hoch 3"

Ist die Basis a eine natürliche Zahl (a ∈ ℕ), dann nennt man ...
- $a \cdot a = a^2$ eine **Quadratzahl**.
- $a \cdot a \cdot a = a^3$ eine **Kubikzahl**.

BEISPIELE

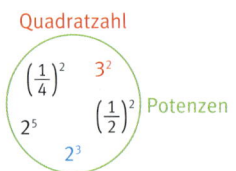

I Welche der Zahlen sind Quadrat- bzw. Kubikzahlen? Begründe.
   a) 1 b) 16 c) 216

   Lösung:
   a) Quadrat- und Kubikzahl, denn $1 = 1 \cdot 1 = 1^2$ und $1 = 1 \cdot 1 \cdot 1 = 1^3$
   b) Quadratzahl, denn $16 = 4 \cdot 4 = 4^2$
   c) Kubikzahl, denn $216 = 6 \cdot 6 \cdot 6 = 6^3$

II Überprüfe, ob 64 (100) eine Quadrat- und auch eine Kubikzahl ist.

   Lösung:
   $64 = 8 \cdot 8 = 8^2$ bzw. $64 = 4 \cdot 4 \cdot 4 = 4^3$, also gilt: 64 ist Quadrat- und Kubikzahl.
   100 ist eine Quadratzahl, weil $10 \cdot 10 = 10^2 = 100$, aber keine Kubikzahl, da $4^3 = 64$ kleiner als 100 und $5^3 = 125$ größer als 100 ist.

VERSTÄNDNIS

- „Da $2^4 = 4^2$, können Basis und Exponent in einer Potenz immer vertauscht werden." Überprüfe, ob diese Aussage stimmt.
- Erkläre den Unterschied zwischen $2 \cdot 3$ und 3^2.
- Korrigiere die Aussage: „Die Basis gibt an, wie oft der Exponent mit sich selbst multipliziert wird."

KAPITEL 1

AUFGABEN

1 Übertrage die Tabelle in dein Heft und vervollständige sie bis zur Basis 20. Rechne im Kopf. Diese Quadrat- und Kubikzahlen kommen besonders häufig vor. Präge sie dir ein.

Basis	1	2	3	4	...	20
Quadratzahl	$1^2 = 1$	$2^2 = 4$	$3^2 = 9$	☐	...	☐
Kubikzahl	$1^3 = 1$	$2^3 = 8$	$3^3 = 27$	☐	...	☐

2 a) Nenne mindestens drei Quadratzahlen zwischen 500 und 1000.
  b) Finde mindestens drei Kubikzahlen zwischen 10 000 und 20 000.

3 Ermittle die Basis x. Beachte die Rechenregeln. Rechne im Kopf.
  a) $x^2 = 289$ b) $x^2 = 25$ c) $x^2 - 4 = 60$ d) $2 \cdot x^2 = 648$
  e) $x^3 = 27$ f) $x^3 = 216$ g) $3x^3 = 3000$ h) $3 \cdot x^3 + 25 = 400$

Lösungen zu 3:
3; 5; 5; 6; 8; 10; 17; 18

4 Übertrage die Tabelle ins Heft und vervollständige sie. Rechne im Kopf.

	a	b	a^2	b^3	$(a+b)^2$	$b^3 - a^2$
a)	9	1	☐	☐	☐	☐
b)	4	3	☐	☐	☐	☐
c)	2	10	☐	☐	☐	☐

5 Gib die fehlenden Zahlen in den Additionsmauern an. Überprüfe, ob diese Zahlen wieder Quadrat- bzw. Kubikzahlen sind.

Bei Additionsmauern ergibt sich der Wert eines Steins aus der Summe der darunter liegenden Steine.

a) 3^2, 4^2, 12^2
b) 2^3, 61, 5^3
c) 5^2, 3^3, 6^2

6 a) Berechne.
  ① 2^2; 20^2; $0{,}2^2$; $0{,}02^2$
  ② 12^2; 120^2; $1{,}2^2$; $0{,}12^2$
  ③ 2^3; 20^3; $0{,}2^3$; $0{,}02^3$
  ④ 5^3; 50^3; $0{,}5^3$; $0{,}05^3$

  b) Welche Gesetzmäßigkeiten erkennst du in a)? Formuliere eine Regel. Überprüfe die Regel an weiteren Beispielen.

$10^2 = 100$
$100^2 = 10\,000$
$0{,}1^2 = 0{,}1 \cdot 0{,}1 = 0{,}01$
$0{,}01^2 = 0{,}01 \cdot 0{,}01 = ...$

7 Jede rationale Zahl kann quadriert bzw. potenziert werden. Berechne mit dem Taschenrechner. Runde auf zwei Dezimalen. Beachte die Rechenregeln.
  a) $15{,}3^2$ b) $-37{,}7^2$
  c) $2{,}7 \cdot 13{,}8^2$ d) $(-4{,}3)^2 \cdot 48{,}8^2$
  e) $37{,}5^2 - 18{,}2^3$ f) $2{,}7 \cdot (18{,}6^2 + 27{,}9^2)$

8 Die Wiesen der Familien Meyer und Schmidt sind flächengleich und sollen eingezäunt werden. Die Wiese von Familie Meyer ist quadratisch, die von Familie Schmidt rechteckig. Welcher Zaun muss länger sein?

KNOBELEI

Quadratzahlen
- Bilde die Differenzen aufeinander folgender Quadratzahlen. Was stellst du fest?
- Überprüfe, ob das Ergebnis eine Quadratzahl ist.
  a) $7^2 + 24^2$ b) $36^2 + 77^2$
  Finde mindestens ein weiteres Beispiel.
- Addiere die ersten zehn Quadratzahlen. Vergleiche dein Ergebnis, indem du in den Term $\frac{1}{6} \cdot n \cdot (n+1) \cdot (2n+1)$ für $n = 10$ einsetzt. Überprüfe auch für $n = 11$, $n = 12$, ...

18 1.2 Wurzeln

KAPITEL 1

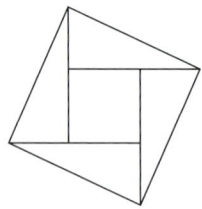

Auf dem Geobrett wurden Quadrate gespannt. Das blaue Quadrat hat einen Flächeninhalt von 1 cm².

- Bestimme die Flächeninhalte der gelben und grünen Quadrate. Zerlege die Quadrate gegebenenfalls.
- Ermittle die Seitenlängen der Quadrate. Beschreibe auftretende Probleme.
- Peter: „Wenn ich die Kantenlänge eines Würfels mit einem Volumen von 27 cm³ berechnen soll, muss ich genauso vorgehen." Beschreibe, was Peter damit meint.

Quadrieren
a → a²
Wurzelziehen

bzw.

Quadrieren
√a → a
Wurzelziehen

Beachte:
$\sqrt{0} = 0$, denn $0^2 = 0$
$\sqrt[3]{0} = 0$, denn $0^3 = 0$

Nur bei der Quadratwurzel gibt es eine Kurzschreibweise:
$\sqrt{144} = \sqrt[2]{144}$

MERKWISSEN

Die **Umkehrung des Potenzierens** bezeichnet man als **Wurzelziehen** (**Radizieren**). Die Zahl oder den Term unter der Wurzel bezeichnet man als **Radikand**.

Die **Quadratwurzel** aus einer positiven Zahl a ist diejenige positive Zahl b, die quadriert a ergibt. Wir betrachten vor allem die Quadratwurzeln von Quadratzahlen.
Es gilt: $\sqrt{a} = b$, wenn $b \cdot b = b^2 = a$ (a, b > 0)
Sprechweise: „Die 2. Wurzel aus a ist b." oder „Die Quadratwurzel aus a ist b."
Beispiel: $\sqrt{144} = 12$
„Die Quadratwurzel aus 144 ist 12."

Die **Kubikwurzel** aus einer positiven Zahl a ist diejenige positive Zahl b, deren dritte Potenz a ergibt. Wir betrachten vor allem die Kubikwurzeln von Kubikzahlen.
Es gilt: $\sqrt[3]{a} = b$, wenn $b \cdot b \cdot b = b^3 = a$ (a, b > 0)
Sprechweise: „Die 3. Wurzel aus a ist b." oder „Die Kubikwurzel aus a ist b."
Beispiel: $\sqrt[3]{729} = 9$
„Die Kubikwurzel aus 729 ist 9."

BEISPIELE

Die Gleichung $x^2 = 169$ beispielsweise hat die Lösungen $x = -13$ und $x = +13$ denn $(\pm 13)^2 = 169$.
Unter $\sqrt{169}$ versteht man aber nur die positive Zahl. Bei der Gleichung $x^3 = 8$ tritt dieses Problem nicht auf, denn hier gibt es nur die Lösung $x = +2$.

I Gegeben sind Quadrate mit den Flächeninhalten 169 cm² und 324 cm². Gib die Seitenlänge der Quadrate an. Nutze die Wurzelschreibweise.

Lösung:
$\sqrt{169 \text{ cm}^2} = 13$ cm, da 13 cm · 13 cm = 169 cm²
$\sqrt{324 \text{ cm}^2} = 18$ cm, da 18 cm · 18 cm = 324 cm²

II Das Volumen eines Würfels beträgt 27 cm³ (64 dm³). Bestimme seine Kantenlänge.

Lösung:
$\sqrt[3]{27 \text{ cm}^3} = 3$ cm, da $(3 \text{ cm})^3 = 27$ cm³
$\sqrt[3]{64 \text{ dm}^3} = 4$ dm, da $(4 \text{ dm})^3 = 64$ dm³
Der Würfel ist 3 cm (4 dm) lang.

Kapitel 1

Verständnis

- Überprüfe, ob es Zahlen gibt, bei denen die Quadrat- oder die Kubikwurzel die gleiche Zahl ist.
- Begründe, dass es keine Quadratwurzel aus einer negativen Zahl gibt.

Aufgaben

1 Zeichne zwei Quadrate, die jeweils den Flächeninhalt 16 cm² (25 cm²) haben. Zerschneide beide Quadrate entlang einer Diagonalen und lege alle Teile zu einem neuen Quadrat zusammen.

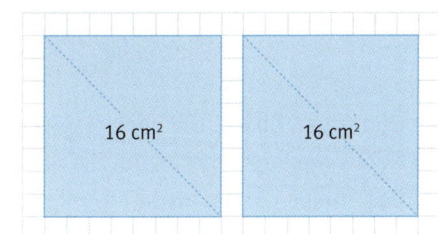

   a) Gib den Flächeninhalt des Quadrats an.
   b) Bestimme die Seitenlänge des Quadrats durch Messen und rechnerisch.

2 a) Beschreibe den Zusammenhang zwischen den Radikanden und den Wurzelwerten. Welche Gesetzmäßigkeit erkennst du?

Hierfür musst du dich an die Quadratzahlen bis zwanzig erinnern.

> ① $\sqrt{4} = 2$ $\sqrt{400} = 20$ $\sqrt{40\,000} = 200$ $\sqrt{0{,}04} = 0{,}2$ $\sqrt{0{,}0004} = 0{,}02$
> ② $\sqrt{196} = 14$ $\sqrt{19\,600} = 140$ $\sqrt{1{,}96} = 1{,}4$ $\sqrt{0{,}0196} = 0{,}14$

   b) Radiziere im Kopf.
   ① $\sqrt{36}$; $\sqrt{49}$; $\sqrt{81}$; $\sqrt{100}$; $\sqrt{121}$; $\sqrt{169}$; $\sqrt{225}$; $\sqrt{400}$; $\sqrt{625}$; $\sqrt{900}$; $\sqrt{10\,000}$
   ① $\sqrt{1}$; $\sqrt{0{,}64}$; $\sqrt{0{,}25}$; $\sqrt{0{,}09}$; $\sqrt{0{,}81}$; $\sqrt{1{,}21}$; $\sqrt{1{,}44}$; $\sqrt{0{,}01}$; $\sqrt{0{,}0001}$; $\sqrt{0{,}0016}$

3 Übertrage die Tabellen ins Heft und vervollständige sie. Rechne im Kopf.

a)
Quadratzahl	100			324	625
Quadratwurzel		15	50		

b)
Kubikzahl	1				1 000 000
Kubikwurzel		3	5	50	

4 Welche Ziffern fehlen? Bestimme die Quadratwurzel. Rechne im Kopf.

Findest du mehrere Möglichkeiten?

   a) $\sqrt{1\Box 1} = 11$ b) $\sqrt{\Box 00} = 10$ c) $\sqrt{14\Box} = 12$ d) $\sqrt{\Box 25} = \Box 5$
      $\sqrt{\Box 4} = 8$ $\sqrt{\Box 00} = 20$ $\sqrt{25\Box} = 16$ $\sqrt{\Box 76} = 2\Box$

Wissen

Wurzeln mit dem Taschenrechner

Mit dem Taschenrechner kann man quadrieren (Taste z. B. x^2) und Quadratwurzeln ziehen (Taste z. B. $\sqrt{}$). Je nach Modell unterscheidet sich dabei nur die Reihenfolge, in der du die Tasten drücken musst.

① Wurzeltaste zuerst: $\sqrt{}$ 25 = 5   ② Wurzeltaste zum Schluss: 25 $\sqrt{}$ = 5

Für Kubikzahlen und Kubikwurzeln gibt es bei einigen Modellen ebenfalls Tasten: x^3 bzw. $\sqrt[3]{}$. Falls solche Tasten nicht vorhanden sind, musst du die Tasten y^x bzw. $\wedge$ für Potenzen und $\sqrt[x]{y}$ für die allgemeine Wurzel verwenden. x und y geben dabei die Reihenfolge der Eingaben an.

- Berechne mit deinem Taschenrechner.
  $\sqrt{361}$; $\sqrt{\frac{16}{36}}$; $\sqrt{0{,}49}$; $\sqrt[3]{0{,}001}$; $\sqrt[3]{\frac{27}{1000}}$; $\sqrt[3]{117{,}25}$

1.3 Rechnen mit Wurzeln

$\sqrt{7+9} \stackrel{?}{=} \sqrt{7} + \sqrt{9}$ $\sqrt{9} \cdot \sqrt{4} \stackrel{?}{=} \sqrt{9 \cdot 4}$ $\sqrt{\frac{144}{169}} \stackrel{?}{=} \frac{\sqrt{144}}{\sqrt{169}}$

$\sqrt{16-9} \stackrel{?}{=} \sqrt{16} - \sqrt{9}$

$\sqrt{6} \cdot \sqrt{13{,}5} \stackrel{?}{=} \sqrt{6 \cdot 13{,}5}$ $\sqrt{81} + \sqrt{16} \stackrel{?}{=} \sqrt{81+16}$

$\frac{\sqrt{225}}{\sqrt{100}} \stackrel{?}{=} \sqrt{\frac{225}{100}}$ $\sqrt{64} - \sqrt{15} \stackrel{?}{=} \sqrt{64-15}$

- Überprüfe, ob das Gleichheitszeichen gesetzt werden kann.
- Nenne die Rechenarten, für die die Gleichheit gilt.
- Beschreibe die Gesetzmäßigkeiten in Worten und überprüfe an weiteren Beispielen.

MERKWISSEN

Die **Multiplikation** und **Division** zweier Quadratwurzeln lässt sich zu einer Quadratwurzel **zusammenfassen**.

Multiplikation	Division
$\sqrt{a} \cdot \sqrt{b} = \sqrt{a \cdot b}$ für a, b > 0	$\frac{\sqrt{a}}{\sqrt{b}} = \sqrt{\frac{a}{b}}$, für a, b > 0
Beispiel	**Beispiel**
$\sqrt{16} \cdot \sqrt{9} = \sqrt{16 \cdot 9}$ $4 \cdot 3 = \sqrt{144}$ $12 = 12$	$\frac{\sqrt{9}}{\sqrt{16}} = \sqrt{\frac{9}{16}}$ $\frac{3}{4} = \frac{3}{4}$

Bei der **Addition** und **Subtraktion** lassen sich zwei verschiedene Quadratwurzeln **nicht** zu einer Quadratwurzel **zusammenfassen**.
Beispiel: $\sqrt{9} + \sqrt{16} \neq \sqrt{9+16} = \sqrt{25}$
$3 + 4 \neq 5$

BEISPIELE

Das Zusammenfassen kann dir beim Wurzelziehen helfen.

I Vereinfache, wenn möglich.
a) $\sqrt{2} \cdot \sqrt{32}$ b) $\sqrt{2} + \sqrt{32}$ c) $\sqrt{2} - \sqrt{32}$ d) $\frac{\sqrt{2}}{\sqrt{32}}$

Lösung:
a) $\sqrt{2} \cdot \sqrt{32} = \sqrt{2 \cdot 32} = \sqrt{64} = 8$
b), c) Es sind keine Vereinfachungen möglich.
d) $\frac{\sqrt{2}}{\sqrt{32}} = \sqrt{\frac{2}{32}} = \sqrt{\frac{1}{16}} = \frac{1}{4}$

II Entscheide, ob die Umformungen richtig sind.
a) $\sqrt{2} \cdot \sqrt{8} = \sqrt{2 \cdot 8} = 4$ b) $\sqrt{1} - \sqrt{0} = \sqrt{1-0} = 1$
c) $\frac{\sqrt{40}}{\sqrt{10}} = \sqrt{\frac{40}{10}} = 2$ d) $\sqrt{20} + \sqrt{5} = \sqrt{25} = 5$

Lösung:
a) richtig   b) im Allgemeinen falsch, da jedoch $\sqrt{0} = 0$ klappt dieser Sonderfall.
c) richtig   d) falsch

KAPITEL 1

VERSTÄNDNIS

- Warum gilt folgende Gleichheit: $\sqrt{0} + \sqrt{0} = \sqrt{0+0}$?
- Ist $\sqrt{8} + \sqrt{6} = \sqrt{6} + \sqrt{8}$? Begründe ohne Rechnung.

AUFGABEN

1 Berechne.
a) $\sqrt{12} \cdot \sqrt{3}$
b) $\dfrac{\sqrt{24}}{\sqrt{6}}$
c) $\sqrt{49} \cdot \sqrt{4}$
d) $\sqrt{144} \cdot \sqrt{9}$
e) $\sqrt{3} \cdot \sqrt{27}$
f) $\sqrt{100} : \sqrt{25}$
g) $\sqrt{45} \cdot \sqrt{5}$
h) $\sqrt{169 \cdot 16}$
i) $\sqrt{9} \cdot \sqrt{36}$
j) $\sqrt{\dfrac{36}{49}}$
k) $\sqrt{\dfrac{81}{144}}$
l) $\sqrt{225} \cdot \sqrt{\dfrac{1}{25}}$

Lösungen zu 1:
$\dfrac{3}{4}; \dfrac{6}{7}; 2; 2; 3; 6; 9; 14; 15; 18; 36; 52$

2 Berechne im Kopf. Nutze die Gesetzmäßigkeiten.
a) $\sqrt{5} \cdot \sqrt{20}$
b) $\sqrt{2} \cdot \sqrt{50}$
c) $\sqrt{2} \cdot \sqrt{8}$
d) $\sqrt{0,1} \cdot \sqrt{1000}$
e) $\sqrt{\dfrac{3}{4}} \cdot \sqrt{3}$
f) $\dfrac{\sqrt{48}}{\sqrt{75}}$
g) $\dfrac{\sqrt{1350}}{\sqrt{6}}$
h) $\sqrt{0} \cdot \sqrt{7}$

3 Überprüfe durch Einsetzen von Zahlen, ob die Umformungen richtig sein könnten.
a) $\sqrt{a} + \sqrt{a} = a$
b) $\sqrt{a} \cdot \sqrt{b} = \sqrt{a \cdot b}$
c) $\dfrac{\sqrt{a}}{\sqrt{b}} = \sqrt{\dfrac{a}{b}}$

4 Lege die Steine zu einer geschlossenen Kette zusammen. Der vordere Teil ist jeweils das Ergebnis eines Aufgabenteils.

20	$\sqrt{1125} : \sqrt{5}$	18	$\sqrt{36} \cdot \sqrt{16}$	9	$\sqrt{1690} : \sqrt{10}$
16	$\sqrt{324} : \sqrt{4}$	24	$\dfrac{\sqrt{432}}{\sqrt{27}}$	15	$\sqrt{32} \cdot \sqrt{8}$
4	$\sqrt{18} \cdot \sqrt{8}$	13	$\sqrt{6} \cdot \sqrt{54}$	12	$\dfrac{\sqrt{2000}}{\sqrt{5}}$

5 Übertrage das Rechennetz in dein Heft und vervollständige es, wenn entlang derselben Richtung immer mit derselben Zahl multipliziert bzw. dividiert wird.

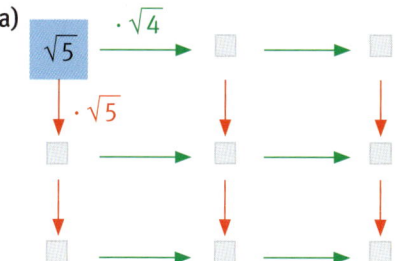
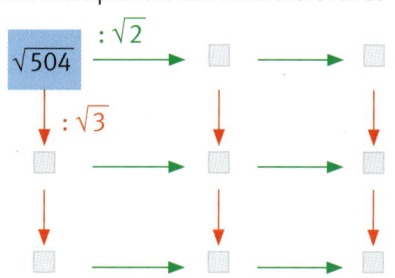

6 a) Vereinfache so weit wie möglich. Klammere dazu gleiche Quadratwurzeln aus.
① $4\sqrt{7} + 2\sqrt{7}$
② $4\sqrt{5} - \sqrt{5}$
③ $6\sqrt{3} + 10 - 2\sqrt{3} - 4$
④ $3\sqrt{5} - 5\sqrt{7} + 4\sqrt{5} + 6\sqrt{7}$
⑤ $5\sqrt{3} + 4\sqrt{3} - 5\sqrt{5} + 4\sqrt{6}$

b) Beschreibe, unter welchen Bedingungen sich Wurzeln bei der Addition und Subtraktion zusammenfassen lassen. Überprüfe an eigenen Beispielen.

Beispiel zu ①:
$3\sqrt{2} + 7\sqrt{2}$
$= \sqrt{2} \cdot (3 + 7)$
$= \sqrt{2} \cdot (10)$
$= 10\sqrt{2}$

1.4 Irrationale Zahlen

Der Zahlenteufel und Robert unterhalten sich:
Zahlenteufel: Rettich aus vier?
Robert: Rettich aus vier ist zwei.
Zahlenteufel: Rettich aus 5929?
Robert: Du spinnst ja. Wie soll ich das denn ausrechnen?
Zahlenteufel: Immer mit der Ruhe. Für solche kleinen Probleme haben wir doch unsern Taschenrechner. Also probier mal.
Robert: 77
Zahlenteufel: Wunderbar. Aber jetzt kommt's! Drücke bitte $\sqrt{2}$, aber halte dich gut fest!

- Informiere dich über die Bedeutung des Wortes „Rettich" in diesem Zusammenhang.
- Was liest Robert nach der Eingabe von $\sqrt{2}$ auf dem Taschenrechner? Probiere.

aus: Hans Magnus Enzensberger: Der Zahlenteufel. Carl Hanser Verlag, München 1997, S. 77 f.

endlicher Dezimalbruch:
0,5; 1,4; 4,25; −8,0

periodischer Dezimalbruch:
0,333...; 1,45454545...

Es gibt unendlich viele rationale Zahlen, aber auch unendlich viele irrationale Zahlen.

Merkwissen

Eine Zahl nennt man **irrational**, wenn man sie nicht als Bruch zweier ganzer Zahlen darstellen kann. Rationale Zahlen lassen sich als endliche oder periodische Dezimalbrüche darstellen. Irrationale Zahlen haben unendlich viele Dezimalstellen, jedoch keine systematische Anordnung.

Beispiel: $\sqrt{2}$ lässt sich nicht als Bruch in der Form $\frac{p}{q}$ schreiben, d. h. es gibt keine rationale Zahl, die quadriert 2 ergibt. $\sqrt{2}$ ist also eine **irrationale Zahl**.

Beispiele

I Entscheide, ob die Zahl rational oder irrational ist.

a) $\frac{3}{4}$ b) $\sqrt{3}$ c) $\frac{2}{3}$ d) $\sqrt{9}$

Lösung:
a) rational   b) irrational   c) rational   d) rational, da $\sqrt{9} = 3$

LE steht für Längeneinheit, z. B. cm, dm, ...

II Zeige, dass die Diagonale eines Quadrats der Seitenlänge 1 LE die Länge $\sqrt{2}$ LE hat.

Lösung:

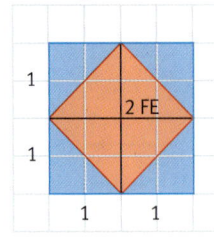

FE steht für Flächeneinheit, z. B. cm², dm², ...

Setzt man vier Quadrate der Seitenlänge 1 LE zu einem großen Quadrat zusammen, dann hat es den Flächeninhalt 4 FE. Das rote Quadrat, dessen Seiten die Diagonalen der kleinen Quadrate sind, hat den halben Flächeninhalt, also 2 FE. Also müssen die Diagonalen die Länge $\sqrt{2}$ LE haben, denn $\sqrt{2}$ LE · $\sqrt{2}$ LE = 2 FE.

III Stelle die irrationale Zahl $\sqrt{2}$ auf dem Zahlenstrahl dar.

Lösung:

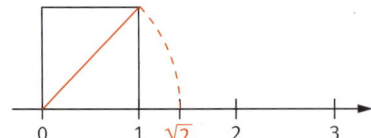

Kapitel 1

Verständnis

- Erkläre den Unterschied zwischen endlichen und periodischen Dezimalbrüchen.
- Welche natürlichen Zahlen kennst du, deren Wurzel auf keinen Fall eine irrationale Zahl ist? Beschreibe.

Aufgaben

1 Entscheide ohne Taschenrechner, ob die Zahl rational oder irrational ist.
  a) $\sqrt{1}$
  b) $\sqrt{2+3}$
  c) $3\sqrt{2}$
  d) $\sqrt{11+5}$
  e) $\sqrt{20}+5$
  f) $\sqrt{5} \cdot \sqrt{\frac{1}{20}}$
  g) $\sqrt{1{,}44}$
  h) $-\sqrt{4}$

Versuche, Quadratzahlen zu erkennen.

Welche Aufgaben kannst du im Kopf lösen?

2 Berechne. Runde irrationale Zahlen auf zwei Dezimalen.
  a) $\sqrt{15}$
  b) $\sqrt{36}$
  c) $\sqrt{0{,}25}$
  d) $\sqrt{\frac{17}{100}}$
  e) $\sqrt{40}$
  f) $\sqrt{\frac{9}{4}}$
  g) $\sqrt{\frac{3}{4}}$
  h) $\sqrt{0}$

3 Stelle die irrationale Zahl $\sqrt{18}$ ($\sqrt{32}$, $\sqrt{50}$) auf dem Zahlenstrahl dar. Verwende dazu das Vorgehen wie in den Beispielen II und III.

4 Vergleiche und setze <, > oder = ein.
  a) $\sqrt{5}\ \square\ \sqrt{6}$
  b) $1{,}5\ \square\ \sqrt{3}$
  c) $\sqrt{10}\ \square\ (\sqrt{10})^2$
  d) $\sqrt{25{,}25}\ \square\ 5$
  e) $\frac{12}{7}\ \square\ \sqrt{3}$
  f) $3\frac{1}{3}\ \square\ \sqrt{11}$
  g) $\sqrt{27{,}04}\ \square\ 5{,}2$
  h) $\sqrt{\frac{1}{9}}\ \square\ \sqrt{\frac{1}{3}}$

Wissen

√2 ist keine rationale Zahl

Ein Beweis, dass $\sqrt{2}$ irrational ist, stammt von Euklid von Alexandria, einem großen Mathematiker, der von ungefähr 360 bis 280 vor Christus gelebt hat.

Dabei nimmt man zunächst an, dass $\sqrt{2}$ eine rationale Zahl ist und folgert dann, dass dies zu einem Widerspruch führt („Widerspruchsbeweis") und somit $\sqrt{2}$ eine irrationale Zahl sein muss.

Wenn $\sqrt{2}$ eine rationale Zahl ist, so kann man sie als vollständig gekürzten Bruch schreiben (p, q ∈ ℕ):
p und q haben also keine gemeinsamen Teiler mehr.
Man quadriert beide Seiten:

p und q haben keinen gemeinsamen Teiler. Der Bruch $\frac{p \cdot p}{q \cdot q}$ kann damit nicht gekürzt werden und somit nie gleich der Zahl 2 sein.

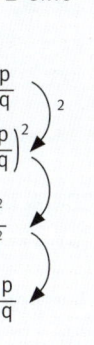

$$\sqrt{2} = \frac{p}{q}$$
$$\sqrt{2}^2 = \left(\frac{p}{q}\right)^2$$
$$2 = \frac{p^2}{q^2}$$
$$2 = \frac{p \cdot p}{q \cdot q}$$

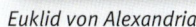

Euklid von Alexandria

Daraus lässt sich folgern, dass $\sqrt{2}$ keine rationale Zahl ist.

- Übertrage die Umformungen in dein Heft und beschreibe sie mit eigenen Worten.
- Zeige auf gleiche Weise, dass $\sqrt{3}$ ebenfalls eine irrationale Zahl ist.

1.5 Logarithmus (WS 4)

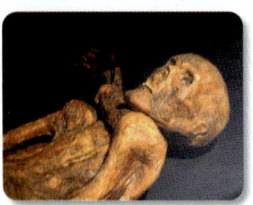
Gletschermumie „Ötzi"

Altersbestimmung: C14-Methode
Jeder Mensch nimmt über die Luft radioaktiven C14-Kohlenstoff auf und lagert ihn in den Knochen ein. Durch gleichzeitige Aufnahme und radioaktiven Zerfall bleibt der C14-Gehalt nahezu konstant. Mit dem Tod hört die Aufnahme auf und der Kohlenstoff C14 zerfällt langsam mit einer Halbwertszeit von 5730 Jahren. Das bedeutet, dass 5730 Jahre nach dem Tod eines Menschen nur noch halb so viel C14 vorhanden ist wie zum Zeitpunkt seines Todes.

- Im Jahr 1991 wurden in den Ötztaler Alpen auf südtiroler Gebiet die Überreste eines Mannes („Ötzi") gefunden. Bei Ötzi betrug die C14-Menge nur noch 53,3 % der ursprünglichen Menge. Bestimme, vor wie viel Jahren Ötzi gestorben ist.

MERKWISSEN

Du kennst bereits das **Radizieren** als Umkehroperation zum Potenzieren, wenn die Basis gesucht wird.

Beispiel: **Allgemein:**
$x^3 = 27$ $x = \sqrt[3]{27}$ $a^n = c$ $a = \sqrt[n]{c}$

Sprich: „Der Logarithmus von c zur Basis a ist n."

Das **Logarithmieren** ist die Umkehroperation zum Potenzieren, wenn der Exponent gesucht wird.
Der Exponent in der Gleichung $a^n = c$ heißt **Logarithmus von c zur Basis a**.

Beispiel: **Allgemein:**
$5^n = 125$ $n = \log_5 125$ $a^n = c$ $n = \log_a c$

Zusammenhänge:
Exponent, Potenzwert, Basis
$a^n = c$ $\log_a c = n$

Auf deinem **Taschenrechner** findest du folgende Taste für den Logarithmus. Man gibt jeweils nur den Potenzwert ein.

Der dekadische Logarithmus hat die Basis 10.

$\boxed{\text{LOG}}$ bzw. $\boxed{\text{LG}}$ Logarithmus zur Basis 10: $\log_{10} x = \boxed{\text{LOG}}\, x$ oder $\log_{10} x = \boxed{\text{LG}}\, x$

Beachte: Statt $\log_{10}$ schreibt man oft auch kurz: lg.
Für die Berechnung beliebiger Logarithmen mit dem Taschenrechner gilt:

$$\log_a c = \frac{\boxed{\text{LOG}}\, c}{\boxed{\text{LOG}}\, a}$$

BEISPIELE

I Berechne.
a) $12^x = 1728$ b) $x^4 = 4096$

Lösung:
a) $12^x = 1728$
$x = \log_{12} 1728$
$x = 3$ Probe: $12^3 = 1728$

Taschenrechner:
$\boxed{\text{LOG}}\ 1728\ :\ \boxed{\text{LOG}}\ 12\ =$

b) $x^4 = 4096$
$x_1 = -8;\ x_2 = 8$ Probe: $(-8)^4 = 4096;\ 8^4 = 4096$

Kapitel 1

Verständnis

- Begründe, dass $\log_a a = 1$ ist.
- Bestimme im Kopf $\lg_{10} 10$, $\lg_{10} 100$, $\lg_{10} 1000$, ... Beschreibe Auffälligkeiten.

Aufgaben

1 Übertrage die Tabelle ins Heft und vervollständige die Lücken.

	a)	b)	c)	d)
Potenz	$4^3 = 64$	$17{,}5^2 = 306{,}25$		
Wurzel			$\sqrt[3]{343} = 7$	
Logarithmus				$\log_5 15\,625 = 6$

2 Berechne mit dem Taschenrechner auf zwei Dezimalstellen genau.
a) $\log_3 8$ b) $\log_5 71$ c) $\log_{11} 55$ d) $\log_2 150$
e) $\log_4 38$ f) $\log_5 22$ g) $\log_4 120$ h) $\log_9 235$

Lösungen zu 2:
1,67; 1,89; 1,92; 2,48;
2,62; 2,65; 3,45; 7,23

3 Berechne im Kopf.
a) $\log_3 27$ $\log_2 512$ $\log_4 4$ $\log_4 256$ $\log_3 243$
b) $\log_3 \frac{1}{9}$ $\log_3 \frac{1}{81}$ $\log_2 \frac{1}{64}$ $\log_4 \frac{1}{64}$ $\log_4 0{,}25$

Überlege dir die zugehörige Potenz.

4 Stelle die zugehörige Potenz auf. Bestimme dann x.
a) $\log_5 125 = x$ b) $\log_8 x = 2$ c) $\log_x 216 = 3$
d) $\log_{10} 1000 = x$ e) $\log_{10} 0{,}00001 = x$ f) $\log_5 230 = x$

Beispiel:
$\log_6 7776 = x$
zugehörige Potenz:
$6^x = 7776$

5 Benutze zur Berechnung des Zehnerlogarithmus den Taschenrechner.
a) $\lg 10\,000$ b) $\lg 28$ c) $\lg 1800$ d) $\lg 0{,}0095$
e) $\lg 20 + \log 5$ f) $\lg 0{,}3 + \log 22$ g) $\lg 2 \cdot \log 14$ h) $\lg 0{,}01 \cdot \log 28$
i) $\lg \sqrt{83}$ j) $\lg 3{,}1^4$ k) $\lg 6^{-3}$ l) $\lg \frac{2}{9}$

6 Löse die Gleichungen mithilfe der passenden Umkehroperation.
a) $x^4 = 625$ b) $a^8 = 6561$ c) $m^5 = 120$ d) $y^{10} = 72$
e) $4^x = 256$ f) $5^b = 100$ g) $0{,}5^n = 0{,}05$ h) $0{,}2^y = 15$

7 Vergleiche jeweils die Ergebnisse und beschreibe Gesetzmäßigkeiten.
a) $\lg 3$ $\lg 30$ $\lg 300$ $\lg 3000$ $\lg 30\,000$
b) $\lg 0{,}5$ $\lg 0{,}05$ $\lg 0{,}005$ $\lg 0{,}0005$ $\lg 0{,}00005$

8 Weise nach, dass die folgenden Beziehungen gelten.
a) $\log_a 1 = 0$ b) $\log_a (a^x) = x$

9 Falte ein Blatt Papier immer wieder in der Mitte.
a) Gib eine Gleichung an, mit der man die Höhe des Papierstapels bei n-maligem Falten berechnen kann, wenn ein Blatt Papier 0,08 mm dick ist.
b) Berechne die Anzahl der theoretisch nötigen Faltungen, damit der Papierstapel bis zum Dach eurer Schule (bis zum Mond, also 384 000 km) reicht.

Damit die Faltung mehrmals klappt, kann man das Papier auch in der Mitte zerschneiden.

1.6 Vermischte Aufgaben

1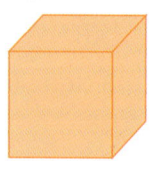

1 $V = 1\ cm^3$ 2 $V = 8\ cm^3$ 3 $V = 27\ dm^3$ 4 $V = 64\ dm^3$

a) Bestimme im Kopf die Kantenlängen der Würfel.
b) Berechne mit den Ergebnissen aus a) den zugehörigen Oberflächeninhalt.

2 Übertrage die Tabelle in dein Heft und ergänze die fehlenden Werte für einen Würfel.

	a)	b)	c)	d)	e)
Kantenlänge a	4,5 cm	2,1 dm			
Oberfläche A_O			486 cm²	73,5 m²	
Volumen V					32,768 m³

Area (lat.): freier Platz, Fläche, Bauplatz

3 Ermittle die Kantenlängen der Würfel.

a) 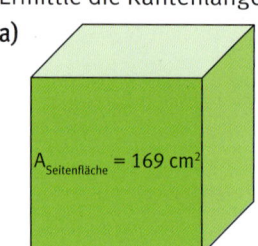 b) 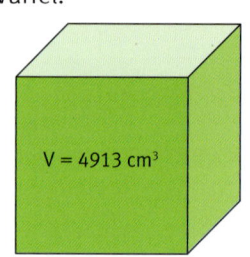 c)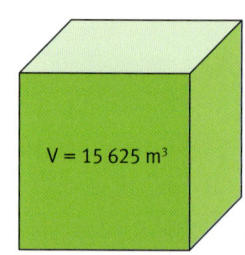

a) $A_{Seitenfläche} = 169\ cm^2$ b) $V = 4913\ cm^3$ c) $V = 15\,625\ m^3$

4 Ein Fliesenleger legt Muster aus dreieckigen roten und gelben Fliesen. Aus jeweils zwei bzw. acht Fliesen legt er ein Quadrat. Bestimme die Seitenlängen einer Fliese …
a) zeichnerisch.
b) rechnerisch.

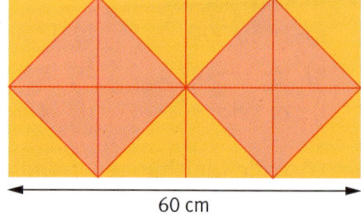

60 cm

5 Entscheide, ob die Aussagen wahr oder falsch sind. Begründe.
a) $\sqrt{16}$ ist diejenige rationale Zahl, die quadriert 16 ergibt.
b) $\sqrt{81}$ kann +9 oder –9 sein.
c) $\sqrt{25}$ ist größer als $\sqrt{36}$.
d) Wenn a größer wird, wird auch $\sqrt{a}$ größer.
e) Die Gleichung $x^3 = 27$ hat die Lösung x = –3 und x = +3.

6 Gib eine Kubikzahl an, die möglichst nahe an der vorgegebenen Zahl liegt.
a) 100   b) 500   c) 650   d) 999   e) 2500   f) 5000

7 Berechne die Kubikwurzeln. Runde auf zwei Dezimalen.
a) $\sqrt[3]{2{,}1}$ b) $\sqrt[3]{12}$ c) $\sqrt[3]{7160}$ d) $\sqrt[3]{0{,}45}$ e) $\sqrt[3]{0{,}015}$ f) $\sqrt[3]{17^3}$

8 Die Quadrate mit den Seitenlängen a und die Rechtecke mit den Seitenlängen b und c sollen flächeninhaltsgleich sein. Vervollständige die Tabelle im Heft.

	a)	b)	c)	d)	e)	f)
A	324 cm²		12,25 dm²		1,69 ha	
a		24 m		116 mm		
b	27 cm			2,9 cm	100 m	3,5 dm
c		14,4 m	49 cm			1,4 m

Lösungen zu 8:
130; 169; 49; 7; 134,56;
46,4; 35; 25; 576; 40;
12; 18
Die Einheiten sind nicht angegeben.

9 Im „Verwurzelten Land" gibt es nur quadratische Grundstücke und würfelförmige Häuser. Die Tabelle zeigt die zugehörigen Flächeninhalte und Volumina.

	Flächeninhalt des Grundstücks	Volumen des Hauses
Familie A	625 m²	729 m³
Familie B	25 a	343 m³
Familie C	1 ha	1000 m³

Ermittle die Seitenlängen der Grundstücke und die Kantenlängen der Häuser. Beschreibe dein Vorgehen.

10 Schätze die Seitenlänge des Quadrats mit dem gegebenen Flächeninhalt möglichst genau ab. Überprüfe deine Schätzung mit dem Taschenrechner.

a) 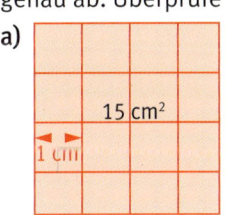 b) 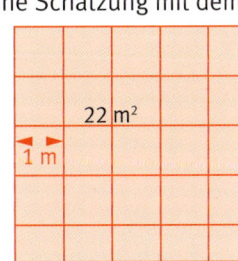 c) 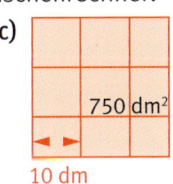 d)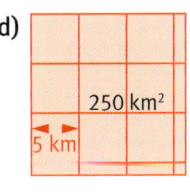

11 Es gibt Zahlen, deren Wurzel auf die gleiche Endziffer endet wie die Zahl selbst.
  a) Entscheide, für welche Wurzel diese Eigenschaft gilt. Erkläre.
  $\sqrt{100}$ $\sqrt{144}$ $\sqrt{36}$ $\sqrt[3]{125}$ $\sqrt[3]{216}$
  b) Nenne weitere Zahlen, für die diese Eigenschaft gilt.

12 Fülle die Lücken richtig aus. Rechne im Kopf.
  a) $\sqrt{5} \cdot \sqrt{\square} = \sqrt{10}$
  b) $\sqrt{7} \cdot \sqrt{\square} = \sqrt{21}$
  c) $\frac{\sqrt{12}}{\sqrt{\square}} = \sqrt{3}$
  d) $\sqrt{\square} \cdot \sqrt{2,5} = \sqrt{20}$
  e) $\frac{\sqrt{30}}{\sqrt{\square}} = \sqrt{30}$
  f) $\sqrt{13} \cdot \sqrt{\square} = 13$
  g) $\frac{\sqrt{\square}}{\sqrt{11}} = \sqrt{11}$
  h) $\sqrt{12} \cdot \sqrt{\square} = \sqrt{576}$
  i) $\sqrt{\square} \cdot \sqrt{36} = 18$
  j) $\sqrt{36} : \sqrt{\square} = 4$
  k) $\sqrt{121} \cdot \sqrt{\square} = 0$
  l) $\sqrt{169} : \sqrt{\square} = \sqrt{13}$

13 Berechne im Kopf.
  a) $(\sqrt{5})^2$ b) $3 \cdot (\sqrt{8})^2$ c) $1,5 \cdot (\sqrt{6})^2$ d) $(0,5 \cdot \sqrt{10})^2$ e) $\frac{2}{3} \cdot (\sqrt{12})^2$

Lösungen zu 13:
5; 2,5; 9; 24; 8

14 Überprüfe, ob die Zahl rational oder irrational ist. Rechne im Kopf.
  a) $\sqrt{27}$ b) $\sqrt{49}$ c) $\sqrt{96}$ d) $\sqrt{242}$ e) $\sqrt{4,41}$ f) $\sqrt{0}$
  g) $\sqrt{100}$ h) $\sqrt{8}$ i) $\sqrt{17}$ j) $\sqrt{200}$ k) $\sqrt{2,22}$ l) $\sqrt{1}$

1.6 Vermischte Aufgaben

Bei Multiplikationsmauern ergibt sich der Wert eines Steins aus dem Produkt der darunter liegenden Steine.

15 Übertrage die Multiplikationsmauern in dein Heft und vervollständige sie.

a) b)

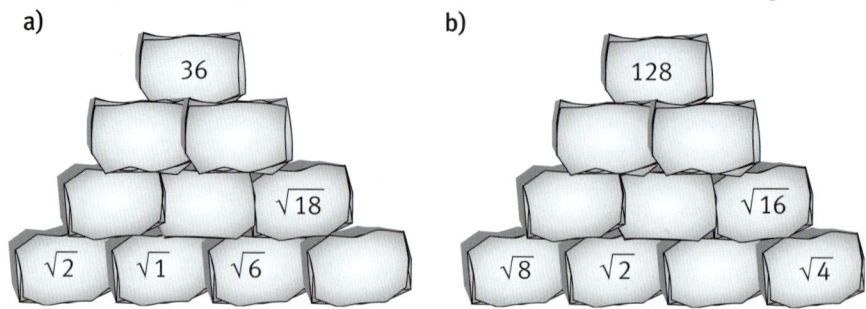

16 a) Erkläre mithilfe der Darstellung, dass $\sqrt{9} + \sqrt{16} \neq \sqrt{9+16}$.

b) Überprüfe die Aussage aus a) an mindestens einem weiteren Beispiel.

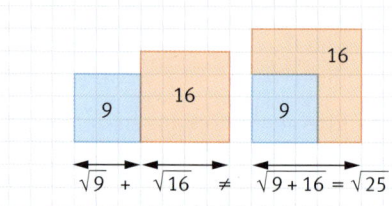

17 Ordne die Terme zu, die den gleichen Wert haben. Ein Term bleibt übrig.

$\sqrt{100+44}$	$(\sqrt{2})^2 \cdot \sqrt{2}$	12	$2^2 \cdot \sqrt{2}$	2^2
$\sqrt{100} + \sqrt{44}$	$\sqrt{8}$	$\sqrt{32}$	$\frac{\sqrt{32}}{\sqrt{2}}$	

18 Peter berechnet mit dem Taschenrechner $\sqrt{3}$.
Begründe, dass die Angabe des Taschenrechners nicht exakt sein kann.

19 Schreibe jeweils in den anderen Formen.

	a)	b)	c)	d)
Potenz	$2^8 = 256$	☐	☐	$5^4 = 625$
Wurzel	☐	$\sqrt[4]{1296} = 6$	☐	☐
Logarithmus	☐	☐	$\log_5 125 = 3$	☐

Alltag

Taschenrechner

Taschenrechner zeigen Wurzeln oft unterschiedlich an.

Beispiel:

① $\sqrt{24}$ → ② $2\sqrt{6}$ → ③ 4.898979486

Während bei ① die Zahl vollständig unter der Wurzel steht, ist ② eine gemischte Schreibweise, bei der die Zahl unter der Wurzel möglichst klein ist. ③ ist die Dezimaldarstellung.

• Wie kommt man zu den verschiedenen Anzeigen? Probiere aus.
• Finde heraus, wie die gemischte Schreibweise ② entsteht.

Lernsituation

KAPITEL 1

Unendliche Weiten ...

SITUATIONSBESCHREIBUNG

Du absolvierst ein Praktikum in einem astronomischen Institut – der Sternwarte. Dein Betreuer hat dich damit beauftragt, eine Karte des Universums anzufertigen. Die Abstände zur Erde sollen dabei an einer Zahlenhalbgeraden veranschaulicht werden, wobei der Abstand der Erde zum Mond 1 cm betragen soll. Probleme bereiten hierbei die unterschiedlich großen Entfernungen der Planeten und Sterne zur Erde. Bei deinen Recherchen stößt du auf die sogenannte logarithmische Skala. Bei einer logarithmischen Skala werden anstelle der z.B. in Kilometern gemessenen Entfernungen x deren Logarithmus log x abgetragen. Gleiche Abstände auf dieser Skala entsprechen dem gleichen Faktor zwischen den Größen.

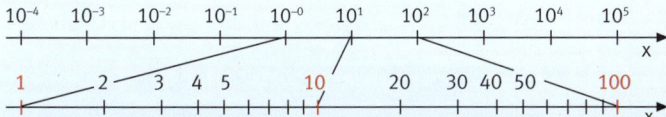

HANDLUNGSAUFTRÄGE

1. Informiere dich über den Abstand der Erde zu **zwei** anderen Planeten, zur **Sonne** und zum **Mond**.
2. Stell dir vor, der Abstand zwischen Erde und Mond entspricht der Länge eines DIN-A4-Blattes. Wie viele DIN-A4-Blätter müsste man nebeneinander legen, um zur Sonne oder einem deiner recherchierten Planeten zu kommen? Wie errechnet sich die Anzahl? Diskutiere.
3. Dein Auftraggeber möchte nun, dass du die Karte zur Darstellung des Universums nach den Ergebnissen aus Aufgabe 2 anfertigst. Wo müsste dann die Sonne usw. eingezeichnet werden? Benutze die recherchierten Daten. Diskutiere, ob es eine solche Karte geben kann.
4. Selbst bei einem noch kleineren Maßstab müssten wir feststellen, dass es unmöglich scheint, eine übersichtliche und maßstabsgetreue Darstellung des Universums anzufertigen. Hier nutzt man die oben erklärte logarithmische Skalierung. Versuche nun mithilfe der oben genannten Hinweise eine Zahlenhalbgerade des Universums anzufertigen. Der Abstand zwischen Erde und Mond sei 1 cm.

1.7 Das kann ich!

Überprüfe deine Fähigkeiten und Kenntnisse. Bearbeite dazu die folgenden Aufgaben und bewerte anschließend deine Lösungen mit einem Smiley.

☺	😐	☹
Das kann ich!	Das kann ich fast!	Das kann ich noch nicht!

Hinweise zum Nacharbeiten findest du auf der folgenden Seite. Die Lösungen stehen im Anhang.

Aufgaben zur Einzelarbeit

1 Übertrage die Tabelle und vervollständige sie.

	quadrierte Zahl	ausführliche Schreibweise	Ergebnis
a)	3^2	3 · 3	
b)	5^2		
c)		7 · 7	
d)			81
e)			1
f)			2500
g)			$\frac{1}{4}$
h)			$\frac{16}{25}$
i)	$\left(\frac{2}{7}\right)^2$		

2 Übertrage das Hunderterfeld in dein Heft.

1	2	3	4	5	6	7	8	9	10
11	12	13	14	15	16	17	18	19	20
21	22	23	24	25	26	27	28	29	30
31	32	33	34	35	36	37	38	39	40
41	42	43	44	45	46	47	48	49	50
51	52	53	54	55	56	57	58	59	60
61	62	63	64	65	66	67	68	69	70
71	72	73	74	75	76	77	78	79	80
81	82	83	84	85	86	87	88	89	90
91	92	93	94	95	96	97	98	99	100

a) Markiere alle Quadratzahlen farbig.
b) Beschreibe die Veränderung der Abstände benachbarter Quadratzahlen. Gib die Ursache der Veränderung an.
c) Bestimme die Summe aller Quadratzahlen im Hunderterfeld. Schätze zuerst.

3 Bestimme zu den folgenden Zahlen jeweils ihre Quadrat- und ihre Kubikzahl.
a) 2   b) 6   c) 10   d) 12   e) 18
f) 25   g) 40   h) 55   i) 200   j) 250

4 a) Bestimme die 2. und 3. Potenz der Zahlen.
① 1; 10; 100   ② 2; 20; 200
③ 12; 1,2; 0,12   ④ 5; 0,5; 0,05
b) Beschreibe den Zusammenhang zwischen den Zahlen bei den Teilaufgaben aus a).

5 Berechne im Kopf.
a) $\sqrt{25}$; $\sqrt{81}$; $\sqrt{121}$; $\sqrt{144}$; $\sqrt{625}$; $\sqrt{10\,000}$
b) $\sqrt{0,04}$; $\sqrt{0,16}$; $\sqrt{\frac{1}{4}}$; $\sqrt{0,25}$; $\sqrt{\frac{36}{49}}$; $\sqrt{0,0009}$
c) $\sqrt[3]{27}$; $\sqrt[3]{125}$; $\sqrt[3]{512}$; $\sqrt[3]{1000}$; $\sqrt[3]{1728}$

6 Berechne mit dem Taschenrechner und runde auf zwei Dezimalen.
a) $\sqrt{3}$; $\sqrt{5}$; $\sqrt{6}$; $\sqrt{10}$; $\sqrt{50}$; $\sqrt{80}$; $\sqrt{111}$; $\sqrt{300}$
b) $\sqrt{0,01}$; $\sqrt{0,5}$; $\sqrt{2,5}$; $\sqrt{1,44}$; $\sqrt{17,6}$; $\sqrt{35,8}$; $\sqrt{\frac{4}{8}}$
c) $\sqrt[3]{2}$; $\sqrt[3]{2,7}$; $\sqrt[3]{0,04}$; $\sqrt[3]{22,5}$; $\sqrt[3]{730,6}$

7 Zeichne jeweils ein Quadrat mit folgendem Flächeninhalt in dein Heft.
a) 6 cm²   b) 20 cm²   c) 30 cm²

8
① $\sqrt{4}$; $\sqrt{40}$; $\sqrt{400}$; $\sqrt{4000}$; $\sqrt{40\,000}$; …
② $\sqrt{9}$; $\sqrt{90}$; $\sqrt{900}$; $\sqrt{9000}$; $\sqrt{90\,000}$; …
③ $\sqrt[3]{1}$; $\sqrt[3]{10}$; $\sqrt[3]{100}$; $\sqrt[3]{1000}$; $\sqrt[3]{10\,000}$; …
④ $\sqrt[3]{8}$; $\sqrt[3]{80}$; $\sqrt[3]{800}$; $\sqrt[3]{8000}$; $\sqrt[3]{80\,000}$; …

a) Berechne und setze die Reihe um drei weitere Schritte fort.
b) Beschreibe auftretende Gesetzmäßigkeiten und überprüfe diese an weiteren Beispielen.

9 Gegeben sind Würfel. Übertrage die Tabelle in dein Heft und vervollständige sie.

	Kantenlänge	Volumen	Oberfläche
a)	4 cm		
b)	1,5 m		
c)		729 cm³	
d)		$421\frac{7}{8}$ m³	
e)			384 mm²
f)			121,5 m²
g)			91,26 dm²

10 a) Stelle die zugehörige Potenz auf und berechne dann x.
① $\log_2 256 = x$ ② $\log_{15} x = 3$
③ $\lg 0{,}0000001 = x$ ④ $\log_3 \frac{1}{9} = x$

b) Bestimme x.
① $3^x = 2187$ ② $x^4 = 1296$
③ $0{,}5^x = 0{,}0625$ ④ $x^4 = 121$

11 Vereinfache, falls möglich.
a) $\sqrt{3} \cdot \sqrt{8}$ $\sqrt{3} + \sqrt{8}$ $\sqrt{3} : \sqrt{8}$
b) $\sqrt{27} : \sqrt{18}$ $\sqrt{27} - \sqrt{18}$ $\sqrt{27} \cdot \sqrt{18}$
c) $\sqrt{99} - \sqrt{11}$ $\sqrt{99} + \sqrt{11}$ $\sqrt{99} : \sqrt{11}$
d) $\sqrt{2{,}5} \cdot \sqrt{4}$ $\sqrt{2{,}5} + \sqrt{4}$ $\sqrt{2{,}5} - \sqrt{4}$

12 Berechne die Termwerte, indem du die angegebenen Zahlen einsetzt.
a) $5 \cdot \left(\sqrt{a} + \frac{3}{4}\right)$ $a = 0{,}25$
b) $\sqrt{75 \cdot b} \cdot \sqrt{3 \cdot b}$ $b = 4$
c) $\sqrt{\frac{2x^2}{3y}}$ $x = \sqrt{2}$; $y = 12$

13 Setze Ziffern so in die Lücken ein, dass die Rechnungen stimmen. Findest du mehrere Möglichkeiten?
a) $\sqrt{2} \cdot \sqrt{\square} = \sqrt{50}$ b) $\sqrt{9} \cdot \sqrt{\square} = \sqrt{196}$
c) $\sqrt{\square} \cdot \sqrt{5} = \sqrt{1\square}$ d) $\sqrt{432} : \sqrt{\square} = 6$
e) $\frac{\sqrt{1083}}{\sqrt{\square}} = 19$ f) $\sqrt{\square} \cdot \sqrt{57{,}\square} = 17$

14 Welche Zahl ist irrational, welche rational?
a) $\sqrt{4}$; $\sqrt{6}$; $\sqrt{8}$; $\sqrt{100}$; $\sqrt{104}$; $\sqrt{400}$; $\sqrt{1000}$
b) 0; 1; $\sqrt{0}$; $\sqrt{1}$; $\frac{1}{3}$; $\sqrt{\frac{1}{3}}$; $\frac{1}{9}$; $\sqrt{\frac{1}{9}}$; $\sqrt{\frac{12}{7}}$

16 Es gilt: $\sqrt{0} = 0$ und $\sqrt{1} = 1$

17 $\sqrt[3]{5^3} = 5^3$

18 Die Seitenlänge eines Quadrats kann man mithilfe der Kubikwurzel aus dem Flächeninhalt eines Quadrats bestimmen.

19 Die Kubikwurzel wird auch als dritte Wurzel bezeichnet.

20 Ein Quadrat mit dem Flächeninhalt 5 m² hat die Seitenlänge 2,5 m.

21 Ein Rechteck mit den Seitenlängen 3 cm und 4 cm kann in ein flächengleiches Quadrat mit der Seitenlänge $\sqrt{12}$ cm umgewandelt werden.

22 $\sqrt{100} + \sqrt{49} = \sqrt{100 + 49}$

23 Zwei Quadratwurzeln, die multipliziert werden, lassen sich zu einer Quadratwurzel zusammenfassen.

24 $3\sqrt{7} + 2\sqrt{7} = 5\sqrt{7}$

25 $\sqrt{6}$ ist eine irrationale Zahl.

26 Jede Quadratwurzel ist eine irrationale Zahl.

27 Jede Quadratwurzel liegt zwischen zwei benachbarten natürlichen Zahlen.

28 Das Logarithmieren ist die Umkehroperation zum Wurzelziehen.

Aufgaben für Lernpartner

Arbeitsschritte
1. Bearbeite die folgenden Aufgaben alleine.
2. Suche dir einen Partner und erkläre ihm deine Lösungen. Höre aufmerksam und gewissenhaft zu, wenn dein Partner dir seine Lösungen erklärt.
3. Korrigiere gegebenenfalls deine Antworten und benutze dazu eine andere Farbe.

Sind folgende Behauptungen **richtig** oder **falsch**? Begründe schriftlich.

15 Quadrieren lässt sich durch das Ziehen der Wurzel rückgängig machen.

Aufgabe	Ich kann …	Hilfe
1, 2, 3, 4, 9	Quadrat- und Kubikzahlen berechnen.	S. 16
5, 6, 7, 8, 9, 11, 12, 13, 15, 16, 17, 18, 19, 20, 21, 22, 23, 24, 27	mit Wurzeln umgehen und rechnen.	S. 18 S. 20
14, 26	irrationale und rationale Zahlen unterscheiden.	S. 22
10, 28	den Logarithmus berechnen.	S. 24

1.8 Auf einen Blick

S. 16	16 ist eine Quadratzahl, denn $4^2 = 16$. 64 ist eine Kubikzahl, denn $4^3 = 64$. 64 ist auch eine Quadratzahl, denn $8^2 = 64$.	Bei Potenzen können **alle rationalen Zahlen** als Basis a auftreten. Potenzen mit dem **Exponenten 2** und einer **natürlichen Zahl als Basis** nennt man **Quadratzahlen**: $a \cdot a = a^2 \qquad (a \in \mathbb{N})$ Potenzen mit dem **Exponenten 3** und einer **natürlichen Zahl als Basis** nennt man **Kubikzahlen**: $a \cdot a \cdot a = a^3 \qquad (a \in \mathbb{N})$
S. 18	$a \xrightarrow{\text{Quadrieren}} a^2 \xleftarrow{\text{Wurzelziehen}}$ $\qquad \sqrt{0} = 0 \qquad \sqrt[3]{0} = 0$ $\sqrt{144} = 12$, denn $12 \cdot 12 = 144$ „Die Quadratwurzel aus 144 ist 12." $\sqrt[3]{729} = 9$ „Die Kubikwurzel aus 729 ist 9."	Die **Umkehrung des Potenzierens** bezeichnet man als **Wurzelziehen** (**Radizieren**). Die **Quadratwurzel** aus einer positiven Zahl a ist diejenige positive Zahl b, die quadriert a ergibt. Es gilt: $\sqrt{a} = b$, wenn $b \cdot b = b^2 = a$ (a, b > 0) Die **Kubikwurzel** aus einer positiven Zahl a ist diejenige positive Zahl b, deren dritte Potenz a ergibt. Es gilt: $\sqrt[3]{a} = b$, wenn $b \cdot b \cdot b = b^3 = a$ (a, b > 0)
S. 20	$\sqrt{16} \cdot \sqrt{9} = \sqrt{16 \cdot 9}$ $\quad 4 \cdot 3 = \sqrt{144}$ $\quad\quad 12 = 12$ $\dfrac{\sqrt{9}}{\sqrt{16}} = \sqrt{\dfrac{9}{16}}$ $\quad \dfrac{3}{4} = \dfrac{3}{4}$	**Multiplikation von Quadratwurzeln** $\sqrt{a} \cdot \sqrt{b} = \sqrt{a \cdot b}$ für a, b > 0 **Division von Quadratwurzeln** $\dfrac{\sqrt{a}}{\sqrt{b}} = \sqrt{\dfrac{a}{b}}$ für a, b > 0
S. 20	$\sqrt{9} + \sqrt{16} = 3 + 4 = 7$ $\sqrt{9 + 16} = \sqrt{25} = 5$	Bei der **Addition** und **Subtraktion** lassen sich zwei Quadratwurzeln **nicht** zu einer Quadratwurzel **zusammenfassen**.
S. 22	$\sqrt{2} \approx 1{,}414213562$ 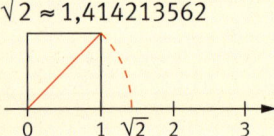	Eine Zahl nennt man **irrational**, wenn man sie **nicht als Bruch** zweier ganzer Zahlen darstellen kann. Die zugehörige Dezimalzahl hat unendlich viele Nachkommastellen.
S. 24	Potenz $6^3 = 216$ Wurzel $\sqrt[3]{216} = 6$ Logarithmus $\log_6 216 = 3$	**Potenzieren**, **Radizieren** (Wurzelziehen) und **Logarithmieren** sind zueinander Umkehroperationen. Potenzieren $\quad$ Radizieren $\quad$ Logarithmieren $a^n = c \qquad\quad \sqrt[n]{c} = a \qquad\quad \log_a c = n$

2 Quadratische Funktionen und Gleichungen

Einstieg

- Beschreibe den Verlauf der Rutschbahnen auf dem Gelände der Technischen Universität München, wenn man am Auslauf vor ihr steht.
- Skizziere im Koordinatensystem einen Graphen, der die Form einer dieser Rutschbahnen hat, wenn man am Auslauf vor ihr steht. Vereinfache dazu die Darstellung der Rutschbahn zu einer einfachen Linie und beginne im Koordinatenursprung.
- Kann es sich bei dieser Linie um eine Funktion handeln? Begründe.
- Spiegle den Graphen an der y-Achse.
- Beschreibe einem Mitschüler deine Skizze. Achte bei der Beschreibung auf die Form des Graphen und besondere Punkte wie z. B. die Schnittpunkte mit den Koordinatenachsen.
- Nenne weitere Beispiele aus deiner Umwelt, die ähnliche Darstellungen ergeben.

Ausblick

Am Ende dieses Kapitels hast du gelernt, ...
- quadratische Funktionen zu erkennen.
- quadratische Funktionen graphisch darzustellen.
- Eigenschaften quadratischer Funktionen anzugeben und zu beschreiben.
- quadratische Gleichungen graphisch und rechnerisch zu lösen.
- Problemstellungen aus dem Alltag mithilfe quadratischer Gleichungen zu bearbeiten.

2.1 Terme umformen

Familie Huber möchte einen Stellplatz für Fahrräder nach folgendem Muster pflastern.

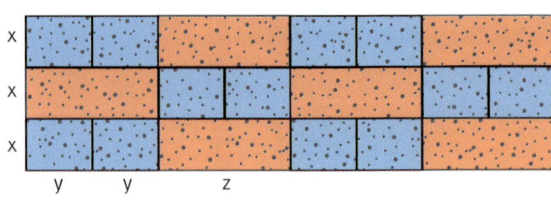

- Übertrage das Muster ins Heft. Färbe alle Flächen x · y blau und alle Flächen x · z rot.
- Stelle unterschiedliche Terme zur Berechnung des Flächeninhalts der Fahrradstellfläche auf. Überprüfe, ob die Terme äquivalent sind.
- Welcher Zusammenhang besteht zwischen deinen Termen und der Anzahl der farbigen Flächen?

Merkwissen

Terme lassen sich oft **vereinfachen**. Es gelten die bekannten **Rechenregeln**.

- Eine **Summe gleicher Summanden** lässt sich als **Produkt** schreiben. **Gleichartige Variablen** lassen sich **ordnen** (**Kommutativgesetz**) und **zusammenfassen** (**Distributivgesetz**).
  $a + b + a + a + b = a + a + a + b + b = 3 \cdot a + 2 \cdot b$
  $6 \cdot a - 4 \cdot a = (6 - 4) \cdot a = 2 \cdot a$
  $15x + (8 - x) = 15x + 8 - x = 15x - x + 8 = 14x + 8$
  $8y - (-5 - 2y) - 3 = 8y + 5 + 2y - 3 = 8y + 2y + 5 - 3 = 10y + 2$

Die Potenzgesetze müssen beim Zusammenfassen berücksichtigt werden.

- Ein **Produkt** aus Termen mit **Zahlen und Variablen** wird vereinfacht, indem man **Zahlen mit Zahlen** und **Variablen mit Variablen** multipliziert. **Dividiert** man einen **Term durch eine Zahl**, dividiert man die **Zahlen**.
  $7x \cdot 2y = (7 \cdot 2) \cdot (x \cdot y) = 14xy \qquad 3x^2 \cdot 4x^3 = (3 \cdot 4) \cdot (x^2 \cdot x^3) = 12x^5$
  $3x^2 : 4 = \frac{3}{4}x^2 \qquad\qquad\qquad 4x^2 : 8x = \frac{1}{2}x$

Mithilfe des **Distributivgesetzes** kann man Zahlen und einzelne Variablen **ausmultiplizieren bzw. ausklammern**:

Vorzeichenregeln:
$(-) \cdot (-)$ ergibt $+$
$(+) \cdot (+)$ ergibt $+$
$(-) \cdot (+)$ ergibt $-$
$(+) \cdot (-)$ ergibt $-$

$(-) : (-)$ ergibt $+$
$(+) : (+)$ ergibt $+$
$(-) : (+)$ ergibt $-$
$(+) : (-)$ ergibt $-$

- Wird eine Summe mit einem Faktor multipliziert, dann wird **jeder Summand mit dem Faktor multipliziert**. Die entstandenen Produkte werden addiert.

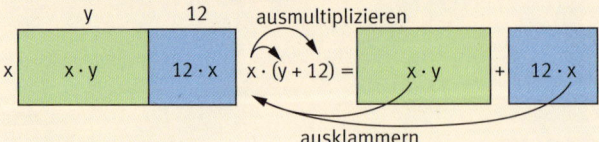

- Kommt in einer Summe von Produkten in jedem Summanden derselbe Faktor vor, so kann dieser **gemeinsame Faktor ausgeklammert** werden. Beim **Ausklammern (Faktorisieren)** wird jeder Summand durch den gemeinsamen Faktor geteilt.

Es wird „jeder mit jedem" multipliziert.

- Werden Summen miteinander multipliziert, dann muss man **jeden Summanden der ersten Summe** mit **jedem Summanden der zweiten Summe** multiplizieren. Die entstandenen Produkte werden dann addiert.

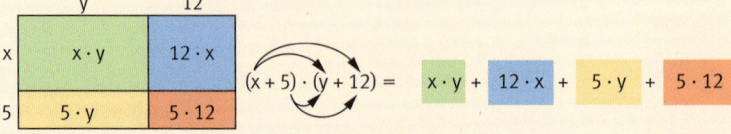

KAPITEL 2

BEISPIELE

I Vereinfache die Terme so weit wie möglich.

   a) $3x \cdot 6x \cdot x^3$ b) $-y \cdot 5z^2 \cdot 7y^3 \cdot \frac{2}{5}z$

Lösung:

a) $3x \cdot 6x \cdot x^3$
   $= 3x \cdot 6x \cdot 1x^3$
   $= 3 \cdot 6 \cdot 1 \cdot x \cdot x \cdot x^3$
   $= 18x^5$

b) $-y \cdot 5z^2 \cdot 7y^3 \cdot \frac{2}{5}z$
   $= (-1)y \cdot 5z^2 \cdot 7y^3 \cdot \frac{2}{5}z$
   $= (-1) \cdot 5 \cdot 7 \cdot \frac{2}{5} \cdot y \cdot y^3 \cdot z^2 \cdot z$
   $= -14y^4z^3$

$x = 1 \cdot x$
$-x = (-1) \cdot x$

II Multipliziere die Klammern aus und vereinfache.

   a) $(3x + y) \cdot 5$ b) $\frac{2}{3} \cdot (19{,}2x + 1)$ c) $(7{,}2r - 8{,}8s) : \frac{4}{5}$

Lösung:

a) $(3x + y) \cdot 5$
   $= 3x \cdot 5 + y \cdot 5$
   $= 15x + 5y$

b) $\frac{2}{3} \cdot (19{,}2x + 1)$
   $= \frac{2}{3} \cdot 19{,}2x + \frac{2}{3} \cdot 1$
   $= 12\frac{4}{5}x + \frac{2}{3}$

c) $(7{,}2r - 8{,}8s) : \frac{4}{5}$
   $= 7{,}2r : \frac{4}{5} - 8{,}8s : \frac{4}{5}$
   $= 9r - 11s$

Die Division durch eine Zahl bzw. Variable lässt sich in eine Multiplikation mit dem Kehrwert umformen.

III Wie lautet der gemeinsame Faktor? Klammere ihn aus und vereinfache.

   a) $5ab + 7a - 3ac$ b) $12xy + 4xz + 8vx$

Lösung:

a) $5ab + 7a - 3ac$
   $= a \cdot (5b + 7 - 3c)$

    a ist der gemeinsame Faktor aller Summanden.

b) $12xy + 4xz + 8vx$
   $= 3 \cdot 4xy + 4xz + 2 \cdot 4vx$
   $= 4x \cdot (3y + z + 2v)$

    Der gemeinsame Faktor ist 4x.

IV Das Produkt von Summen lässt sich übersichtlich mithilfe einer Verknüpfungstabelle darstellen.

$(3x + 7) \cdot (4x - 5)$
$= 12x^2 + \underline{28x - 15x} - 35$
$= 12x^2 + 13x - 35$

·	4x	−5
3x	$12x^2$	−15x
7	28x	−35

Beachte:
$x \cdot x = x^2$, aber
$x + x = 2x$

a) Erkläre das Vorgehen.

b) Berechne ebenso: $(2a - 3b) \cdot (12 - 6a)$

Lösung:

a) Jeder Summand der ersten Klammer muss mit jedem Summanden der zweiten Klammer multipliziert werden. Dies erreicht man durch die Darstellung der Summanden in den Spalten bzw. Zeilen einer Verknüpfungstabelle.

b) $(2a - 3b) \cdot (12 - 6a)$
   $= 24a - 12a^2 - 36b + 18ab$
   $= -12a^2 + 24a - 18ab$

·	12	−6a
2a	24a	$-12a^2$
−3b	−36b	+18ab

VERSTÄNDNIS

- Lässt sich jeder Term als Produkt schreiben? Begründe.
- $6ab + a = a \cdot (6b + 1)$ oder $6ab + a = a \cdot (6b + 0)$. Was ist richtig? Begründe.

2.1 Terme umformen

AUFGABEN

Variablen stets alphabetisch ordnen.

1 Multipliziere aus und vereinfache so weit wie möglich.
a) $7 \cdot (4x + 2)$
b) $(-3b + a) \cdot 5$
c) $1{,}7 \cdot (2c + a)$
d) $2x \cdot (x + 2{,}5)$
e) $y \cdot (15 - x)$
f) $3z \, (3z + 4)$
g) $\frac{1}{3} k \cdot (6k + 1)$
h) $\left(-\frac{3}{4} l\right) \cdot (4l - 12)$
i) $\frac{4}{5} s \cdot \left(0{,}75t - \frac{3}{2} u\right)$
j) $(-1{,}5a + 4{,}9b) \cdot (-c)$
k) $(-3k + 0{,}2l) \cdot (-3m)$
l) $(-2{,}4s^2 + 3{,}6ts) \cdot (4s)$

2 a) Begründe anhand der Beispiele, dass die Division einer Summe oder Differenz durch einen Divisor in eine Multiplikation umgewandelt werden kann.

Beispiele:
① $(3x - 6y) : 3 = (3x - 6y) \cdot \frac{1}{3} = \frac{1}{3} \cdot 3x - \frac{1}{3} \cdot 6y = x - 2y$
② $(8x - 4y) : \frac{1}{4} = (8x - 4y) \cdot 4 = 4 \cdot 8x - 4 \cdot 4y = 32x - 16y$
③ $(5xy - 10y) : (-5y) = (5xy - 10y) \cdot \left(-\frac{1}{5y}\right) = 5xy \cdot \left(-\frac{1}{5y}\right) - 10y \cdot \left(-\frac{1}{5y}\right) = -x + 2$

b) Wandle zunächst in eine Multiplikation um und vereinfache dann.
① $(x + y + z) : 2$
② $(5a - 2b + c) : \frac{1}{10}$
③ $(4r^2 - 8r^3 + 2r^4) : \frac{8}{7}$
④ $(-1{,}2e + 8{,}4f^2) : \left(-\frac{1}{5}\right)$
⑤ $(-3z^4 - z^5) : (-7)$
⑥ $-(2a + 4b) : (-2)$

3 a) Der Flächeninhalt der Figur in der Randspalte wurde auf zwei Arten berechnet. Erkläre das Vorgehen.

① $A = 6 \text{ cm} \cdot 12 \text{ cm} + 6 \text{ cm} \cdot 6 \text{ cm} + 2 \text{ cm} \cdot 12 \text{ cm} + 2 \text{ cm} \cdot 6 \text{ cm} = 144 \text{ cm}^2$

② $A = (6 \text{ cm} + 2 \text{ cm}) \cdot (12 \text{ cm} + 6 \text{ cm}) = 8 \text{ cm} \cdot 18 \text{ cm} = 144 \text{ cm}^2$

b) Beschreibe analog zu a) den Flächeninhalt auf zwei verschiedene Arten.

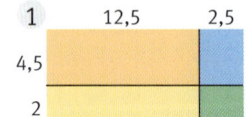
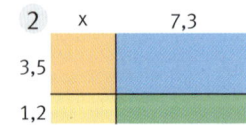
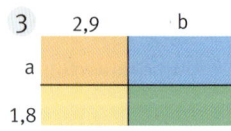

Du kannst eine Verknüpfungstabelle wie in Beispiel IV verwenden.

4 Multipliziere aus und vereinfache so weit wie möglich.
a) $(x + 3) \cdot (x + 5)$
b) $(z + 2) \cdot (z - 10)$
c) $(v - 3) \cdot (3 + v)$
d) $(y - 5) \cdot (y - 3)$
e) $(-c + 3) \cdot (3 + c)$
f) $(4 + 3r) \cdot (-r + 3)$
g) $(a + 3) \cdot (2b + 5)$
h) $\left(\frac{1}{2} u - \frac{1}{5} v\right) \cdot \left(\frac{3}{2} v + \frac{5}{7} u\right)$
i) $(0{,}2a^2 + 1{,}2a) \cdot (0{,}5a - 3)$

5 Finde einen gemeinsamen Faktor. Klammere ihn aus und vereinfache.
a) $\frac{1}{2} ax + 3x - 7xy$
b) $a^2bc - ab^2 + 3{,}2abc$
c) $6mn + 4km + 8m$
d) $2{,}5s^2f - 1{,}5s^2t + 12s^2$
e) $-35rs + 21r - 49rs^2$
f) $1{,}2gh + 0{,}3g - 1{,}5gk$
g) $\frac{2}{3} d^2 - 1\frac{1}{3} cd + d$
h) $0{,}8k^2l^2 - 1{,}6kl^2 + mkl^2$
i) $1{,}9x^3y - 4{,}6x^2y^2 + x^2y^3$

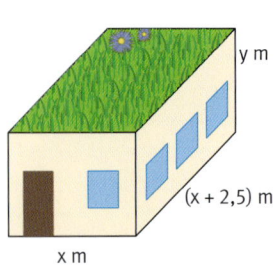

Ergebnis zu a): $(250x^2y + 625xy)$ €

6 Die Kalkulation der Kosten für den Neubau eines Hauses kann über die Kubatur (= Volumen) des Hauses erfolgen. Architekt Baugern hat verschiedene Häuser mit Flachdach im Angebot, die so geplant sind, dass die Länge des Hauses um 2,5 m größer ist als die Breite. Die Höhe richtet sich nach den Wünschen der Bauherren.

a) Erstelle einen Term zur Berechnung der Baukosten, wenn 1 m³ umbauter Raum mit 250 € veranschlagt wird.

b) Berechne die Kosten, wenn das Haus 11 m breit und 6,5 m hoch ist.

c) Wie hoch ist ein 13 m breites Haus, wenn die kalkulierten Baukosten 483 600 € betragen?

7 Markus baut ein Drahtmodell einer Kirche. Dabei soll keine Kante doppelt besetzt sein.

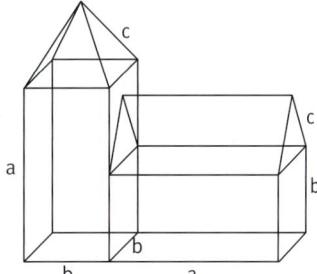

a) Stelle einen Term auf, mit dem man die Länge eines Drahtes für das Modell bestimmen kann. Vereinfache den Term so weit wie möglich.
b) Für den Term aus a) gilt: $a = 2b + 4$ cm und $c = b + 2$ cm. Ersetze die Variablen und vereinfache erneut.
c) Wie lang muss der Draht für $b = 8$ cm mindestens sein? Warum mindestens?

8 Bei der Multiplikation von Summen und Differenzen gibt es drei Sonderfälle. Diese werden binomische Formeln genannt.

> **1. Binomische Formel:** $\underbrace{(a + b) \cdot (a + b)}_{(a+b)^2} = a^2 + ab + ab + b^2 = a^2 + 2ab + b^2$
>
> **2. Binomische Formel:** $\underbrace{(a - b) \cdot (a - b)}_{(a-b)^2} = a^2 - ab - ab + b^2 = a^2 - 2ab + b^2$
>
> **3. Binomische Formel:** $(a + b) \cdot (a - b) = a^2 - ab + ab - b^2 = a^2 - b^2$
>
> Die binomischen Formeln sind ein **zeitsparendes Hilfsmittel zum Ausmultiplizieren** von Summen und Differenzen. Umgekehrt dienen sie auch zur Umwandlung einer Summe in ein Produkt (**Faktorisieren**).

a) Übertrage die drei Umformungen in dein Heft und überprüfe.
b) Beschreibe, worin sich die 1. und 2. binomische Formel unterscheiden.
c) Erkläre, warum der mittlere Teil bei der 3. binomischen Formel entfällt.

9 Berechne möglichst im Kopf. Wende die binomischen Formeln an.
a) $(x + y)^2$ b) $(v - w)^2$ c) $(3 + z)^2$ d) $(7 - m)^2$
e) $(2u + v)^2$ f) $(a - 5b)^2$ g) $(4x - 5y)^2$ h) $(p - 3)^2$
i) $(a + 0{,}5)^2$ j) $(0{,}7 - b)^2$ k) $\left(s + \frac{1}{2}\right)^2$ l) $\left(\frac{8}{9} - t\right)^2$
m) $\left(x + 2\frac{3}{4}\right)^2$ n) $(x^2 + 5)^2$ o) $(a^4 - 15)^2$ p) $(3a^2 + 2b^3)^2$

10 Nutze die 3. binomische Formel zum Ausmultiplizieren. Rechne im Kopf.
a) $(x + 2) \cdot (x - 2)$ b) $(x - 3) \cdot (3 + x)$ c) $(y - 4) \cdot (y + 4)$
d) $(6 - x) \cdot (6 + x)$ e) $\left(y + \frac{2}{5}\right) \cdot \left(y - \frac{2}{5}\right)$ f) $\left(\frac{4}{9} - x\right) \cdot \left(\frac{4}{9} + x\right)$
g) $(x + y) \cdot (x - y)$ h) $(x + 3) \cdot (x - 3)$ i) $(y - 2) \cdot (y + 2)$
j) $(3 + b) \cdot (3 - b)$ k) $(a - 0{,}5) \cdot (0{,}5 + a)$ l) $\left(x^2 + \frac{7}{2}\right) \cdot \left(x^2 - \frac{7}{2}\right)$

11 Wandle geschickt in Produkte um.
a) $x^2 + 22x + 121$ b) $a^2 - 26a + 169$ c) $25 - y^2$
d) $1 + 2x + x^2$ e) $\frac{1}{4}t^2 - st + s^2$ f) $4a^2 - 36a + 81$
g) $9x^2 + 30xy + 25y^2$ h) $\frac{1}{4}s^2 - s + 1$ i) $36k^2 - 144m^2$
j) $0{,}64a^2 + 6{,}4a + 16$ k) $\frac{4}{9}x^2 - \frac{4}{15}x + \frac{1}{25}$ l) $0{,}49r^2 - \frac{121}{169}$

2.2 Die Normalparabel

- Betrachte die Abbildungen und beschreibe das Aussehen der Bögen.
- Begründe, dass man die Verläufe der Bögen mathematisch nicht durch lineare Funktionen beschreiben kann.
- Gib weitere Beispiele dieser Art aus deiner Umwelt an.

MERKWISSEN

*Der **Definitionsbereich** $\mathbb{D}$ ist die Menge aller x-Werte, die man in die Funktionsgleichung einsetzen darf.*

*Der **Wertebereich** $\mathbb{W}$ ist die Menge aller y-Werte, die als Funktionswerte auftreten können.*

Viele Sachverhalte in Natur und Technik können **nicht** durch lineare Funktionen beschrieben werden.
Eine Möglichkeit Vorgänge zu beschreiben, deren Graphen eine gekrümmte, achsensymmetrische Form aufweisen, sind **quadratische Funktionen**.
Ihre Graphen nennt man **Parabeln**, die mit p abgekürzt werden.

Die einfachste quadratische Funktion hat die Funktionsgleichung $y = x^2$ bzw. $f(x) = x^2$.

Eigenschaften:
- $f(x) \geq 0$ für alle $x \in \mathbb{R}$, somit ist $\mathbb{W} = \mathbb{R}_0^+$
- $f(x) = f(-x)$ für alle $x \in \mathbb{R}$
- $f(0) = 0$ (**minimaler** Funktionswert)

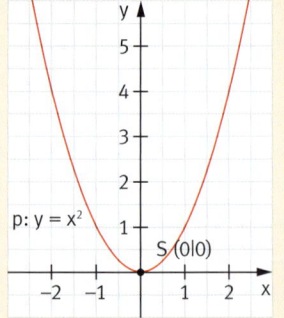

Der Graph zur Funktion p: $y = x^2$ ist eine **Normalparabel** mit folgenden Eigenschaften:
- Der Graph verläuft „oberhalb" der x-Achse.
- Der Graph ist **symmetrisch** zur y-Achse.
- Der Punkt **S (0|0)** heißt **Scheitelpunkt**. Der Scheitelpunkt ist der Schnittpunkt des Graphen mit der Symmetrieachse und der tiefste Punkt des Graphen (**Extremwert**).
- Die Nullstelle liegt bei $x = 0$.

*Die **Nullstelle** ist der Schnittpunkt des Graphen mit der x-Achse.*

BEISPIEL

I   Gegeben ist die Funktion p: $y = x^2$.
   a) Erstelle eine Wertetabelle für $x \in [-2; 2]$ und $\Delta x = 0{,}5$.
   b) Zeichne die Normalparabel und beschreibe ihren Verlauf.
   c) Gib den Definitionsbereich $\mathbb{D}$ und den Wertebereich $\mathbb{W}$ an.
   d) Wie lautet die Nullstelle dieser Funktion?

Lösung:

a)
x	−2	−1,5	−1	−0,5	0	0,5	1	1,5	2
y	4	2,25	1	0,25	0	0,25	1	2,25	4

b)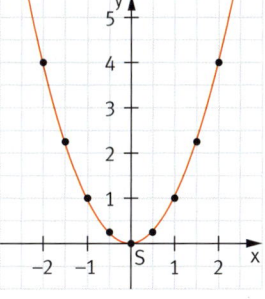

Die Normalparabel ist **symmetrisch** zur y-Achse, da das Quadrat einer Zahl und ihrer Gegenzahl jeweils gleich groß ist. Der **Scheitelpunkt** der **Normalparabel** ist **S (0|0)**, da die y-Werte niemals negativ werden können. Es dürfen alle Zahlen eingesetzt werden: $\mathbb{D} = \mathbb{R}$, jedoch erhält man durch das Quadrieren keine negative Zahlen als Funktionswerte: $\mathbb{W} = \mathbb{R}_0^+$.

c) Die Funktion hat im Scheitelpunkt die **Nullstelle** x = 0.

Verständnis

- Erkläre den Unterschied zwischen $f_1: y = 2x$ und $f_2: y = x^2$.
- Begründe, dass der Scheitelpunkt der Normalparabel auch „Tiefpunkt" genannt wird.
- Lukas behauptet: „Der Scheitelpunkt der Parabel p: $y = x^2$ ist identisch mit ihrer Nullstelle." Hat Lukas Recht? Begründe.

Aufgaben

1 Sandra möchte mithilfe einer Wertetabelle eine Normalparabel mit p: $y = x^2$ zeichnen.
 a) Erkläre, dass in der Wertetabelle keine negativen Argumente notwendig sind.
 b) Zeichne die Normalparabel mindestens im Intervall −3 ≤ x ≤ 3.
 c) Zeige, dass der Graph der Funktion $y = x^2$ achsensymmetrisch ist. Kennzeichne hierfür gleiche Funktionswerte und die Symmetrieachse.

*Die x-Werte nennt man auch **Argumente**, die y-Werte **Funktionswerte**.*

2 Die Punkte A bis F liegen auf der Normalparabel.
 a) Berechne die fehlenden Funktionswerte.
   A (−2,8|☐)   B (−1,4|☐)   C (−0,3|☐)   D (0,85|☐)   E (1,2|☐)   F (2,3|☐)
 b) Berechne die fehlenden Argumente.
   A (☐|100)   B (☐|0,01)   C (☐|64)
   D (☐|$\frac{4}{9}$)   E (☐|1,69)   F (☐|0,25)

3 Prüfe rechnerisch, ob folgende Punkte auf der Normalparabel liegen.
 a) A (−12,5|156,25)   b) B (−3,8|−14,44)
 c) C (−0,2|0,4)   d) D (0,8|0,64)
 e) E (5,1|26,01)   f) F (16,4|268,96)

4 Zeichne den Graphen der Funktion mit p: $y = -x^2$ mithilfe einer Wertetabelle für x ∈ [−3; 3] mit Δx = 1 in ein geeignetes Koordinatensystem.
 a) Begründe, dass es sich um eine Funktion handelt.
 b) Beschreibe die Eigenschaften des Graphen.

Basteln

Zeichenschablone

Beim Lösen von Aufgaben rund um die Normalparabel muss immer wieder derselbe Verlauf des Graphen von $y = x^2$ gezeichnet werden. Dazu kann man eine Schablone verwenden, die man kaufen oder sich auch wie folgt leicht selbst herstellen kann.

- Zeichne die Normalparabel auf Millimeterpapier. Berechne dazu im Intervall −3 ≤ x ≤ 3 möglichst viele Werte. Klebe deine Zeichnung auf Pappe und schneide die Normalparabel aus.

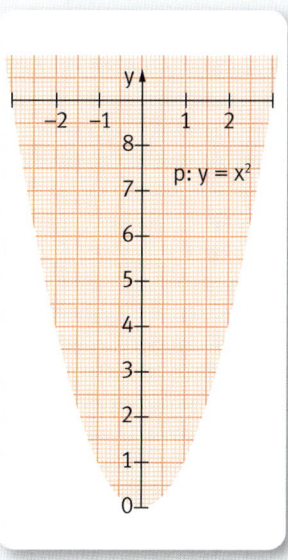

2.3 Reinquadratische Gleichungen lösen

1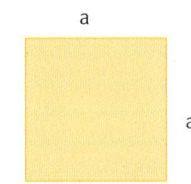
Das Netz eines Würfels hat den Flächeninhalt 486 cm².

2
Ein Quadrat hat den Flächeninhalt 36 m².

3
Die kreisförmige Rosette einer Kirche überdeckt eine Fläche von 1018 dm².

- Stelle jeden Sachverhalt als Gleichung dar und löse sie.
- Beurteile die Lösungen in Hinblick auf den Sachverhalt.

MERKWISSEN

Bei einer **quadratischen Gleichung** kommt die Variable in der 2. Potenz vor.

Eine Gleichung der Form **$ax^2 + c = 0$** mit $a, c \in \mathbb{R}$, $a \neq 0$ nennt man **reinquadratische Gleichung**. Sie lässt sich durch Umformen auf die Form **$x^2 = d$** bringen mit $d = -\frac{c}{a}$. Reinquadratische Gleichungen können rechnerisch oder graphisch gelöst werden. Man unterscheidet folgende Fälle:

d > 0	d = 0	d < 0
Beispiel: $x^2 = 4$	Beispiel: $x^2 = 0$	Beispiel: $x^2 = -2$
① rechnerisch: $x_{1/2} = \pm\sqrt{4}$ $x_1 = -2$; $x_2 = 2$	① rechnerisch: $x_{1/2} = \pm\sqrt{0} = \pm 0$ $x = 0$	① rechnerisch: $x^2 = -2$
Der **Radikand** ist **positiv**, die Gleichung hat **zwei Lösungen**. $\mathbb{L} = \{-2; 2\}$	Der **Radikand** ist **null**, die Gleichung hat **eine Lösung**. $\mathbb{L} = \{0\}$	Der **Radikand** ist **negativ**, die Gleichung hat **keine Lösung**. $\mathbb{L} = \emptyset$
② graphisch: 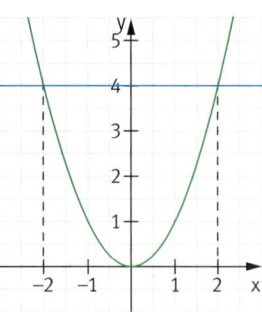	② graphisch: 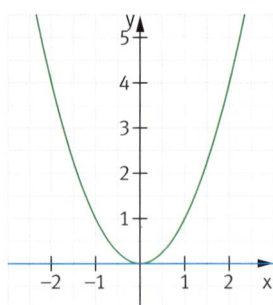	② graphisch:
Mit der Gerade y = 4 hat die Normalparabel $y = x^2$ **zwei Schnittpunkte**: $x_1 = -2$; $x_2 = 2$ $\mathbb{L} = \{-2; 2\}$	Mit der Gerade y = 0 hat die Normalparabel $y = x^2$ **einen Schnittpunkt**: $x = 0$ $\mathbb{L} = \{0\}$	Mit der Gerade y = -2 hat die Normalparabel $y = x^2$ **keinen Schnittpunkt**. $\mathbb{L} = \emptyset$

Bei einer reinquadratischen Gleichung kommen außer dem Quadrat der Variablen nur Zahlen vor.

*Als **Radikand** bezeichnet man den **Wert** unter der Wurzel.*

Beim graphischen Lösen von quadratischen Gleichungen sind die abgelesenen Werte oft nur Näherungswerte.

Zur Probe kannst du das jeweils andere Verfahren verwenden.

Kapitel 2

Aufgaben

I Löse die Gleichung $0,5x^2 - 9,3 = -6,175$ graphisch. Beschreibe dein Vorgehen.

Lösung:

① Bringe die Gleichung auf die Form $x^2 = d$.
$$0,5x^2 - 9,3 = -6,175 \quad | +9,3$$
$$0,5x^2 = 3,125 \quad | \cdot 2$$
$$x^2 = 6,25$$

② Zeichne die Normalparabel p: $y = x^2$ und den Graphen der Funktion g: $y = 6,25$ in dasselbe Koordinatensystem. $y = 6,25$ ist dabei eine Parallele zur x-Achse.

③ Bestimme die Schnittpunkte der Gerade g: $y = 6,25$ mit der Normalparabel:
$x_1 = -2,5$ und $x_2 = 2,5$

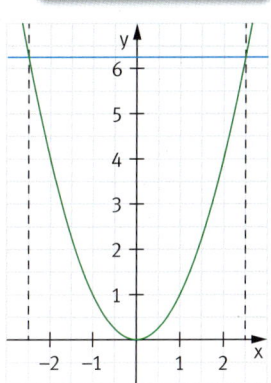

Probe: $0,5 \cdot (-2,5)^2 - 9,3 = 3,125 - 9,3 = -6,175$ wahr
$0,5 \cdot 2,5^2 - 9,3 = 3,125 - 9,3 = -6,175$ wahr $\Rightarrow \mathbb{L} = \{-2,5;\ 2,5\}$

II Bestimme rechnerisch die Lösung der quadratischen Gleichung.

a) $6x^2 - 1424 = -1700$ b) $3x^2 + 420 = 1095$

Lösung:

a) $6x^2 - 1424 = -1700 \quad | +1424$
$6x^2 = -276 \quad | :6$
$x^2 = -46$

b) $3x^2 + 420 = 1095 \quad | -420$
$3x^2 = 675 \quad | :3$
$x^2 = 225$
$x_{1/2} = \pm\sqrt{225} = \pm 15$

Der Radikand ist negativ. Die quadratische Gleichung hat keine Lösung: $\mathbb{L} = \emptyset$

Der Radikand ist positiv. Die quadratische Gleichung hat zwei Lösungen: $\mathbb{L} = \{-15;\ 15\}$

Verständnis

- Nenne Vor- und Nachteile der graphischen Lösung von quadratischen Gleichungen.
- Mirko behauptet: „Eine quadratische Gleichung hat immer zwei Lösungen."
  Stimmt das? Begründe.

Aufgaben

1 Löse die Gleichungen im Kopf.
a) $x^2 = 144$ b) $x^2 - 49 = 0$ c) $x^2 = 0,81$
d) $x^2 - 625 = 0$ e) $x^2 = 0,01$ f) $x^2 + 7 = 23$
g) $x^2 - \frac{4}{9} = 0$ h) $x^2 - 2 = 0$ i) $0,04 - x^2 = 0$

Lösungen zu 1:
$\pm 0,1;\ \pm 0,2;\ \pm \frac{2}{3};\ \pm 0,9;$
$\pm \sqrt{2};\ \pm 4;\ \pm 7;\ \pm 12;\ \pm 25$

2 Überprüfe die folgenden rechnerischen Lösungen der Gleichungen ($\mathbb{D} = \mathbb{R}$). Berichtige fehlerhafte oder unvollständige Angaben.

a)
$$\frac{1}{4}x^2 = 4 \quad | \cdot 4$$
$$x^2 = 16$$
$$x = 4$$
$$\Rightarrow \mathbb{L} = \{4\}$$

b)
$$3 - x^2 = 6 \quad | +3$$
$$x^2 = 9$$
$$x_1 = -3;\ x_2 = 3$$
$$\Rightarrow \mathbb{L} = \{-3;\ 3\}$$

2.3 Reinquadratische Gleichungen lösen

Lösungen zu 3:
keine Lösung (2x); 0; 0;
±1; ±2; ±4;
$\pm\sqrt{\frac{7}{22}}; \pm\sqrt{\frac{8}{3}}; \pm\sqrt{2}; \pm\sqrt{27}$

3 Bestimme die Lösungsmenge rechnerisch.
a) $x^2 + 2 = 18$
b) $y^2 - 5 = 22$
c) $9 - x^2 = 5$
d) $7 - 4t^2 = 18t^2$
e) $12x^2 - 7 = -7$
f) $2{,}25a^2 + 15 = 12$
g) $2t + 8 = t \cdot (2 + 3t)$
h) $x \cdot (2x - 6) = 4 - 6x$
i) $z \cdot (z^2 + 8) = 0$
j) $7x \cdot (3x + 5) - 11 = 5x \cdot (2x + 7)$
k) $(x + 3)^2 - 7x + 8 = (x - 5) \cdot (x + 5) - x$

4 Peter hat die Gleichung $0{,}5x^2 = 2$ graphisch gelöst.

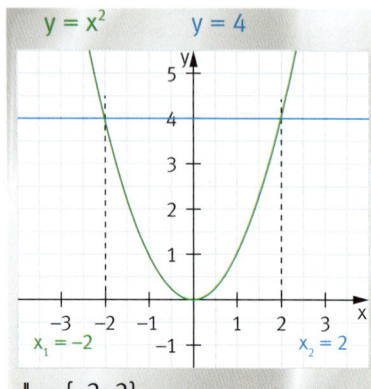

$\mathbb{L} = \{-2; 2\}$

a) Beschreibe sein Vorgehen.
b) Löse ebenso graphisch.
  1. $x^2 + 2 = 5$
  2. $\frac{1}{3}x^2 + 3 = \frac{8}{3}$
  3. $x^2 - \frac{24}{6} = -4$
  4. $-2x^2 = -4{,}5$

5 Finde jeweils eine quadratische Gleichung, deren Lösung mithilfe der graphischen Darstellung ermittelt werden kann. Gib die Lösungsmenge an ($\mathbb{D} = \mathbb{R}$).

a)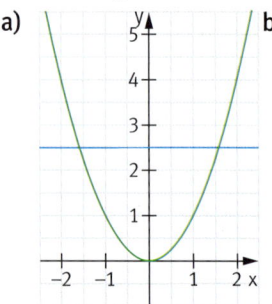
b)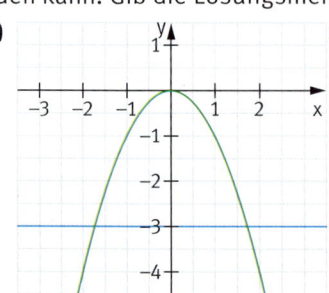
c)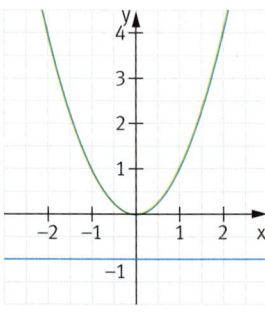

Satz vom Nullprodukt:
Ein Produkt ist null, wenn einer der beiden Faktoren null ist.

6 Begründe, dass die Gleichung …
a) $x^2 + 6 = 4$ keine Lösung hat.
b) $25x^2 = 4$ zwei Lösungen hat.
c) $16x^2 = 0$ eine Lösung hat.
d) $(x - 2)^2 = 0$ eine Lösung hat.

7 Überprüfe rechnerisch, ob die Gleichungen zwei, eine oder keine Lösung haben. Kontrolliere deine Lösungen durch eine Skizze.
a) $-5x^2 = 0$
b) $\frac{1}{2}x^2 - 4 = 0$
c) $2x^2 - \frac{1}{2} = 0$
d) $\frac{1}{4}x^2 - 12 = 4$
e) $5x^2 - 9 = -24$
f) $7x^2 - 37 = -8x^2 - 38$

8 Gib zur angegebenen Lösungsmenge eine reinquadratische Gleichung an. Kontrolliere dein Ergebnis mit einem dynamischen Geometrieprogramm.
a) $\mathbb{L} = \{-3; 3\}$
b) $\mathbb{L} = \{-\sqrt{0{,}5}; \sqrt{0{,}5}\}$
c) $\mathbb{L} = \{-3\sqrt{2}; 3\sqrt{2}\}$
d) $\mathbb{L} = \{0\}$
e) $\mathbb{L} = \varnothing$
f) $\mathbb{L} = \{-\frac{1}{2}; \frac{1}{2}\}$

9 Löse die Gleichungen mit einem Verfahren deiner Wahl. Runde evtl. geeignet.
  a) $24x^2 + 48 = 78x^2 - 6$
  b) $3x^2 - 8 = 27 - 12x^2$
  c) $(2x - 6) \cdot (4x + 2) = 8x - 12$
  d) $(6x - 2) \cdot (6x + 2) = 1292$
  e) $2x^2 - 10 = 7x^2 - 5{,}2$
  f) $(x + \sqrt{2}) \cdot (x - \sqrt{2}) = 0$

Lösungen zu 9:
$\mathbb{L} = \varnothing$; $\mathbb{L} = \{0; 3{,}5\}$;
$\mathbb{L} = \{-1; 1\}$; $\mathbb{L} = \{-\sqrt{2}; \sqrt{2}\}$;
$\mathbb{L} = \left\{-\sqrt{\tfrac{7}{3}}; \sqrt{\tfrac{7}{3}}\right\}$

10 Gib eine Gleichung an und löse diese. Gib die Definitionsmenge an.
  a) Addiert man 33 zum Quadrat einer natürlichen Zahl, so erhält man 154.
  b) Multipliziert man eine ganze Zahl mit sich selbst und subtrahiert 88, so erhält man 696.
  c) Multipliziert man das Dreifache einer natürlichen Zahl mit dem Fünffachen dieser Zahl, so erhält man 375.
  d) Das Fünffache einer natürlichen Zahl multipliziert mit ihrer Hälfte ergibt 250.

11 a) Die Seite eines Quadrats ist 8,5 cm lang. Ermittle die Länge der Diagonale.
   b) Die Diagonale eines Quadrats ist 98 cm lang. Berechne seine Seitenlänge.

12 a) Ein quadratisches Grundstück hat einen Flächeninhalt von 1,5625 ha. Berechne die Seitenlänge des Grundstücks.
   b) Ein Fußballfeld ist doppelt so lang wie breit. Der Flächeninhalt des Fußballfeldes ist 6272 m² groß. Berechne die Maße des Fußballfelds.

13 Auf einer Palette befinden sich 288 quadratische Fliesen. Laut Lieferschein reicht eine Palette für eine Fläche von 25,92 m². Ermittle die Seitenlängen dieser Fliesen. Fugen sollen vernachlässigt werden.

14 1 $x^2 = a$ 2 $\tfrac{1}{2}x^2 - a = 0$ 3 $2x^2 = -a$
   4 $\tfrac{1}{2}x^2 - 4a = 0$ 5 $7x^2 - 7a = 0$ 6 $ax^2 - a = 0$
  a) Gib Zahlen für a so an, dass die Gleichung zwei, eine oder keine Lösung hat ($-5 \leq a \leq 5$).
  b) Begründe deine Lösung rechnerisch oder graphisch.

Geschichte

Quadratische Gleichungen und Leonhard Euler

Leonhard Euler (1703–1783) ist einer der berühmtesten Mathematiker der Welt. In einem von Euler 1748 veröffentlichten Werk spielt zum ersten Mal der Begriff Funktion eine Rolle. Im Jahr 1770 wurde das Buch „Vollständige Anleitung zur Algebra" auf Deutsch veröffentlicht. Man findet in diesem Buch folgende Aufgaben:

1 Es wird eine Zahl gesucht, deren Hälfte mit ihrem 3. Theil multipliciret 24 gebe.

2 Man suche zwei Zahlen, deren Product = 35 und deren Differenz ihrer Quadraten = 24 ist.

- Löse diese historischen Aufgaben.
- Auf Euler geht auch die Schreibweise zurück, für eine Funktion das Symbol f (x) („sprich: „f von x") statt y zu verwenden. Gib die Bedeutung des Symbols f (x) an.

2.4 Stauchung, Streckung, Spiegelung

Baumeister Bob zeigt seinem Lehrling, wie er die Tiefe des Aufzugschachts des im Rohbau befindlichen Bürogebäudes bestimmen kann. Dazu lässt er vom obersten Ende des Aufzugschachts eine Stahlkugel fallen und bestimmt deren Fallzeit in Sekunden. Die Funktion $y = 5x^2$ ordnet der in Sekunden gemessenen Fallzeit ungefähr die Höhe in Meter zu.

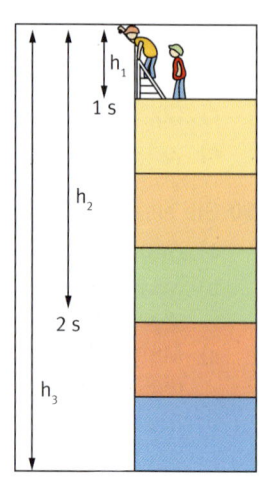

- Erstelle eine Wertetabelle und zeichne den Graphen. Ermittle, aus welcher Höhe die Stahlkugel fallen gelassen wurde, wenn x = 1,5 (x = 2,0) ist.
- Ergänze den Graphen durch Spiegelung an der y-Achse und gib für den neuen Graphen die Definitions- und Wertemenge an.
- Zeichne in das Koordinatensystem die Graphen der Funktionen p_1: $y = x^2$ und p_2: $y = \frac{1}{5}x^2$ ein und vergleiche den Verlauf der drei Graphen miteinander. Was stellst du fest?

Berücksichtige bei deinen Überlegungen auch die Funktionsgleichungen.

MERKWISSEN

Funktionen mit der Gleichung $y = ax^2$ mit der **Formvariablen (Koeffizienten)** $a \in \mathbb{R} \setminus \{0\}$ beschreiben Parabeln, deren Scheitel S im Ursprung liegt.

Für die Form der Parabeln gilt:

Die Parabel ist für
- a > 0 nach oben geöffnet.
- a < 0 nach unten geöffnet.

Die Parabel ist für
- a > 1 oder a < −1 gestreckt.
- −1 < a < +1 gestaucht.

Parabeln der Form p: $y = ax^2$ gehen immer durch den Punkt P (1 | a).

Ist a = 1, so liegt eine Normalparabel vor. Ist a = −1, so liegt eine gespiegelte Normalparabel vor.

Eine gestreckte (gestauchte) Parabel ist „enger/schmäler" („weiter/breiter") als die Normalparabel.

BEISPIELE

I Gegeben ist die quadratische Funktion p: $y = -\frac{1}{2}x^2$.

a) Beschreibe die Form der Parabel zunächst ohne Zeichnung.
b) Fertige eine Wertetabelle für $x \in [-3; 3]$ mit $\Delta x = 1$ an und zeichne den zugehörigen Graphen.

Lösung:

a) Da a < 0 und −1 < a < +1 ⟹ gestauchte Parabel, die nach unten geöffnet ist

b)

x	−3	−2	−1	0	1	2	3
y	−4,5	−2	−0,5	0	−0,5	−2	−4,5

Zu b):

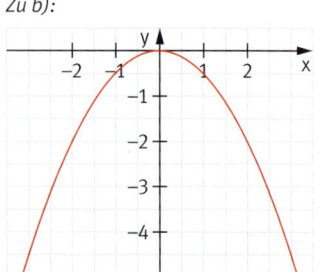

Kapitel 2

II Der Punkt P (1,2|−3,6) liegt auf der Parabel p: y = ax². Bestimme die Gleichung der Parabel.

Lösung:
Einsetzen der Koordinaten des Punktes P (1,2|−3,6) in y = ax² liefert:
−3,6 = a · 1,2² | : 1,2² ⇔ a = −2,5 ⟹ p: y = −2,5x²

Verständnis

- Die Formvariable a in y = ax² wird auch Streckfaktor a genannt. Erkläre diese Aussage.
- Beschreibe den Verlauf des Graphen für y = ax², wenn a = 0 ist.

Aufgaben

1 Beschreibe die Form der Parabel zunächst ohne Zeichnung. Zeichne dann den Graphen der Funktion p im angegebenen Intervall.
  a) p: y = 1,2x²   x ∈ [−3; 3]   Δx = 1
  b) p: y = −2x²   x ∈ [−2; 2]   Δx = 0,5
  c) p: y = 0,75x²   x ∈ [−3; 3]   Δx = 1
  d) p: y = −$\frac{1}{3}$x²   x ∈ [−4; 4]   Δx = 0,5

2 Zeichne den Graphen der Funktion mithilfe einer Parabelschablone wie auf S. 39 beschrieben.
  a) p: y = 2x²
  b) p: y = 0,5x²
  c) p: y = −1,5x²
  d) p: y = −$\frac{1}{4}$x²

Beachte: Gestauchte und gestreckte Parabeln können mithilfe der Parabelschablone gezeichnet werden, indem man einzelne Funktionswerte der Normalparabel mit der Formvariablen a multipliziert und die so gewonnen Werte neu aufträgt.

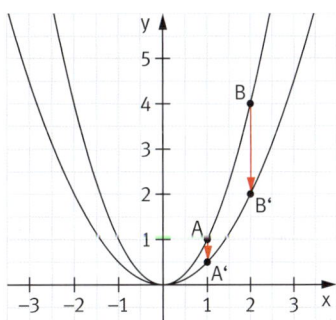

3 Bestimme a so, dass P auf der Parabel mit y = ax² (a ∈ ℝ \ {0}) liegt.
  a) P (1|−3)
  b) P ($\sqrt{2}$|−3)
  c) P (1,6|−7,04)
  d) P (−0,3|0,09)
  e) P ($\sqrt{5}$|4)

4 Ordne den Graphen in der Randspalte die entsprechende Funktionsgleichung zu.
  A p: y = 0,1x²   B p: y = −$\frac{2}{7}$x²   C p: y = −3x²   D p: y = 1,5x²   E p: y = 4x²

5  Der Punkt P (−1,5 | 1,25) liegt oberhalb der Parabel mit der Gleichung y = $\frac{1}{2}$x².

  a) Überlege, wie Eva zu dieser Feststellung kommen könnte, ohne dabei eine Zeichnung anzufertigen.
  b) Entscheide, ob der Punkt oberhalb, unterhalb oder auf dem Graphen liegt.
     ① P (4,4|7,26)   p: y = −$\frac{3}{8}$x²
     ② P (−4,8|−57,8)   p: y = −2,5x²
     ③ P (−1,5|0,45)   p: y = 0,2x²
     ④ P (0,5|−0,8)   p: y = 3,2x²

6 Bestimme die fehlenden Koordinaten so, dass gilt: A, B ∈ p.
  a) A (−2|y_A) B (x_B|4) p: y = 3x²
  b) A (x_A|−4,9) B (−2|y_B) p: y = −0,4x²

Es soll gelten: $x_A < x_B$.

2.4 Stauchung, Streckung, Spiegelung

7 Der Graph einer quadratischen Funktion p: $y = ax^2$ verläuft durch die Punkte P_1, P_2 und P_3. Bestimme die Funktionsgleichung.

a) $P_1 (0|0)$; $P_2 (1|2)$; $P_3 (3|18)$ c) $P_1 (-1|1)$; $P_2 (0|0)$; $P_3 (1|1)$

b) $P_1 (1|-0,5)$; $P_2 (1,5|-1,125)$; $P_3 (2|-2)$ d) $P_1 (-3|-27)$; $P_2 (1|-3)$; $P_3 (4|-48)$

8 Ist die Aussage für $y = ax^2$ wahr? Begründe deine Antwort.

a)	Die Parabel ist achsensymmetrisch zur x-Achse.
b)	Für a > 0 ist die Parabel nach unten geöffnet.
c)	Für |a| < 1 ist die Parabel gestaucht.
d)	Für a = −1 wird die Normalparabel an der y-Achse gespiegelt.
e)	Für a > 0 hat die Parabel im Scheitelpunkt ein Minimum.
f)	Der Graph der Funktion p: $y = -0,75x^2$ verläuft durch den Punkt P (−1 | 0,75).
g)	Der Graph der Funktion p: $y = ax^2$ verläuft immer durch den Ursprung.

9 Gegeben ist die Normalparabel p: $y = x^2$ und vier weitere Parabeln. Beschreibe in Worten, wie die vier Parabeln aus der Normalparabel hervorgehen.

a) $p_1: y = -x^2$ b) $p_2: y = 1,5x^2$ c) $p_3: y = -3x^2$ d) $p_4: y = \frac{1}{4}x^2$

10 Der Punkt Q (2 \| 4) liegt auf der Normalparabel. Ein zusätzlicher Punkt P (2 \| y) liegt auf den vier Parabeln aus Aufgabe 9. Ist der Funktionswert des Punktes P größer oder kleiner als bei Q? Begründe.

11 Die Talbrücke „Wilde Gera" der A71 ist eine der größten Stahlbetonbogenbrücken Deutschlands. Der Bogen lässt sich im abgebildeten Koordinatensystem annähernd durch $y = -0,005x^2$ beschreiben.

a) Bestimme die Spannweite des Bogens, wenn die Brücke am Fuß des Bogens 80 m hoch ist.

b) Von einigen Brücken ist jeweils die Funktionsgleichung des tragenden Bogens gegeben. Zeichne ihn in ein Koordinatensystem und bestimme grafisch und rechnerisch die fehlenden Größen.

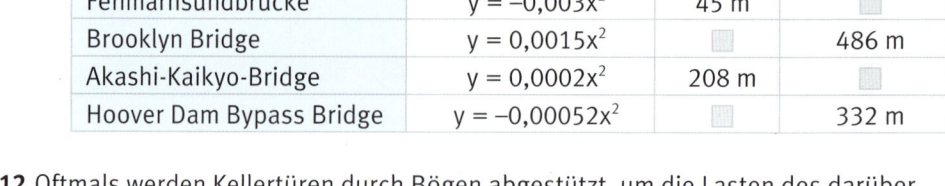

	Funktionsvorschrift	Höhe	Spannweite
Fehmarnsundbrücke	$y = -0,003x^2$	45 m	
Brooklyn Bridge	$y = 0,0015x^2$		486 m
Akashi-Kaikyo-Bridge	$y = 0,0002x^2$	208 m	
Hoover Dam Bypass Bridge	$y = -0,00052x^2$		332 m

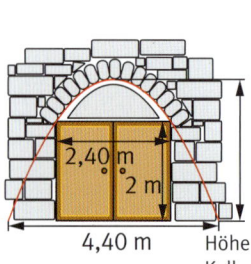

12 Oftmals werden Kellertüren durch Bögen abgestützt, um die Lasten des darüber liegenden Mauerwerks gut zu verteilen. Das Weingut „Riesling" plant für den Weinkeller den Bau eines neuen parabelförmigen Eingangs. Um mit einem Gabelstapler in den Weinkeller fahren zu können, muss der Eingang nebenstehende Bedingungen erfüllen:

a) Bestimme eine Funktionsgleichung dieses parabelförmigen Eingangs.

b) Wie hoch muss der Keller mindestens sein, damit man den Eingang in dieser Form mauern kann?

13 Ermittle eine Funktionsgleichung der Form y = ax² mit a < 0 für die Brücken.

Bogenbrücke im Kromlauer Park
Höhe: 6,5 m   Spannweite: 15,6 m

Müngstener Brücke
Höhe: 69 m   Spannweite: 79 m

14 Viele Brückenbögen werden zusätzlich durch senkrechte Träger verstärkt.
  a) Bestimme die Funktionsgleichung der parabelförmigen Brücke.
  b) Der Abstand zwischen den einzelnen Trägern ist gleich. Berechne die Länge der einzelnen Träger.

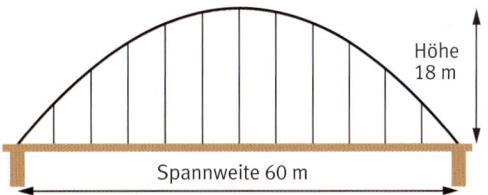

Höhe 18 m
Spannweite 60 m

15 Im Hamburger Stadtteil Hammerbrook steht der „Berliner Bogen", ein Gebäude, dessen gläsernes Dach einen parabelförmigen Querschnitt hat. Das Dach des Gebäudes ist 36 m hoch und 70 m breit. Die Länge (Tiefe) des Baus beträgt 140 m.
  a) Bestimme die Funktionsgleichung für die parabelförmige Randlinie des Daches.
  b) In der 6. Etage in 19 m Höhe sollen Büroflächen vermietet werden. Schätze die Gesamtfläche ab, die vermietet werden kann. Gehe dabei zunächst von der maximalen Grundfläche des Gebäudes aus.

VERKEHR

Bremsen

Für die Berechnung der Strecke, die ein sich bewegendes Fahrzeug braucht, bis es vollständig zum Stehen gekommen ist, gilt folgende Formel:

Anhalteweg = Reaktionsweg + Bremsweg

Faustformel für den Reaktionsweg in m: $3 \cdot \left(\dfrac{\text{Geschwindigkeit in } \frac{km}{h}}{10}\right)$

Faustformel für den Bremsweg in m: $\dfrac{3}{4} \cdot \left(\dfrac{\text{Geschwindigkeit in } \frac{km}{h}}{10}\right)^2$

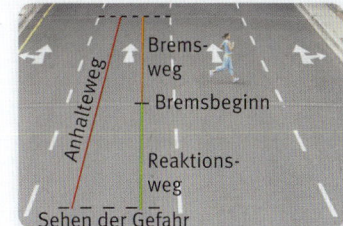

- Informiert euch, was genau mit Reaktionsweg und Bremsweg gemeint ist.
- Erstellt eine Tabelle für Reaktionsweg, Bremsweg und Anhalteweg für Geschwindigkeiten von $30\frac{km}{h}$, $50\frac{km}{h}$, $60\frac{km}{h}$, $80\frac{km}{h}$ und $100\frac{km}{h}$.
- Stellt für $30\frac{km}{h}$ und $50\frac{km}{h}$ alle „drei Wege" auf dem Pausenhof dar.

2.5 Parallelverschiebung

Verwende bei der Zeichnung verschiedene Farben.

Die Aufgabe kann auch mit einem dynamischen Geometrieprogramm bearbeitet werden.

- Zeichne die Graphen der Funktionen p_1: $y = x^2$, p_2: $y = x^2 + 3$ und p_3: $y = x^2 - 3$ für $x \in [-3; 3]$ und $\Delta x = 1$ in ein Koordinatensystem.
- Beschreibe die Lage des Graphen zu p_2 (p_3) in Relation zum Graphen zu p_1. Vergleiche die Koordinaten der Scheitelpunkte der Parabeln miteinander.
- Zeichne die Graphen der Funktionen p_4: $y = (x - 3)^2$, p_5: $y = (x + 2)^2$ für $x \in [-3; 3]$ und $\Delta x = 1$ in ein neues Koordinatensystem und verfahre ebenso wie mit den vorherigen Graphen.
- Zeichne den Graphen zu p_1 auf ein kariertes Blatt und verschiebe die Parabel um 2 Einheiten in die positive y-Richtung. Bezeichne den neuen Graphen mit p_1'. Verschiebe diesen um 4 Einheiten in die positive x-Richtung, bezeichne den neuen Graphen mit p_1''. Gib die Funktionsgleichung von p_1' sowie p_1'' an und vergleiche mit der von p_1. Was fällt auf?
- Ersetze bei den Funktionen p_1 bis p_5 die Formvariable $a = 1$ durch $a = 2$ und führe alle Aufträge erneut aus. Was stellst du fest?

Merkwissen

Funktionen mit der Gleichung …

p: $y = ax^2 + y_s$ mit $a \in \mathbb{R} \setminus \{0\}$, $y_s \in \mathbb{R}$ beschreiben Parabeln, die entlang der y-Achse verschoben sind und den Scheitel **S $(0 | y_s)$** besitzen.

p_1: $y = x^2$
p_2: $y = x^2 + 2$
p_3: $y = x^2 - 1$

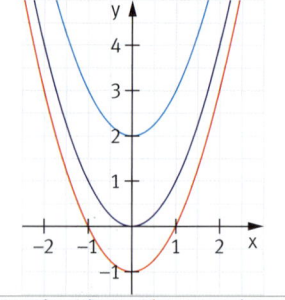

p: $y = a \cdot (x - x_s)^2$ mit $a \in \mathbb{R} \setminus \{0\}$, $x_s \in \mathbb{R}$ beschreiben Parabeln, die entlang der x-Achse verschoben sind und den Scheitel **S $(x_s | 0)$** besitzen.

p_1: $y = x^2$
p_2: $y = (x - 1)^2$
p_3: $y = (x + 2)^2$

p: $y = a \cdot (x - x_s)^2 + y_s$ mit $a \in \mathbb{R} \setminus \{0\}$, x_s, $y_s \in \mathbb{R}$ beschreiben Parabeln, die entlang der x- und y-Achse verschoben sind und den Scheitel **S $(x_s | y_s)$** besitzen.

p_1: $y = x^2$
p_2: $y = (x - 1)^2 + 2$
p_3: $y = (x + 2)^2 - 1$

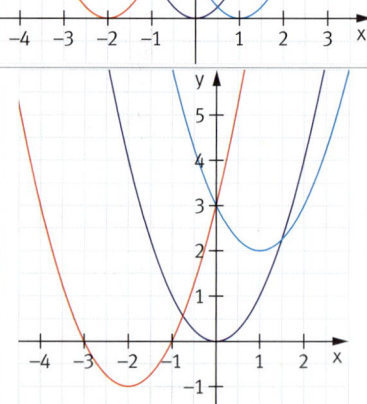

Die Gleichung p: $y = a \cdot (x - x_s)^2 + y_s$ mit $a \in \mathbb{R} \setminus \{0\}$ und x_s, $y_s \in \mathbb{R}$ wird als **Scheitelpunktform der allgemeinen Parabel** bezeichnet.

Kapitel 2

Beispiele

I Gegeben ist der Graph einer quadratischen Funktion. Ermittle die Funktionsgleichung.

Lösung:
Der Scheitelpunkt der Parabel liegt bei S(3|−1).
Es folgt: $y = a \cdot (x - x_s)^2 + y_s$
   $y = a \cdot (x - 3)^2 - 1$
Ein Vergleich mit der Normalparabel ergibt, dass die nach oben geöffnete (a > 0) Parabel breiter ist, d. h. sie ist gestaucht.
Für den Faktor a gilt somit: 0 < a < 1.
Es folgt a = 0,5.
Die Funktionsgleichung heißt: $y = 0,5(x - 3)^2 - 1$

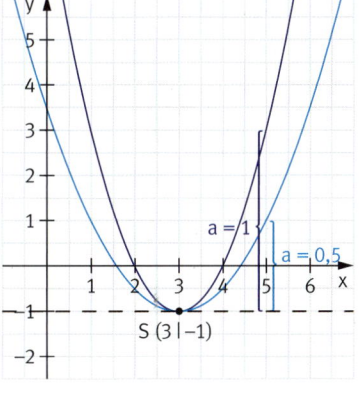

II Der Scheitel einer verschobenen Normalparabel ist S (−2|4).
a) Gib die Wertemenge 𝕎 und die Gleichung der Symmetrieachse s der Parabel an.
b) Bestimme die Gleichung der Parabel in der Scheitelpunktform.
c) Gib die x-Koordinaten der Punkte $Q_1 \in p$ und $Q_2 \in p$ an, die beide die y-Koordinate 5 haben.

Lösung:
a) Da p (−2) = 4 der minimale Funktionswert ist, gilt 𝕎 = {y | y ≧ 4}. Die Symmetrieachse s verläuft durch den Scheitel S mit der Gleichung x = −2.
b) p: $y = 1 \cdot (x - (-2))^2 + 4 \Leftrightarrow$ p: $y = (x + 2)^2 + 4$
c) Da p eine verschobene Normalparabel ist, ihr Scheitel die y-Koordinate 4 hat und x = −2 die Symmetrieachse ist, folgt: $x_{Q_1} = -3$; $x_{Q_2} = -1$

Skizze zu a):

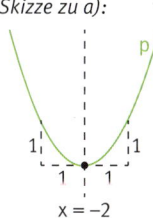

Verständnis

• Die Parabel p: $y = 0,5x^2$ wird in y-Richtung verschoben.
Erläutere, wie viele Nullstellen die verschobene Parabel besitzen kann.
• Eine verschobene Parabel kann die y-Achse, ebenso wie eine Normalparabel p: $y = x^2$, nur in genau einem Punkt schneiden. Begründe.

Aufgaben

1 Zeichne mithilfe der Normalparabel die Graphen der Funktionen. Beschreibe zunächst die Verschiebung der Normalparabel.

a) $y = x^2 + 4$ b) $y = x^2 + 1$ c) $y = x^2 - 1,5$
d) $y = (x + 2,5)^2$ e) $y = (x - 0,5)^2$ f) $y = (x - 2)^2$
g) $y = (x + 2)^2 - 0,5$ h) $y = (x - 1,5)^2 + 3$ i) $y = (x - 1)^2 - 4$

2 Bestimme das Aussehen des Graphen anhand der Funktionsgleichung und vergleiche mit der Normalparabel. Nutze die Beschreibungen in der Randspalte.

> $y = 3 \cdot (x - 1)^2 - 0,5$
> Die Parabel ist gestreckt und nach oben geöffnet. Der Scheitelpunkt S wurde entlang der x-Achse um 1 Einheit nach rechts und entlang der y-Achse um 0,5 Einheiten nach unten verschoben.

Beschreibungen:
• Gestreckt oder gestaucht
• Nach oben oder nach unten geöffnet
• Entlang der x-Achse nach links oder rechts verschoben
• Entlang der y-Achse nach oben oder unten verschoben

a) $y = 0,5 \cdot (x - 3)^2 + 2$ b) $y = -2 \cdot (x + 0,5)^2$ c) $y = -(x - 2,5)^2 + 4$
d) $y = 1,5 \cdot (x + 1)^2 - 3,5$ e) $y = -\frac{1}{3}x^2 + 5$ f) $y = (x + 5,5)^2 - 1$

2.5 Parallelverschiebung

3 Ist die Aussage für eine Funktion p: $y = a \cdot (x - x_s)^2 + y_s$ richtig oder falsch? Begründe.

a)	Wenn a negativ ist, ergibt sich eine nach unten geöffnete Parabel.
b)	Für a > 0 ist der Scheitelpunkt S der Tiefpunkt der Parabel.
c)	Die Konstante y_s gibt den Schnittpunkt der Parabel mit der x-Achse an.
d)	Je größer y_s ist, desto weiter ist die Parabel nach unten verschoben.
e)	Ist a = 0 und y_s = 0, dann erhält man eine Normalparabel.
f)	Wenn x_s > 0, dann verschiebt sich der Scheitelpunkt der Parabel nach rechts.
g)	Wenn a positiv und y_s negativ ist, dann schneidet die Parabel die x-Achse genau zwei Mal.
h)	Für a = 0 ist der Graph eine Gerade parallel zur x-Achse.
i)	Der Koeffizient x_s gibt an, um wie viele Einheiten die Parabel auf der y-Achse verschoben wird.

Verwende zur Kontrolle ein dynamisches Geometrieprogramm.

4 Gib die Koordinaten des Scheitelpunktes S an und zeichne den Graphen. Bestimme zeichnerisch die Koordinaten der Schnittpunkte der Parabel mit den Koordinatenachsen.

a) $y = (x - 1)^2 + 2$
b) $y = \frac{1}{2} \cdot (x + 2)^2 - 4$
c) $y = -0{,}1 \cdot (x + 2{,}5)^2 + 3$
d) $y = 3x^2 - 2$
e) $y = (x - 3)^2$
f) $y = (x - 7) \cdot (x - 7) + 1$
g) $y = 3 - 2 \cdot (x + 6)^2$
h) $4y = (x - 2)^2 - 28$
i) $y = -\frac{1}{5} \cdot (x - 2) \cdot (x + 2)$

5 Gegeben sind die Graphen von Funktionen. Ordne den Graphen die zugehörige Funktionsgleichung zu.

① $y = x^2$
② $y = x^2 - 0{,}5$
③ $y = x^2 + 0{,}5$
④ $y = (x - 0{,}5)^2$
⑤ $y = 2x + \frac{1}{2}$
⑥ $y = (x + 0{,}5)^2$
⑦ $y = x^2 - 2{,}5$
⑧ $y = (x + 2{,}5)^2$

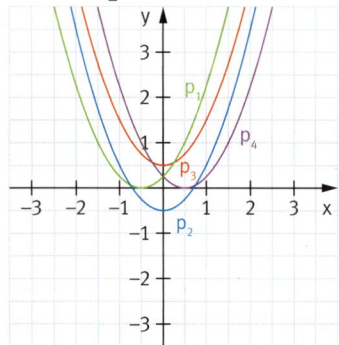
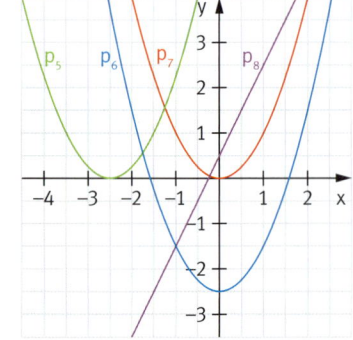

6 Gib zu den Graphen der Funktionen p_1 bis p_5 die Gleichung in Scheitelpunktform, die Wertemenge sowie die Gleichung der zugehörigen Symmetrieachse an.

7 Der Scheitelpunkt S und die Formvariable a einer quadratischen Funktion sind bekannt. Bestimme die Funktionsgleichung in Scheitelpunktform.

a) S (1|2); a = 0,5
b) S (-3|7); a = -1
c) S (0,5|-3,5); a = -3
d) S (0|2); a = $\frac{1}{4}$
e) S (-4,5|-2); a = 7
f) S (8,2|0); a = $-\frac{2}{3}$

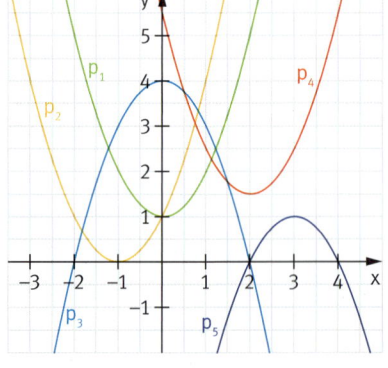

8 Überprüfe ob der Punkt P (–1|5) auf der verschobenen Normalparabel mit dem Scheitelpunkt S liegt.

a) S (–3|1)   b) S (1|–2)   c) S (0|4)

9 Der Punkt Q liegt auf dem Graphen der Funktion p: $y = 0{,}25x^2 + y_S$ ($y_S \in \mathbb{R}$). Gib den Scheitelpunkt des Graphen an.

a) Q (0|2)   b) Q (1|4)   c) Q (4|0)   d) Q (0|0)   e) Q (–4,5|3)

10 Der Scheitel einer an der x-Achse gespiegelten und verschobenen Normalparabel p ist S (6|–3). Die Punkte P_1 und P_2 liegen beide auf p und haben die y-Koordinate –7. Wie lauten die zugehörigen x-Koordinaten? Erläutere.

11 Bestimme den fehlenden Koeffizienten so, dass der Punkt auf dem Graphen liegt (a, c $\in \mathbb{R}$).

a) p: $y = a \cdot (x + 1)^2 + 3$ P (–2|7)
b) p: $y = -2 \cdot (x - 2)^2 - c$ Q (–1|–20)
c) p: $y = \frac{1}{3} \cdot (x + 5)^2 + c$ B (–2,5|1,75)
d) p: $y = ax^2 - 1{,}5$ D (3|34,5)

12 Ordne die Punkte den Funktionsgleichungen zu, auf deren Graphen sie liegen.

① $y = 2 \cdot (x - 2)^2 + 4$ ② $y = x^2 + 1$
③ $y + 2 = 3x^2$ ④ $y = (x - 2)^2 + 3$
⑤ $y = 0{,}5 \cdot (x + 1)^2$

A (1|6) B (1|2) F (2|4,5)
C (1,5|3,25) D (–1|1) G (–5|52) E (–3|10)

13 Bekannt sind der Punkt P (–3|20) und die Parabel p: $y = 3x^2 + 2$.

a) Erläutere, wie man die Lage von P in Bezug zur Parabel p feststellen kann.
b) Überprüfe rechnerisch die Lage des Punktes P in Bezug zur Parabel p.

14 Silvio überlegt:  *Wenn bekannt ist, dass eine Parabel weder gestaucht noch gestreckt ist, reichen dann beide Nullstellen aus, um den Funktionsterm anzugeben?*

a) Was meinst du dazu? Begründe.
b) Gib alle möglichen Funktionsterme in Scheitelpunktform an, wenn die Parabel die Nullstellen –4 und 0 hat und weder gestaucht noch gestreckt ist.

15 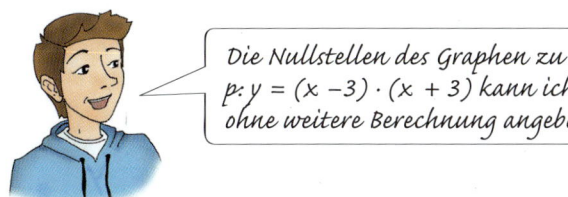 *Die Nullstellen des Graphen zu p: $y = (x - 3) \cdot (x + 3)$ kann ich ohne weitere Berechnung angeben.*

a) Erläutere Valentins Aussage.
b) Gib die Nullstellen der Funktion ohne Berechnung an.

① p_1: $y = x^2 - 4$ ② p_2: $y = (x - 1)^2$ ③ p_3: $y = (x + 5) \cdot (x + 5)$

c) Gib die Gleichung einer Parabel an, die keine Nullstelle besitzt.

2.6 Die allgemeine Form einer quadratischen Funktion

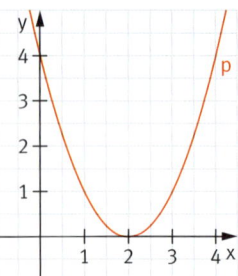

Dargestellt ist eine verschobene Normalparabel p.
- Gib die Funktionsgleichung an.
- Welche der Gleichungen beschreibt ebenfalls die Funktion? Begründe.

$$y = x^2 - 6x + 9 \qquad y = x^2 - 2x + 1 \qquad y = x^2 - 4x + 4$$

- Ermittle, welche Gleichungen jeweils dieselbe Funktion beschreiben. Erläutere dein Vorgehen.

$$y = 2(x+3)^2 - 1 \qquad y = 2x^2 - 4x + 7 \qquad y = 2(x-4)^2 - 2$$
$$y = 2(x-1)^2 + 3 \qquad y = 2x^2 - 16x + 30 \qquad y = 2x^2 + 12x + 17$$

MERKWISSEN

Durch Ausmultiplizieren der Scheitelpunktform erhält man:

$y = a \cdot (x - x_S)^2 + y_S$
$\Leftrightarrow y = a \cdot (x^2 - 2x_S \cdot x + x_S^2) + y_S$
$\Leftrightarrow y = ax^2 - 2ax_S \cdot x + ax_S^2 + y_S$

Setzt man $-2ax_S = b$ *und* $ax_S^2 + y_S = c$ *fest, so erhält man:*

$y = ax^2 + bx + c$

Quadratische Funktionen können auf unterschiedliche Art und Weise dargestellt werden. Dazu gehören unter anderem:
- die **Normalform** $\qquad y = x^2 + px + q \qquad p, q \in \mathbb{R}$
- die **Scheitelpunktform** $\qquad y = a \cdot (x - x_S)^2 + y_S \qquad a \in \mathbb{R} \setminus \{0\}$ und $x_S, y_S \in \mathbb{R}$
- die **allgemeine Form** $\qquad y = ax^2 + bx + c \qquad a \in \mathbb{R} \setminus \{0\}$ und $b, c \in \mathbb{R}$
- und die **Produktform** $\qquad y = a \cdot (x - x_1) \cdot (x - x_2) \qquad a \in \mathbb{R} \setminus \{0\}$ und $x_1, x_2 \in \mathbb{R}$
(**Linearfaktorzerlegung**)

Quadratische Funktionen können durch Umformung von einer in die andere Form überführt werden.

Durch Umformen der Gleichungen $b = -2ax_S$ *und* $c = ax_S^2 + y_S$ *erhält man die Koordinaten des Scheitelpunktes der Parabel.*

$\Rightarrow S\left(\frac{-b}{2a} \mid c - \frac{b^2}{4a}\right)$

Der Scheitelpunkt S kann mithilfe der **Koeffizienten** a, b und c aus der allgemeinen Form berechnet werden.
Es gilt: $S\left(\frac{-b}{2a} \mid c - \frac{b^2}{4a}\right)$

Um die Funktionsgleichung von Parabeln aufstellen zu können braucht man:
- einen Punkt P auf der Parabel und zwei der drei Koeffizienten a, b, c.
- den Scheitelpunkt S und einen weiteren Punkt P auf der Parabel.
- den Scheitelpunkt S und einen der Koeffizienten a, b oder c.
- die Nullstellen x_1 und x_2 und die Formvariable a.
- zwei Punkte auf der Parabel und einen der Koeffizienten a, b oder c.

BEISPIELE

I Von einer Parabel ist der Scheitelpunkt S (–2 | 3) und die Formvariable a = 0,5 bekannt. Bestimme die zugehörige Funktionsgleichung in der allgemeinen Form.

Lösung:
Scheitelpunktform: $\qquad y = a \cdot (x - x_S)^2 + y_S$
S (–2 | 3) und a = 0,5 einsetzen: $\qquad y = 0{,}5 \cdot (x - (-2))^2 + 3$
Umformen: $\qquad y = 0{,}5 \cdot (x + 2)^2 + 3$
$\qquad y = 0{,}5x^2 + 2x + 5$

Die allgemeine Form lautet:
$y = 0{,}5x^2 + 2x + 5$ mit a = 0,5; b = 2; c = 5.

KAPITEL 2

II Überführe die quadratische Funktion y = −3x² − 6x + 9 in die Scheitelpunktform.

Lösung:
Allgemeine Form: $\qquad$ y = −3x² − 6x + 9
a, b und c bestimmen: $\qquad$ a = −3, b = −6, c = 9
Scheitelpunktkoordinaten
mit der Formel berechnen: $\qquad$ $S\left(-\frac{-6}{2 \cdot (-3)} \mid 9 - \frac{36}{4 \cdot (-3)}\right)$; S (−1 | 12)

S (−1 | 12) und a = −3 einsetzen: $\quad$ y = −3 · (x + 1)² + 12

III a) Gib die Gleichung der Parabel mit y = −4x² + bx + 2 (b ∈ ℝ) an, wenn P (−1 | −5) auf der Parabel liegt.
b) Stelle die Gleichung für eine an der x-Achse gespiegelte und verschobene Normalparabel mit dem Scheitelpunkt S (3 | −7) auf.
c) Ermittle die Gleichung der Parabel, wenn der Scheitelpunkt S (−3 | 2) und der Punkt P (1 | −5) bekannt sind.
d) Wie lautet die Gleichung der Parabel, wenn bekannt ist: S (3 | −3) und b = −3?

Lösung:
a) Einsetzen von P liefert: −5 = −4 · (−1)² + b · (−1) + 2
$\qquad\qquad\qquad$ ⇔ b = 3 $\qquad\qquad$ ⇒ p: y = −4x² + 3x + 2
b) gespiegelte Normalparabel: a = −1 $\qquad$ ⇒ p: y = −(x − 3)² − 7
c) Einsetzen der Punktkoordinaten von S und P in die Scheitelpunktform liefert:
$\qquad$ −5 = a · (1 − (−3))² + 2
$\qquad$ ⇔ a = $-\frac{7}{16}$ $\qquad\qquad\qquad\qquad$ ⇒ p: y = $-\frac{7}{16}$ · (x + 3)² + 2
d) Aus der allgemeinen Formel für die Koordinaten des Scheitelpunkts folgt:
$\qquad$ 3 = $-\frac{(-3)}{2a}$ ⇔ a = $\frac{1}{2}$
$\qquad$ −3 = c − $\frac{(-3)^2}{4 \cdot \frac{1}{2}}$ ⇔ c = 1,5 $\quad\Bigg\}$ ⇒ p: y = 0,5x² − 3x + 1,5

VERSTÄNDNIS

- Leite ausgehend von der Form y = x² + px + q mit p, q ∈ ℝ eine allgemeine Formel für die Koordinaten des Scheitelpunktes S einer verschobenen Normalparabel her.
- Wie lauten die Koordinaten des Scheitelpunktes S einer Parabel p mit der Funktionsgleichung y = (x − m) · (x + m) mit m ∈ ℝ?

AUFGABEN

1 Überführe die quadratische Funktion in die allgemeine Form.
a) y = 0,5 · (x − 3)² + 1 $\qquad$ b) y = (x + 2)² − 1,5 $\qquad$ c) y = −2 · (x + 1)² + 4
d) y = 1,5 · (x − 2)² − 2 $\qquad$ e) y = −0,75 · (x + 5)² $\qquad$ f) y = −3 · (x − 0)² + 1

2 Gegeben ist der Scheitelpunkt einer verschobenen Normalparabel. Bestimme die zugehörige Funktionsgleichung in der allgemeinen Form.
a) S (2 | 3) $\qquad$ b) S (−2 | 4) $\qquad$ c) S (−3 | −6) $\qquad$ d) S (−1,5 | 4)

Lösungen zu 2:
y = x² + 4x + 8
y = x² + 6x + 3
y = x² − 4x + 7
y = x² + 3x + 6,25

2.6 Die allgemeine Form einer quadratischen Funktion

3 Berechne den Scheitelpunkt. Überführe dann die quadratische Funktion in die Scheitelpunktform.

a) $y = 2x^2 + 4x + 1$
b) $y = x^2 - 2$
c) $y = -0{,}5x^2 + 3x$
d) $y = \frac{1}{3}x^2 + x + \frac{2}{3}$
e) $y = -1{,}5x^2 + 3x - 5$
f) $y = -x^2 - 2x + 3$

4 Überführe die quadratische Funktion in die allgemeine Form und zeichne den Funktionsgraphen. Was stellst du fest?

a) $y = (x-1) \cdot (x-3)$
b) $y = -(x-3) \cdot (x+0{,}5)$
c) $y = 2 \cdot (x+5) \cdot (x+1{,}5)$
d) $y = -0{,}5 \cdot (x+2) \cdot (x-1)$
e) $y = 2{,}5 \cdot (x-1{,}5) \cdot (x+1{,}5)$
f) $y = 3 \cdot (x-2{,}5) \cdot (x-4{,}5)$

5

Der Punkt P (−9 | 2) ist der Scheitelpunkt der Parabel mit $y = 0{,}5 \cdot (x-3) \cdot (x+3) + 2$.

Hat Sid Recht? Begründe.

6 In der Randspalte dargestellt ist der Funktionsgraph zu $y = -0{,}5 \cdot (x-1)^2 - 1$. Zeichne die Parabel in dein Heft und ergänze das Koordinatensystem passend.

7 Welcher Graph gehört zu welcher Funktionsgleichung? Ordne zu und begründe.

A $y = x^2 - x - 0{,}25$
B $y = x^2 - 2x + 2$
C $y = x^2 + 3x - 1{,}75$

1 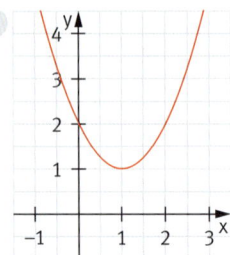
2 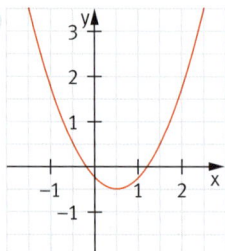
3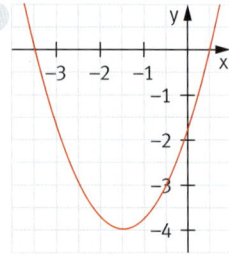

8 Bestimme die Funktionsgleichung der Graphen in der allgemeinen Form.

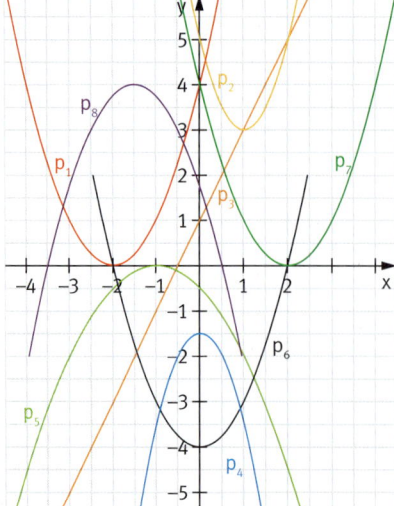

9 Ermittle die Gleichung der quadratischen Funktion in der allgemeinen Form und zeichne den zugehörigen Graphen, wenn Folgendes bekannt ist:

a) $S(1|6)$, $F(-1|2) \in p$
b) $S(-2|-3)$, $F(2|1) \in p$
c) $S(-4|6)$, $F(-6|-2) \in p$
d) $S(\frac{1}{4}|-8\frac{7}{8})$; $b = 1$
e) $S(-0{,}5|-17)$; $c = -16$
f) $S(72|44)$; $a = -\frac{1}{3}$
g) $p: y = ax^2 - 6x + 3$ $\quad Q(2|-5) \in p$; $a \in \mathbb{R}\setminus\{0\}$
h) $p: y = -x^2 - 4x + c$ $\quad Q(-3|6) \in p$; $c \in \mathbb{R}$
i) $p: y = -2x^2 + bx + 6$ $\quad Q(-3|0) \in p$; $b \in \mathbb{R}$
j) $p: y = 0{,}5x^2 - 4x + c$ $\quad Q(0|6) \in p$; $c \in \mathbb{R}$
k) $F(4|-13)$, $Q(-4|-5) \in p$; $c = -1$ und $a \in \mathbb{R}\setminus\{0\}$; $b \in \mathbb{R}$
l) $F(1{,}5|4{,}5)$, $Q(-1|-0{,}5) \in p$; $b = 0{,}5$ und $a \in \mathbb{R}\setminus\{0\}$; $c \in \mathbb{R}$
m) $F(-6|1)$, $Q(7|-5) \in p$; $a = -0{,}5$ und $b, c \in \mathbb{R}$

10 Von einer Parabel sind die Koordinaten eines Punktes $P(-3|21)$ bekannt.

a) Welche zusätzlichen Informationen müssen bekannt sein, damit man die Parabelgleichung angeben kann? Finde verschiedene Möglichkeiten.
b) Gib dir für die Fälle aus a) konkrete Werte vor und berechne damit jeweils die Koordinaten des Scheitelpunktes S.

11 Gegeben ist eine Funktion $p: y = ax^2 + 4x + c$ mit $a \in \mathbb{R}\setminus\{0\}$ und $c \in \mathbb{R}$.

a) Bestimme die Koeffizienten a und c so, dass gilt: $P(0|-4)$, $Q(-8|-4) \in p$.
b) Ermittle, welchen Wert $a = c$ besitzen muss, damit $R(0|-1)$ auf p liegt.

12 Überprüfe, ob es möglich ist, $a = b$ so zu wählen, dass $S_1(-0{,}5|4)$ bzw. $S_2(0{,}5|-4)$ Scheitelpunkt der Parabel mit $y = ax^2 + bx + 5$ wird.

13 Die Formvariablen a, b und c der Funktionsgleichung einer Parabel haben alle denselben Wert. Ermittle die Funktionsgleichung, wenn die Parabel durch P verläuft.

a) $P(-2|-6)$
b) $P(-3{,}5|2{,}5)$
c) $P(2|7)$

14 Gegeben sind die Nullstellen einer verschobenen Normalparabel. Bestimme die Funktionsgleichung der Parabel p mithilfe der Produktform der quadratischen Gleichung.

Produktform der quadratischen Gleichung:
$y = a(x - x_1)(x - x_2)$

a) $x_1 = -2$; $x_2 = 5$
b) $x_1 = 6$; $x_2 = 18$
c) $x_1 = -7$; $x_2 = 4$
d) $x_1 = 3{,}5$; $x_2 = -2{,}5$
e) $x_1 = -1{,}2$; $x_2 = -3{,}6$
f) $x_1 = 8$; $x_2 = 0$

Spiel

Parabeln versenken

Stelle zwischen dir und deiner Banknachbarin/deinem Banknachbarn eine Trennwand auf.
Anschließend denkt sich jeder von euch den Funktionsterm einer Parabel aus und zeichnet diese in ein Koordinatensystem. Ihr nennt nun abwechselnd jeweils einen x-Wert und der andere teilt dann den zugehörigen Funktionswert zu seiner Parabel mit.
Ziel des Spiels ist es, mit möglichst wenigen Wertepaaren den Funktionsterm zu bestimmen.

2.7 Eigenschaften quadratischer Funktionen

René hat die Aufgabe, seinen Mitschülern graphische Darstellungen mit seinem bisherigen Wissen zu beschreiben. Kannst du ihm helfen?

- Gib Eigenschaften der Funktionen an, die der graphischen Darstellung entnommen werden können.
- Ermittle die zugehörige Funktionsgleichung beider Funktionsgraphen.
- Beschreibe mindestens zwei Unterschiede (Gemeinsamkeiten) beider Funktionen.
- Erzeugt mit einem dynamischen Geometrieprogramm weitere graphische Darstellungen und beschreibt möglichst viele Eigenschaften.

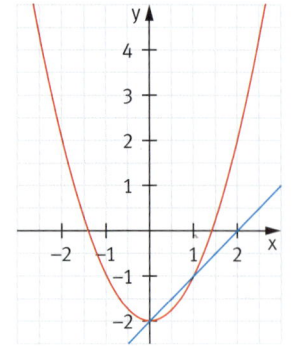

Weitere Eigenschaften zur Beschreibung quadratischer Funktionen:
- *Streckung/Stauchung*
- *Spiegelungen*
- *Lagebeziehung gegenüber der Normalparabel*

MERKWISSEN

Eine quadratische Funktion kann man anhand folgender Eigenschaften beschreiben:

- Koordinaten des **Scheitelpunkts** S (x|y) der Parabel sowie Art des Scheitelpunkts: **Hochpunkt** oder **Tiefpunkt**
- **Definitionsbereich** $\mathbb{D}$ und **Wertebereich** $\mathbb{W}$: Welche Zahlen dürfen eingesetzt werden und welche können als Funktionswerte vorkommen?
- **Monotonie**: In welchen Bereichen **fällt** bzw. **steigt** der Graph?
- **Nullstellen**: An welchen Stellen schneidet der Graph die x-Achse?
- **y-Achsenabschnitt: Schnittpunkt** der Parabel mit der y-Achse
- **Symmetrie**: Welche Lage hat die Symmetrieachse?

BEISPIELE

I Zeichne mit einem Computerprogramm den Graphen der Funktion p: $y = x^2 - 2x - 3$ und beschreibe ihn anhand der Eigenschaften im Merkwissen.

Lösung:

Mathematisch korrekt müsste man sagen:
- *Verschiebung nach rechts/links: in positive/negative x-Richtung*
- *Verschiebung nach oben/unten: in positive/negative y-Richtung*

Eigenschaft	Beschreibung
Scheitelpunkt	Tiefpunkt S (1|−4)
Definitionsbereich	$\mathbb{D} = \mathbb{R}$ bzw. $x \in \mathbb{R}$
Wertebereich	$\mathbb{W} = \mathbb{R}$ mit $y \geq -4$ bzw. $y \in \mathbb{R}$ mit $y \geq -4$
Monotonie	fallend für: $x \leq 1$ steigend für: $x \geq 1$
Nullstellen	$x_1 = -1$; $x_2 = 3$ bzw. als Punkte: N_1 (−1|0); N_2 (3|0)
Schnittpunkt mit der y-Achse	P (0|−3)
Symmetrie	achsensymmetrisch zu $x = 1$

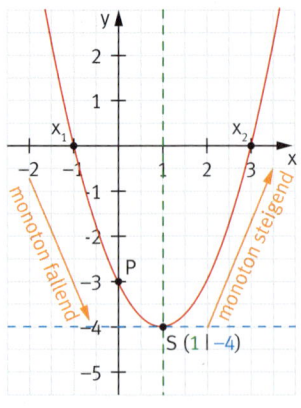

Der Graph dieser Funktion ist eine Normalparabel, die um eine Einheit nach rechts und vier Einheiten nach unten verschoben worden ist.

KAPITEL 2

VERSTÄNDNIS

- Beschreibe jeweils den Graph einer quadratischen Funktion, die keine (eine, zwei) Nullstelle(n) hat. Unterscheide „nach oben" und „nach unten" geöffnete Parabeln.
- Beschreibe für quadratische Funktionen den Zusammenhang zwischen Scheitelpunkt und Wertebereich sowie zwischen Scheitelpunkt und Nullstellen.

AUFGABEN

1 Beschreibe die Funktionen anhand ihrer Eigenschaften wie in Beispiel I.

a)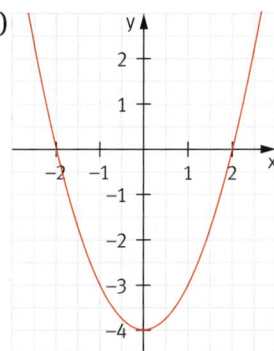
b)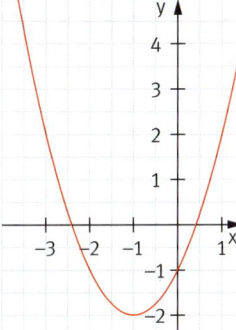
c)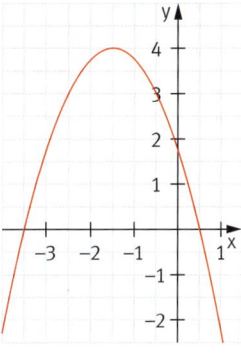

2 Gegeben sind die Scheitelpunkte von verschobenen Normalparabeln.

① S (0|3)   ② S (0|−1)   ③ S (2|0)   ④ S (−3|0)
⑤ S (2,5|−4)   ⑥ S (−1|−2,25)   ⑦ S (3|−1)   ⑧ S (−2|−6,25)

a) Welche Eigenschaften quadratischer Funktionen kannst du mithilfe des Scheitelpunktes direkt bestimmen?
b) Zeichne jeweils den Graphen. Du kannst eine Schablone verwenden.
c) Beschreibe jeweils die Funktion anhand der Eigenschaften aus Beispiel I. Welche Angaben gegenüber a) entnimmst du dabei zusätzlich der Zeichnung?

3 Die Wertetabelle soll die Eigenschaften verschobener Normalparabeln mit dem gegebenen Scheitelpunkt darstellen ($\mathbb{D} = \mathbb{R}$). Doch hat der Fehlerteufel zugeschlagen. Übertrage die Tabellen in dein Heft und korrigiere fehlerhafte Einträge. Beschreibe jeweils den aufgetretenen Fehler, wenn möglich.

Skizziere zur Überprüfung.

Scheitelpunkt	W: mit $y \in \mathbb{R}$	Symmetrieachse	monoton fallend	monoton steigend	Nullstellen
S (0|−9)	$y \geq 0$	$x = -9$	$x \leq -9$	$x \geq 9$	$x_1 = 4; x_2 = 6$
S (5|−1)	$y \geq 5$	$y = -1$	$x \leq 5$	$x \geq 5$	$x_1 = 0; x_2 = 3$
S (1|1)	$x \geq 1$	$x = 1$	$x \leq 1$	$x \geq 1$	$x_1 = 1; x_2 = 1$
S (2|−16)	$y \geq -4$	$x = 2$	$x \leq 0$	$x \geq 0$	keine
S (−4|−4)	$y \geq \sqrt{4}$	$x = \sqrt{4}$	$x \leq 2$	$x \geq 2$	$x_1 = -2; x_2 = -6$
S (3|0)	$y \geq -16$	$x = 9$	$x < -4$	$x > 5$	$x = 3$
S (1,5|−2,25)	$y \geq 1$	$x \geq 0$	$x < 2$	$x > -4$	$x_1 = 3; x_2 = -3$

2.8 Gemischt quadratische Gleichungen lösen

Die Gleichung $x^2 - 2x - 3 = 0$ kann nicht durch Radizieren gelöst werden.

Wenn man die Scheitelpunktform der Funktion verwendet, dann kommt man auch mit Wurzel ziehen weiter.

- Überprüfe Jakobs Aussage.
- Finde eine Möglichkeit, die Gleichung zu lösen und beurteile Evas Aussage.

Merkwissen

Quadratische Gleichungen, die neben dem quadratischen Glied **ax^2** noch ein lineares Glied **bx** besitzen, nennt man **gemischtquadratische Gleichungen**. Alle quadratischen Gleichungen lassen sich **rechnerisch oder graphisch** lösen. Die Lösung einer quadratischen Gleichung lässt sich graphisch als **Schnittpunkte des Funktionsgraphen mit der x-Achse (Nullstellen)** bestimmen.

Rechnerisch lassen sich quadratische Gleichungen der Form …

① $ax^2 + bx = 0$ ($a, b, \in \mathbb{R}$ und $a \neq 0$)

… durch **Ausklammern** und Anwendung des **Satzes vom Nullprodukt** lösen:
$ax^2 + bx = 0 \Leftrightarrow x \cdot (ax + b) = 0 \Rightarrow x_1 = 0$ und $x_2 = -\frac{b}{a}$

② $ax^2 + bx + c = 0$ (allgemeine Form $a, b, c, x \in \mathbb{R}$ und $a \neq 0$)

… mithilfe der **abc-Formel** lösen: $x_{1/2} = \frac{-b \pm \sqrt{b^2 - 4ac}}{2a}$

Den Radikanden $b^2 - 4ac$ bezeichnet man als **Diskriminante D**.
Die Anzahl der Lösungen einer quadratischen Gleichung ist abhängig von der **Diskriminante (Diskriminantenkriterium)**. Man unterscheidet drei Fälle:

$D = b^2 - 4ac > 0$	$D = b^2 - 4ac = 0$	$D = b^2 - 4ac < 0$
Die quadratische Gleichung hat **zwei Lösungen** (x_1 und x_2). Der Graph schneidet die x-Achse **in 2 Punkten**.	Die quadratische Gleichung hat **eine Lösung** ($x_1 = x_2$). Der Graph berührt die x-Achse **in 1 Punkt**.	Die quadratische Gleichung hat **keine Lösungen**. Der Graph schneidet die x-Achse **nicht**.

Satz vom Nullprodukt:
Ein Produkt ist Null, wenn einer der beiden Faktoren Null ist.

Beispiele

I Ermittle die Lösung der quadratischen Gleichung $-2x^2 - 5x = 0$ mithilfe des Ausklammerns in $\mathbb{R}$.

Lösung:
$-2x^2 - 5x = 0 \Leftrightarrow x \cdot (-2x - 5) \Leftrightarrow x_1 = 0$ und $-2x - 5 = 0$
$\Leftrightarrow x_1 = 0$ und $x_2 = \frac{5}{(-2)} = -2{,}5$ $\quad \mathbb{L} = \{-2{,}5; 0\}$

KAPITEL 2

II Bestimme die Anzahl der Lösungen der quadratischen Gleichung $0{,}5x^2 - 0{,}5x - 3 = 0$ in $\mathbb{R}$ mithilfe der Diskriminante. Berechne dann die Lösungsmenge.

Lösung:
Mit $a = 0{,}5$, $b = -0{,}5$ und $c = -3$ ergibt die Diskriminante
$D = (-0{,}5)^2 - 4 \cdot 0{,}5 \cdot (-3) = 6{,}25$
$D > 0 \Longrightarrow$ die Gleichung hat 2 Lösungen.

abc-Formel:
$$x_{1/2} = \frac{-(-0{,}5) \pm \sqrt{(-0{,}5)^2 - 4 \cdot 0{,}5 \cdot (-3)}}{2 \cdot 0{,}5}$$
$$x_{1/2} = \frac{0{,}5 \pm \sqrt{6{,}25}}{1}$$
$x_1 = 3$ und $x_2 = -2$ $\qquad$ $\mathbb{L} = \{-2;\ 3\}$

VERSTÄNDNIS

- Begründe, dass es geschickt ist, zuerst die Diskriminante zu bestimmen und erst dann mögliche Nullstellen zu berechnen.
- Sophia behauptet: „Um die Anzahl der Nullstellen zu ermitteln, muss ich nicht rechnen, wenn ich den Scheitelpunkt einer quadratischen Funktion kenne." Erkläre diese Behauptung.

AUFGABEN

1 Löse die Gleichungen rechnerisch mithilfe des Ausklammerns. Was stellst du fest?
a) $3x^2 + 6x = 0$ $\qquad$ b) $-x^2 + 1{,}5x = 0$ $\qquad$ c) $\frac{1}{4}x^2 - 2x = 0$
d) $-0{,}5x^2 - x = 0$ $\qquad$ e) $2x^2 - 4x = 0$ $\qquad$ f) $-5x^2 + 7{,}5x = 0$

2 Bestimme mithilfe der Diskriminante die Anzahl der Lösungen und dann die Lösungsmenge.

① $2x^2 - 20x + 42 = 0$ $\qquad$ ② $-3x^2 + 18x - 75 = 0$ $\qquad$ ③ $3x^2 + 6x - 105 = 0$
④ $-x^2 - 5x - 5{,}25 = 0$ $\qquad$ ⑤ $-x^2 - 5x + 24 = 0$ $\qquad$ ⑥ $7x^2 = 3{,}5x + 10{,}5$
⑦ $-3x = -2{,}24 - x^2$ $\qquad$ ⑧ $100x \cdot (x + 3) = 559$ $\qquad$ ⑨ $2{,}5x^2 - 25x = 62{,}5$

Verwende zur Kontrolle ein dynamisches Geometrieprogramm.

3 Bringe die Gleichungen in die Form $ax^2 + bx + c = 0$. Bestimme die Lösungsmenge.
a) $x^2 = 2{,}4x - 1{,}43$ $\qquad$ b) $1{,}5x^2 + 0{,}75x = 1{,}26$ $\qquad$ c) $x^2 - 7x = 2{,}75$
d) $2x^2 = 0{,}4x + 0{,}48$ $\qquad$ e) $x \cdot (x - 4) = -4$ $\qquad$ f) $(3 - x) \cdot 3x = -15$

4
> Quadratische Gleichungen in der **allgemeinen Form $ax^2 + bx + c = 0$** lassen sich durch **Division durch a** in die **Normalform $x^2 + px + q = 0$** ($p, q, x \in \mathbb{R}$) bringen.
> Diese können rechnerisch durch die Anwendung der **pq-Formel** gelöst werden.
> $$x_{1/2} = -\frac{p}{2} \pm \sqrt{\left(\frac{p}{2}\right)^2 - q}$$

Bei der pq-Formel bezeichnet man als Diskriminante D den Radikanden:
$D = \left(\frac{p}{2}\right)^2 - q$

Forme die quadratische Gleichung in die Normalform um und bestimme die Lösung mithilfe der pq-Formel.
a) $\frac{1}{2}x^2 + x - 2 = 0$ $\qquad$ b) $-3x^2 + 6x = -6$ $\qquad$ c) $\frac{3}{4}x - 6 = -3x^2$
d) $\frac{3}{4}x = x^2 - 9$ $\qquad$ e) $0{,}2x^2 + 1{,}5 = -2x$ $\qquad$ f) $1{,}4x^2 + x = 2 - 4x^2$

2.8 Gemischt quadratische Gleichungen lösen

Lösungen zu 5:
$\mathbb{L} = \{-2{,}41; 5{,}41\}$;
$\mathbb{L} = \{0{,}86; 4{,}64\}$;
$\mathbb{L} = \{-5{,}45; -0{,}55\}$;
$\mathbb{L} = \{-2\}$; $\mathbb{L} = \{0\}$;
$\mathbb{L} = \{1{,}34; 18{,}66\}$

5 Löse rechnerisch. Runde gegebenenfalls auf zwei Dezimalen.
a) $2x^2 + 6x = x^2 - 3$
b) $2 \cdot (x-2)^2 + x^2 = x \cdot (x+3)$
c) $x^2 - 3x + 16 = 2x^2 - 6x + 3$
d) $4x^2 - 9 - x \cdot (x-4) = (-2x+4)^2$
e) $(x+7) \cdot (x+3) = (x-3) \cdot (x+1)$
f) $(x-2) \cdot (x+3) = (x-3) \cdot (x+2)$

6 Du weißt bereits, wie man reinquadratische Gleichungen graphisch lösen kann.

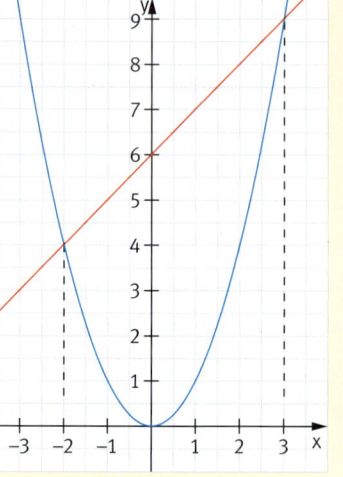

Quadratische Gleichungen der allgemeinen Form $ax^2 + bx + c = 0$ lassen sich graphisch lösen, indem man sie zunächst in die **Normalform $x^2 + px + q = 0$** bringt und anschließend die **x-Koordinaten der Schnittpunkte der Normalparabel $y = x^2$ und der Geraden $y = -px - q$** ermittelt.

Beispiel:
$0{,}5x^2 - 0{,}5x - 3 = 0 \quad | \cdot 2$
$\quad x^2 - x - 6 = 0 \quad | + x + 6$
$\quad x^2 = x + 6$

Gesucht sind die x-Koordinaten der Schnittpunkte der Graphen von $y = x^2$ und $y = x + 6$

$x_1 = -2, x_2 = 3 \quad \mathbb{L} = \{-2; 3\}$

Löse die quadratischen Gleichungen graphisch mit einem dynamischen Geometrieprogramm.
a) $x^2 = 2x + 3$
b) $x^2 - 6x + 5 = 0$
c) $4x^2 + 36x + 77 = 0$
d) $x^2 - x = 0{,}75$
e) $x \cdot (x-1) = -2$
f) $x^2 + 2x = 0$

7 Gib eine Gleichung an, die hier graphisch gelöst wurde. Löse sie rechnerisch und überprüfe.

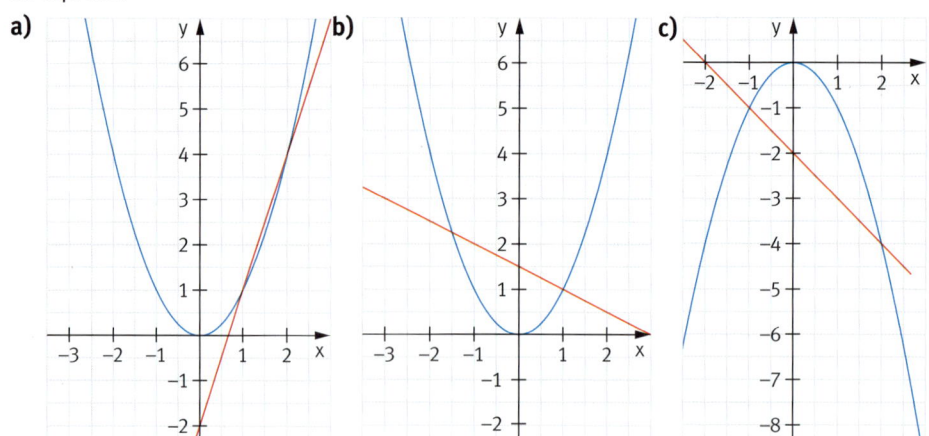

8 Bestimme die Belegung des Koeffizienten a so, dass die Gleichung keine, eine oder zwei Lösung(en) hat.
a) $x^2 - 4x + a = 0$
b) $x^2 + ax + 12 = 0$
c) $(x-a)^2 = 0$
d) $(x+a)^2 = 0$
e) $x^2 + 7x + a = 0$
f) $x^2 - ax + 3 = 0$

9 Die Gleichung $x^2 + 8x = a$ wünscht sich ...
   a) zwei Lösungen.
   b) -2 und eine weitere Zahl als Lösung.
   c) zwei positive Lösungen.
   d) zwei negative Lösungen.
   e) nur eine Lösung.
   f) eine positive und eine negative Lösung.
   Finde für jeden Wunsch einen passenden Wert für a.

10 Bestimme die Zahl.
   a) Subtrahiert man vom Quadrat einer natürlichen Zahl das Dreifache der Zahl, so erhält man 130.
   b) Die Differenz aus einer Zahl und ihrem Kehrwert ist 2,1.
   c) Man erhält die fünffache Differenz einer Zahl und 3, wenn man die Zahl mit der Summe der Zahl und 13 multipliziert.

11 Ein rechteckiges Grundstück hat eine Fläche von 476 m². Die Länge des Grundstücks ist um 11 m größer als die Breite. Berechne den Umfang des Grundstücks.

12 a) Die Seiten eines Rechtecks sind 4 cm und 7 cm lang. Eine Seite wird um x cm verkürzt, die andere um x cm verlängert. Bestimme x so, dass das neue Rechteck den Flächeninhalt 21,25 cm² hat.
   b) Die Seiten eines Quadrats der Seitenlänge 12 cm werden um x cm verkürzt bzw. 2x cm verlängert. Prüfe, ob ein Rechteck mit dem Flächeninhalt 165 cm² (160 cm²) entstehen kann.

Skizze zu 12:

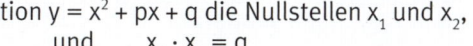

Geschichte

François Viète

François Viète (1540–1603) war ein begeisterter französischer Hobbymathematiker, der bis heute weltberühmt ist.
Unter anderem entdeckte er den Zusammenhang zwischen den Nullstellen einer quadratischen Funktion und der Normalform der zugehörigen Funktionsgleichung. Dieser Zusammenhang steckt im „Satz von Vieta", der lateinischen Form seines Nachnamens.

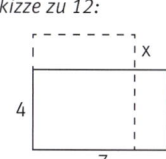

- Recherchiere über das Leben von François Viète.
- Nenne weitere bedeutende Erkenntnisse des Mathematikers François Viète.

Satz von Vieta
Besitzt die quadratische Funktion $y = x^2 + px + q$ die Nullstellen x_1 und x_2, so gilt: $\quad x_1 + x_2 = -p \quad$ und $\quad x_1 \cdot x_2 = q$
Weiterhin gilt: $x^2 + px + q = (x - x_1) \cdot (x - x_2)$
Mithilfe dieses Satzes kannst du Nullstellen kontrollieren oder auch Nullstellen geschickt erraten.

Beispiel:
Funktionsgleichung: $y = x^2 - x - 72$
Für $p = -1$ und $q = -72$ lassen sich mit der Lösungsformel die Nullstellen $x_1 = -8$ und $x_2 = 9$ bestimmen.
Probe mit dem Satz von Vieta:
$x_1 + x_2 = -p \quad\quad -8 + 9 = 1 \quad\quad \Rightarrow p = -1$
$x_1 \cdot x_2 = q \quad\quad\quad (-8) \cdot 9 = -72 \quad \Rightarrow q = -72$

2.9 Quadratische Funktionen in der Praxis

*Man spricht von einer **funktionalen Abhängigkeit**, wenn zwischen zwei Größen ein funktionaler Zusammenhang besteht.*

Berücksichtige auch die Intervallgrenzen.

Bei einem Rechteck mit den Seitenlängen 6 cm und 4 cm wird die längere Seite um x cm verkürzt und gleichzeitig die andere Seite um 2x cm verlängert, wobei $x \in [0{,}5;\ 5{,}5]_\mathbb{R}$.

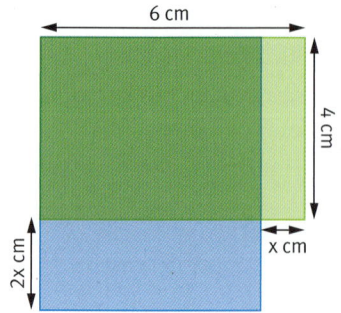

- Gib einen Term an, der den Flächeninhalt A der entstehenden Rechtecke in Abhängigkeit von x beschreibt.
- Zeichne den zu diesem Term gehörenden Graphen in ein Koordinatensystem und ermittle anhand der Zeichnung, für welche Belegungen von x der Flächeninhalt jeweils einen Extremwert annimmt.
- Bestätige die betreffenden Belegungen von x rechnerisch und gib den zugehörigen Flächeninhalt A_{min} bzw. A_{max} an.

Merkwissen

Viele Sachverhalte in Natur und Technik können mithilfe von quadratischen Funktionen beschrieben werden.

Dabei unterscheiden wir zwei Arten von Problemstellungen:
- Aufgaben bei denen der **Extremwert (Scheitelpunkt)** und
- Aufgaben bei denen die **Lösung der quadratischen Gleichung (Nullstellen)** gesucht ist.

Häufig muss zudem erst eine **Funktionsgleichung** aus einer Realsituation ermittelt werden.

Vorgehensweise bei der Lösung von anwendungsbezogenen Aufgaben

1. Skizze mit Bezeichnung der Variablen anfertigen.
2. Zusammenhang zwischen der Größe, die berechnet werden soll, und den Variablen in Form einer Gleichung aufstellen (Zielfunktion).
3. Beziehung zwischen den Variablen in Form einer Gleichung aufstellen (Nebenbedingungen).
4. Die Nebenbedingungen nach einer Variablen umstellen und in die Zielfunktion einsetzen, so dass diese nur noch von einer Variablen abhängig ist.
5. Lösung mithilfe des Scheitelpunktes oder der Lösungsformel berechnen und auf den Sachverhalt übertragen und ggf. beurteilen.

Beispiele

I Für einen Kunden soll eine neue Produktverpackung entwickelt werden, die den folgenden Anforderungen genügt:
- Die Verpackung ist quaderförmig und nach oben hin offen.
- Die Ausschnitte an den vier Ecken im Quadernetz betragen jeweils 4 x 4 cm.
- Der Umfang der fertigen Verpackung beträgt 84 cm.
- Das Volumen soll möglichst groß sein.

Bestimme die Abmessung dieser Verpackung, wenn diese ein maximales Volumen besitzt.

Kapitel 2

Lösung:

① und ② Skizze und Zielfunktion: $V = x \cdot y \cdot 4$

③ Nebenbedingung:
$$u = 2 \cdot (x + y)$$
$$84 = 2 \cdot (x + y) \quad |:2$$
$$42 = x + y \quad |-x$$
$$y = 42 - x$$

④ Nebenbedingung in Zielfunktion einsetzen: $V = x \cdot (42 - x) \cdot 4 = -4x^2 + 168x$

Scheitelpunkt
$$S\left(\frac{-b}{2a} \mid c - \frac{b^2}{4a}\right)$$

⑤ Lösung mithilfe des Scheitelpunktes berechnen:
$a = -4;\ b = 168;\ c = 0$
$$S\left(\frac{-168}{2 \cdot (-4)} \mid 0 - \frac{(168)^2}{4 \cdot (-4)}\right) \implies S\,(21 \mid 1764)$$

Abmessungen:
Länge: $x = 21$ (cm)
Breite: $y = 42 - 21 = 21$ (cm)
Max. Volumen: $V = 21 \cdot 21 \cdot 4 = 1764$ (cm^3)

II Das rechteckige Baugrundstück von Familie Merkl ist 768 m² groß. Die Länge des Grundstücks ist um 8 m größer als die Breite. Berechne die Abmessungen des Baugrundstücks.

Lösung:

① und ② Skizze und Zielfunktion:

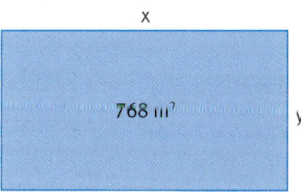

$A = x \cdot y$

③ Nebenbedingung: $y = x - 8$

④ Nebenbedingung in Zielfunktion einsetzen:
$$768 = (x - 8) \cdot x$$
$$0 = x^2 - 8x - 768$$

⑤ Lösung mithilfe der Lösungsformel berechnen:
$a = 1;\ b = -8;\ c = -768$
$$x_{1/2} = \frac{8 \pm \sqrt{(-8)^2 - 4 \cdot 1 \cdot (-768)}}{2 \cdot 1}$$
$$x_1 = \frac{8 + 56}{2} = 32$$
$$x_2 = \frac{8 - 56}{2} = -24 \text{ (nicht sinnvoll)}$$

Lösungsformel
$$x_{1/2} = \frac{-b \pm \sqrt{b^2 - 4ac}}{2a}$$

Abmessungen: Länge: $x = 32$ m   Breite: $y = 24$ m

VERSTÄNDNIS

■ Warum ist es sinnvoll beim Aufstellen der Funktionsgleichung einer Parabel den Ursprung des Koordinatensystems in den Scheitelpunkt der Parabel zu legen?

2.9 Quadratische Funktionen in der Praxis

Aufgaben

1 In der Eifel gibt es in den Kratern erloschener Vulkane annähernd kreisförmige Seen, die man Maare nennt.

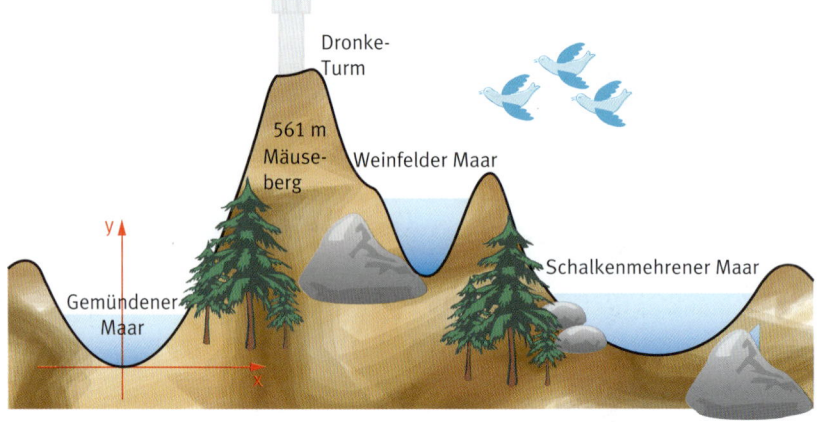

a) Die Querschnitte der Maare können mit Funktionsgleichungen der Form $y = ax^2$ beschrieben werden. Für welches Maar ist der Faktor a am kleinsten? Entscheide anhand der Skizze.

b) Der Querschnitt des Gemündener Maars wird annähernd durch die Funktionsgleichung $y = 0{,}0016x^2$ beschrieben. Die maximale Tiefe dieses Sees beträgt 38 m. Ermittle den Durchmesser der Wasserfläche.

c) Berechne die Wasserfläche des annähernd kreisförmigen Sees in Hektar.

2 Die Bewässerungsanlage auf Sportplätzen schützt die empfindlichen Rasenflächen im Sommer vor dem Austrocknen. Das Wasser, das aus einer Vielzahl von Düsen spritzt, beschreibt einen annähernd parabelförmigen Bogen mit der Funktionsgleichung $y = -0{,}05x^2 + 0{,}5x$.

a) Welche praktische Bedeutung haben die Variablen x und y in diesem Beispiel? Erstelle eine Wertetabelle für $x \in [0; 11]$ und $\Delta x = 1$ und zeichne den Funktionsgraphen in ein geeignetes Koordinatensystem.

b) Bestimme graphisch und rechnerisch die maximale Höhe, die der Wasserstrahl erreicht.

c) Welchen Abstand sollten die Düsen haben, damit der gesamte Rasen bewässert wird?

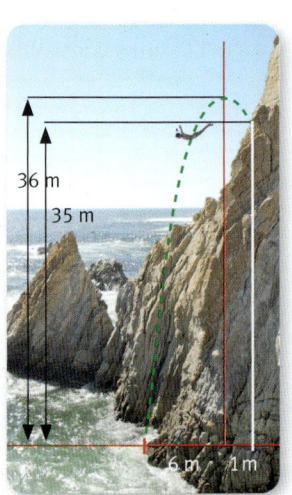

3 Die Klippenspringer von Acapulco sind weltberühmt. Sie springen von einem 35 m hohen Felsen in den Pazifik. Durch Überdecken mit einem Koordinatensystem kann die Flugbahn dieser Springer als Parabel modelliert werden.

a) Der Funktionswert des Scheitelpunkts entspricht der maximalen Höhe von 36 m, obwohl der Fels nur 35 m hoch ist. Begründe.

b) Ermittle die Funktionsgleichung dieser Flugparabel.

c) Ein anderer Springer springt von einem 3 m hohen Sprungbrett (10 m hohen Sprungturm). Gehe von einer identischen Flugkurve aus und bestimme so erneut die Funktionsgleichung der Flugparabel. In welcher horizontalen Entfernung vom Absprungpunkt tauchen die Springer ins Wasser ein?

Unabhängig von der Form und Bewegung des Körpers betrachtet man bei Flugbahnen nur den Schwerpunkt des Körpers (hier z. B. die Badehose).

4 Die Grundseite eines Trapezes misst 21 cm und der Flächeninhalt beträgt 221 cm². Die zur Grundseite parallele Seite hat die gleiche Länge wie die Höhe. Berechne die Länge der parallelen Seite und die Höhe.

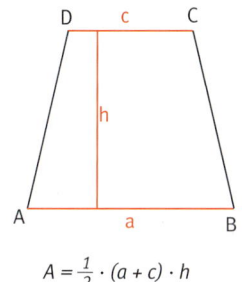

$$A = \tfrac{1}{2} \cdot (a + c) \cdot h$$

5 Ein 2,5 m hoher Quader hat eine Oberfläche von 92 m² und ein Volumen von 52,5 m³. Berechne Länge und Breite dieses Quaders.

6 Eine Kleinstadt plant ein neues Freibad. In der Vergangenheit kamen an einem gewöhnlichen Sommertag bei einem Eintrittspreis von 2 € durchschnittlich 1500 Badegäste. Die Preise für das neue Freibad müssen jedoch erhöht werden. Man schätzt, dass bei einer Erhöhung des Eintrittspreises um 0,50 € die Zahl der Badegäste um durchschnittlich 200 abnehmen wird, bei einer Erhöhung um 1 € um 400, bei einer Erhöhung um 1,50 € um 600 usw.

a) Erstelle eine Wertetabelle, die der Preiserhöhung die Einnahmen gegenüberstellt. Was stellst du fest?

b) Zeichne einen Graphen, der den funktionalen Zusammenhang zwischen der Preiserhöhung und den Einnahmen beschreibt.

c) Welchen Eintrittspreis empfiehlst du den Betreibern des Freibades? Begründe.

7 Ein Weinhändler verkauft im Monat 1000 Flaschen Wein zu einem Preis von je 6 Euro. Testverkäufe haben ergeben, dass eine Preissenkung von 0,10 Euro pro Flasche zu einer Absatzsteigerung von 20 Flaschen führen würde. Bei welchem Verkaufspreis pro Flasche wäre der Umsatz des Weinhändlers maximal?

8 Bauer Ösil will mit einem 78 m langen Stück Zaun einen rechteckigen Hühnerfreilauf so bauen, dass die Hühner eine möglichst große Fläche zur Verfügung haben.

Variante b:

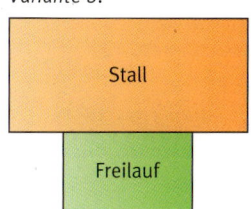

a) Wie lange sollte er die Seitenlängen des Freilaufs wählen?

b) Nun überlegt er, das Gehege an die Seite seines Stalles zu bauen, dass er den Zaun nur für 3 Seiten benötigt. Bestimme nun den maximalen Flächeninhalt.

c) Welche Variante empfiehlst du Herrn Ösil? Begründe.

9 In einem Dachstudio soll an der 12 m breiten Giebelwand ein bodentiefes, rechteckiges Kunstwerk so installiert werden, dass zwei Ecken mit der Bodenkante zusammenfallen und die beiden anderen Ecken mit den Dachschrägen. Um möglichst große Gestaltungsfreiheit zu haben, möchte der Künstler für sein Kunstwerk den größtmöglichen Flächeninhalt haben.

a) Bestimme den Flächeninhalt des Kunstwerks in Abhängigkeit von x.

b) Begründe, dass für x = 0 und x = 6 der Termwert für den Flächeninhalt null ist.

c) Berechne x für den größten Flächeninhalt und gib diesen an.

d) Finde mit einer Wertetabelle den x-Wert, für den das Kunstwerk quadratisch ist.

e) Berechne, um wie viel Prozent die quadratische Fläche kleiner ist als die größte rechteckige Fläche.

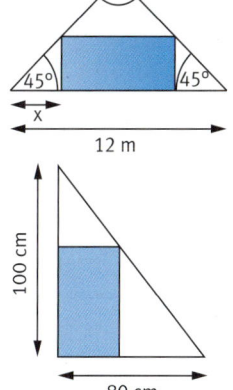

10 In einer Schreinerei fallen dreieckige, rechtwinklige Holzabschnitte an. Aus den Reststücken sollen Rechtecke mit einer größtmöglichen Fläche herausgeschnitten werden. Welche Abmessungen besitzen diese Rechtecke?

2.10 Vermischte Aufgaben

1 Hier stimmt doch was nicht. Finde den Fehler und verbessere die Rechnung.

   a) $2x - (3x + 4) = -x + 4$ b) $3 \cdot (4a + 7) = 12a + 7$
   c) $b + (2y + 4z) = 2by + 4bz$ d) $(8g - 14r) : 2 = 8g - 7r$
   e) $6y - 3yz = 3y \cdot (2 - yz)$ f) $10x \cdot (xz + 2yz) = 10xz + 20xz$

2 Vereinfache die Terme.

   a) $6 \cdot (3a + 2b) + 7 \cdot (4b - 7a) - 13b$
   b) $\frac{1}{2}ab + 3b \cdot \left(\frac{1}{2}a - 7\right) - \frac{2}{3}b \cdot \left(\frac{1}{2}a + \frac{3}{2}\right)$
   c) $2 \cdot [6x \cdot (3y - 2x) - (xy + x) \cdot 0{,}5x] \cdot 2x$
   d) $2p + 0{,}2q \cdot (3{,}5q - 0{,}3) - [-0{,}48q - (0{,}5r - 3{,}6) \cdot 2r] - [-5p \cdot (0{,}2p - 0{,}3)]$

3 Multipliziere aus und vereinfache, wenn möglich.

   a) $(3 + 2x) \cdot (4y - 1)$ b) $(x - 4)^2 - (x + 3)^2$
   c) $\left(x + \frac{1}{2}\right)^2 + (x - 2{,}5)^2$ d) $(3x - 7)^2 + (4x + 3)^2 - (5x - 6)^2$

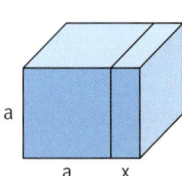

4 Bei einem Würfel mit der Kantenlänge a cm wird eine Kante um x cm verlängert. Gib einen Term für die Größe der Oberfläche und das Volumen des so entstandenen Quaders an.

5 Faktorisiere so weit wie möglich.

   a) $12xy + 8x$ b) $14xy - 21xyz$ c) $42a^2b - 28ab^2$
   d) $75rs^2t - 50r^2st$ e) $48x + 24xy - 12x^2$ f) $39ef + 26f - 13e$

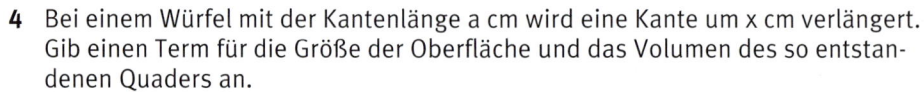

$11^2 = (10 + 1)^2 = 100 + 20 + 1$
$12^2 = (10 + 2)^2 = 100 + 40 + 4$
$13^2 = (10 + 3)^2 = 100 + 60 + 9$
$14^2 = ...$

6 a) Betrachte die Quadratzahlen nebenan.

   ① Setze die Reihe um mindestens drei Schritte fort. Welche Gesetzmäßigkeiten erkennst du?
   ② Wie lautet allgemein ein Term $(10 + n)^2$, wenn man für n natürliche Zahlen einsetzt? Wie sieht es bei $(10 - n)^2$ aus?

   b) Beschreibe, wie man Quadratzahlen der Form $(20 + n)^2$ und $(30 + n)^2$ berechnen kann. Überprüfe zunächst an Beispielen.

   c) Wie kann man allgemein einen Term $(a + n)^2$ berechnen, wenn a ein Vielfaches von 10 ist? Beschreibe in Worten. Erkläre den Zusammenhang mit einer Verknüpfungstabelle.

   d) Berechne ohne Taschenrechner, indem du die bisherigen Zusammenhänge nutzt.
      18^2 24^2 26^2 35^2 41^2 44^2 57^2 61^2 73^2

7 Gegeben sind Rechtecke mit der Länge x cm und der Breite $(x - 6)$ cm sowie ein Quadrat mit der Seitenlänge 3 cm.

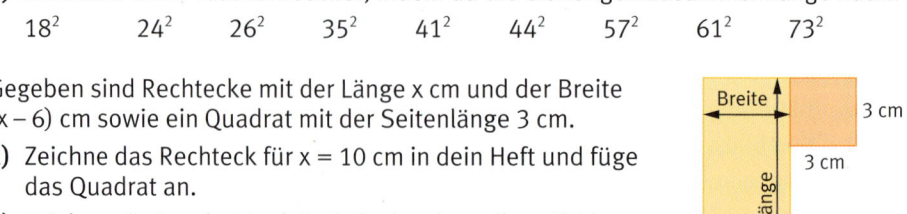

   a) Zeichne das Rechteck für $x = 10$ cm in dein Heft und füge das Quadrat an.
   b) Zeichne ein Quadrat in dein Heft, das denselben Flächeninhalt hat wie die beiden Figuren in a) zusammen.
   c) Bestimme in Abhängigkeit von x die Seitenlänge eines Quadrats, dessen Flächeninhalt so groß ist wie der Flächeninhalt der gegebenen Figuren.

KAPITEL 2

8 Eine Normalparabel wird um eine Einheit nach unten verschoben. Entscheide, ob die Punkte P_1 bis P_4 auf der Parabel liegen.
$P_1(1|0)$; $P_2(3|-2)$; $P_3(-2|3)$; $P_4\left(\frac{1}{2}|-\frac{1}{4}\right)$

9 Gegeben sind die Funktionsgleichungen:
① $y = \frac{1}{3}x^2$ ② $y = -2x^2$ ③ $y = -x^2 + 5$
④ $y = x^2 - 2{,}5$ ⑤ $y = (x-3)^2$ ⑥ $y = -(x+1{,}5)^2$

a) Zeichne die Graphen dieser Funktionen.
b) Worin unterscheiden sich die Graphen dieser Funktionen von dem der Normalparabel?

10 Dargestellt sind die Graphen verschiedener quadratischer Funktionen.
a) Gib eine Funktionsgleichung in mindestens zwei verschiedenen Formen an.
b) Bestimme die Eigenschaften der Funktionen.
c) Welche Eigenschaften quadratischer Funktionen sind ...
① ... vom x-Wert des Scheitelpunktes abhängig?
② ... vom y-Wert des Scheitelpunktes abhängig?

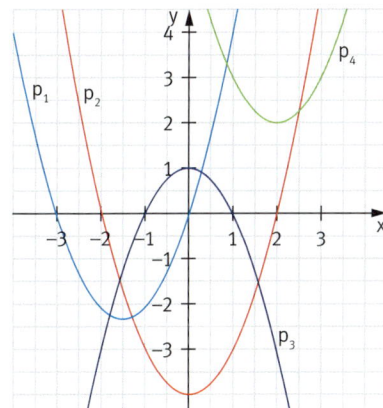

11 Ermittle, welche Gleichungen jeweils dieselbe Funktion beschreiben.
① $y = \frac{3}{4}x^2 - 2x + 1{,}5$ ② $y = \sqrt{2} \cdot (x - 4\sqrt{2})^2 - 33\sqrt{2}$ ③ $y = -\frac{3}{4}x^2 + x - 4$
④ $y = -\frac{3}{4} \cdot \left(x - \frac{2}{3}\right)^2 - 3\frac{2}{3}$ ⑤ $y = \sqrt{2}x^2 - \sqrt{8}x + 5$ ⑥ $y = -\frac{3}{4} \cdot \left(x + \frac{4}{3}\right)^2 - 2\frac{5}{6}$
⑦ $y = \sqrt{2}x^2 + 16x - \sqrt{2}$ ⑧ $y = \sqrt{2} \cdot (x-1)^2 - \sqrt{2} + 5$

12 Ermittle die Gleichung der quadratischen Funktion p in der allgemeinen Form.
a) $A(5|-1)$, $B(10|4) \in p$: $y = 0{,}2x^2 - bx + c$ mit $b, c \in \mathbb{R}$
b) Der Graph der Funktion p stellt eine an der x-Achse gespiegelte und verschobene Normalparabel mit dem Scheitel $S(-3|4)$ dar.
c) $A(3|-1)$, $B(2|-7) \in p$: $y = ax^2 + bx + c$ mit $a \in \mathbb{R}\setminus\{0\}$ und $b, c \in \mathbb{R}$. Die Gleichung der Symmetrieachse des Graphen zu p lautet: $x = 4$.

13 Bestimme zunächst die Anzahl der Lösungen der quadratischen Gleichung mithilfe der Diskriminate D. Ermittle anschließend die Lösungsmenge.
a) $x^2 + x + 1 = 0$ b) $x^2 - 4x + 8 = 0$ c) $x^2 - \frac{1}{4}x - \frac{1}{4} = 0$
d) $2x^2 + x + 1 = 0$ e) $-\frac{1}{2}x^2 + \frac{1}{3}x - 1 = 0$ f) $2x^2 - 28x + 98 = 0$

14 Löse die Gleichungen graphisch.
a) $x^2 - x - 2 = 0$ b) $-x^2 + 0{,}5x + 3 = 0$
c) $0{,}5x^2 - 0{,}25x - 0{,}75 = 0$ d) $-2x^2 + 6x - 4 = 0$

15 Die Carrick-a-Rede ist eine Insel in Nordirland, die man nur zu Fuß über eine schmale Hängebrücke erreichen kann. Sie überspannt eine Meerenge von 20 m, der tiefste Punkt der Brücke liegt 30 m über der Wasseroberfläche. Ermittle eine Gleichung für die parabelförmige Hängebrücke, wenn sie 0,4 m durchhängt.

16 Bei der Weltmeisterschaft 1991 in Tokio übertraf Mike Powell (USA) im Weitsprung den bis dato aktuellen Weltrekord von 8,90 m um 5 cm. Analysen ergaben, dass sich die Flugbahn seines Körperschwerpunkts bei diesem Sprung näherungsweise durch die Funktion p: $y = -0,05x^2 + 0,3x + 1,35$ beschreiben lässt, wobei x die horizontale Entfernung vom Absprungpunkt und y die Höhe des Körperschwerpunkts über dem Boden darstellt (beides in m gemessen).

a)

Beim Absprung war der Körperschwerpunkt in einer Höhe von 1,35 m über dem Boden und bei der Landung nur wenige Zentimeter über dem Boden.

Wie könnte Carl zu seiner Aussage kommen? Erläutere.

b) Ermittle mithilfe des Graphen, bei welcher horizontalen Entfernung vom Absprungpunkt sich der Körperschwerpunkt in einer Höhe von 1,00 m über dem Boden befand.

c) Wäre beim Weltrekordsprung ein Smart Fortwo (Länge 2,50 m; Breite 1,51 m; Höhe 1,52 m) übersprungen worden? Erläutere deine Überlegungen.

Es gibt mehrere Möglichkeiten.

17 Auf einer Wiese soll ein rechteckiger Weideplatz eingezäunt werden. Es stehen 24 m Zaun zur Verfügung. Die umzäunte Fläche soll möglichst groß sein.

a) Überprüfe, ob die gegebenen Rechtecke mit den Seitenlängen a und b diese Bedingung erfüllen. Gib, falls zutreffend, den zugehörigen Flächeninhalt an.

   ① a = 2 m; b = 10 m   ② a = 4 m; b = 8 m
   ③ a = 6 m; b = 8 m   ④ a = 7 m; b = 5 m

b) Ermittle den Flächeninhalt in Abhängigkeit von der Länge des Rechtecks.

c) Stelle die Funktion graphisch dar und zeige damit die Angaben von a).

d) Bestimme die Seitenlängen des Weideplatzes. Gib den zugehörigen Flächeninhalt an.

18 Ein rechteckiges Spielgelände ist 80 m lang und 60 m breit. Ein 3500 m² großer Bolzplatz soll so abgesteckt werden, dass ringsum ein gleich breiter Rand für Zuschauer bleibt. Berechne die Breite des Randes.

19 Verlängert man die Seitenlängen eines Quadrats um 4 cm, vergrößert sich die Fläche auf das Neunfache. Gib die Seitenlänge des ursprünglichen Quadrats an.

20 Wolfgang tankt immer für 50,00 €. Nach einer Benzinpreiserhöhung um fünf Cent erhält er etwa 1 Liter weniger Benzin.
Wie teuer war ein Liter Benzin vor der Preiserhöhung? Runde geeignet.

Stunt Scooter

SITUATIONSBESCHREIBUNG

Deine ältere Schwester ist ein begeisterter Freestyle Scooter. Nach der Schule hat sie ihre Passion zum Beruf gemacht und vertreibt nun über das Internet Stunt Scooter. Nach kurzer Zeit vermutet sie, dass der erzielte monatliche Gewinn mit einer quadratischen Funktion beschrieben werden kann. Sie bittet dich, ihr bei der Analyse der Verkaufszahlen zu helfen, da du als „noch-Schüler" viel tiefer in der Materie steckst als sie.

Wie kannst du herausfinden, welche Verkaufszahlen deine Schwester anstreben sollte? Bei welcher Stückzahl macht sie den meisten Gewinn? Wann macht sie Verlust? Die folgenden Teilschritte helfen dir bei deiner Analyse.

HANDLUNGSAUFTRÄGE

1. Informiere dich im Internet über das Produkt Stunt Scooter (Marken, Preise, technische Details), die Szene und die aktuellen Freestyle Events in Deutschland.
2. Zeichne den Graphen der Gewinnfunktion p: $y = -3,5x^2 + 18x - 13,5$ (x: monatlich verkaufte Menge in 1000 Stück; y: monatlicher Gewinn in 1000 €) für $x \in [0; 5]$ und $\Delta x = 1$ und markiere die Nutzenschwelle, Nutzengrenze und den maximalen Gewinn.
3. Welche Bedeutung haben die Begriffe Nutzenschwelle und Nutzengrenze in diesem Beispiel? Erkläre mit eigenen Worten.
4. Berechne, in welchem Intervall für x der Gewinn positiv ausfällt.
5. Wie groß ist der Verlust, wenn in einem Monat keine Stunt Scooter verkauft werden?
6. Wie viele Scooter sollte deine Schwester jeden Monat verkaufen? Begründe.
7. Wie groß ist der Jahresgewinn, wenn sie im zweiten Geschäftsjahr monatlich durchschnittlich 1750 Scooter verkauft?
8. Diskutiere mit deinen Mitschülern, warum der Gewinn ab einer gewissen Stückzahl wieder abnimmt. Was könnte hierzu führen?

2.11 Das kann ich!

Überprüfe deine Fähigkeiten und Kenntnisse. Bearbeite dazu die folgenden Aufgaben und bewerte anschließend deine Lösungen mit einem Smiley.

☺	😐	☹
Das kann ich!	Das kann ich fast!	Das kann ich noch nicht!

Hinweise zum Nacharbeiten findest du auf der folgenden Seite. Die Lösungen stehen im Anhang.

Aufgaben zur Einzelarbeit

1 Ergänze so, dass eine wahre Aussage entsteht.
  a) $4 \cdot (6x + 7y) = 24x + \Box \cdot y$
  b) $\frac{1}{3}xy \cdot (\Box xy + 15y) = -2x^2y^2 + \Box xy^2$
  c) $2{,}2a \cdot (\Box a - 3{,}1b) = 8{,}8a^2 - 6{,}82ab$
  d) $\Box pq^2 \cdot (3{,}5p - 1{,}75q) = \Box p^2q^2 - 3{,}5pq^3$
  e) $\Box a \cdot (2b - 4a) = 6ab - 12a^2$

2 Erstelle eine Wertetabelle für $x \in [-5; +5]$ und $\Delta x = 1$. Zeichne den Graphen und bestimme den Defintions- und Wertebereich.
  a) $p: y = 1{,}5x^2$
  b) $p: y = 0{,}25(x + 3)^2 + 2$
  c) $p: y = -x^2 + x$
  d) $p: y = -3x^2 - 4x - 1$
  e) $p: y = -\frac{2}{3}(x - 2)^2$
  f) $p: y = (x + 1{,}6)(x - 1{,}6)$

3 Prüfe rechnerisch, ob die angegebenen Punkte auf der Parabel liegen.
  a) $p_1: y = -x^2$ P(1,3|1,69)
  b) $p_2: y = 2x^2 + 5x$ P(–1|1)
  c) $p_3: y = -0{,}5x^2 - 2x + 4$ P(1|3)
  d) $p_4: y = 1{,}5(x - 2)^2 + 1$ P(3|2,5)

4 Von einer quadratischen Funktion p ist bekannt:
  • Eine der Nullstellen ist $x = 5$.
  • Der Graph von p schneidet die y-Achse bei $y = 1$.
  • Die Symmetrieachse von p ist s: $x = 2$.
  a) Ermittle die Funktionsgleichung.
  b) Leticia fragt sich:

  Kann die Gleichung einer quadratischen Funktion auch dann ermittelt werden, wenn man nur die Symmetrieachse s und die beiden Nullstellen kennt?

  Was meinst du? Begründe.

5 Stelle die Gleichung der quadratischen Funktion in der allgemeinen Form auf.
  a) Der Graph ist eine an der x-Achse gespiegelte und verschobene Normalparabel mit der Symmetrieachse s: $x = -2$ und $P(2|-4) \in p$.
  b) Die Gleichung von p beschreibt eine verschobene Normalparabel, die durch die Punkte A(–5|3) und B(2|10) verläuft.
  c) $P(-4{,}5|-134)$, $Q(8{,}5|-420) \in$ p: $y = ax^2 + bx - 3{,}5$ mit $a \in \mathbb{R}\setminus\{0\}$ und $b \in \mathbb{R}$
  d) Der Graph von p: $y = -2{,}5 \cdot (x - x_s)^2 + y_s$ mit $x_s, y_s \in \mathbb{R}$ schneidet die x- und die y-Achse jeweils im Wert 5.

6 Gib die Funktionsgleichungen der abgebildeten Parabeln an.

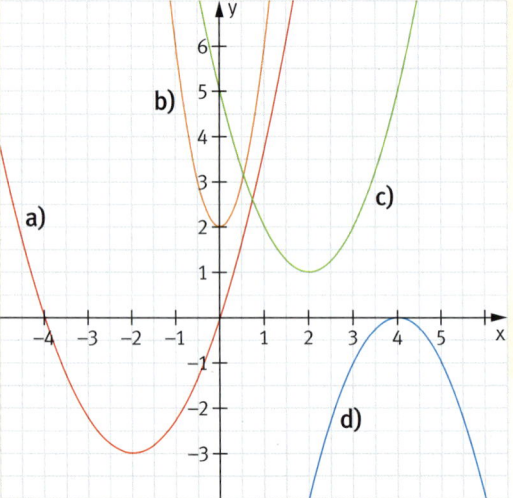

7 Überführe die quadratische Funktion in die allgemeine Form.
  a) $y = 0{,}5 \cdot (x - 2) \cdot (x + 1)$
  b) $y = 2 \cdot (x - 3{,}5)^2 + 2$
  c) $y = -2{,}5 \cdot (x - 1) \cdot (x + 1)$
  d) $y = -(x + 1)^2 + 4$

8 Forme die quadratische Funktion in die Scheitelpunktform um. Ermittle mindestens drei Eigenschaften der Funktion, ohne den Graphen zu zeichnen.
  a) $y = x^2 - 2x - 3$
  b) $y = x^2 + 4x + 3$
  c) $y = x^2 - 4x$
  d) $y = x^2 + 6x + 6{,}75$

9 Bestimme zuerst die Anzahl der Lösung mithilfe der Diskriminante. Löse dann rechnerisch.
a) $(x + 12) \cdot (x - 23) = 0$ b) $2x^2 - 8x = 330$
c) $0{,}5x^2 = 2x - 38{,}5$ d) $\frac{1}{2}x^2 - \frac{3}{10}x = \frac{9}{25}$

10 Löse die Gleichungen graphisch.
a) $x^2 = 3x - 2$ b) $x^2 - 5x = -4$
c) $2x^2 + x = 3$ d) $x^2 + 2x - 3 = 0$

11 Gib eine Gleichung an, die hier graphisch gelöst wurde. Löse sie rechnerisch und überprüfe.

a)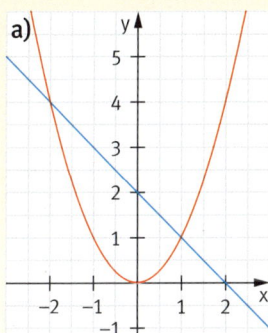

b)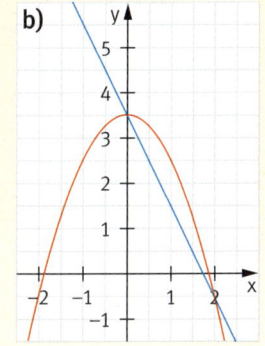

12 Von einer quadratischen Metallplatte werden an allen vier Ecken kongruente gleichschenklige Dreiecke abgeschnitten. Berechne die Länge x, wenn sich der Flächeninhalt der Platte um 12,5 % verringern soll.

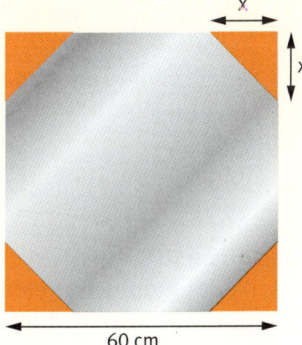

13
> Sympathische und humorvolle, natürliche Zahl gesucht!

a) Multipliziere dich mit dir selbst und vermehre dich um dein Doppeltes, dann erhältst du 323.
b) Die Summe aus deiner Hälfte und deinem Quadrat ergibt 742,5.
c) Die Summe aus deinem Quadrat und dem zehnten Teil von dir ergibt 101.
d) Die Differenz aus deinem Quadrat und dir ergibt dich.

Aufgaben für Lernpartner

Arbeitsschritte
1 Bearbeite die folgenden Aufgaben alleine.
2 Suche dir einen Partner und erkläre ihm deine Lösungen. Höre aufmerksam und gewissenhaft zu, wenn dein Partner dir seine Lösungen erklärt.
3 Korrigiere gegebenenfalls deine Antworten und benutze dazu eine andere Farbe.

Sind folgende Behauptungen **richtig** oder **falsch**? Begründe schriftlich.

14 Eine gestauchte oder gestreckte Normalparabel hat stets eine Symmetrieachse.

15 Sind die beiden Nullstellen einer Parabel bekannt, lässt sich die x-Koordinate des Scheitels angeben.

16 Kennt man die Koordinaten des Scheitels einer Parabel, so kann man die Gleichung der Parabel rechnerisch ermitteln.

17 Jede quadratische Gleichung lässt sich in die Normalform bringen.

18 Nicht alle quadratischen Gleichungen können graphisch gelöst werden.

19 Ist die Diskriminante negativ, schneidet der Graph der quadratischen Funktion die x-Achse nicht.

20 Die Form einer Parabel wird einzig durch den Parameter a beeinflusst.

21 Quadratische Gleichungen der Form $0 = ax^2 + bx$ haben immer zwei Lösungen.

Aufgabe	Ich kann ...	Hilfe
1	Terme umformen und vereinfachen.	S. 34
2	Parabeln zeichnen.	S. 44, 48
3	überprüfen, ob ein Punkt auf dem Graphen liegt.	S. 45
4, 5, 6, 16	Funktionsgleichungen quadratischer Funktionen bestimmen.	S. 52
7, 8	Mit verschiedenen Formen quadratischer Funktionen umgehen.	S. 52
8, 14, 15, 20	Eigenschaften quadratischer Funktionen bestimmen.	S. 56
9, 10, 11, 12, 13, 17, 18, 19, 21	quadratische Gleichungen rechnerisch oder graphisch lösen.	S. 58, 59, 60

2.12 Auf einen Blick

S. 38
S. 44
S. 48

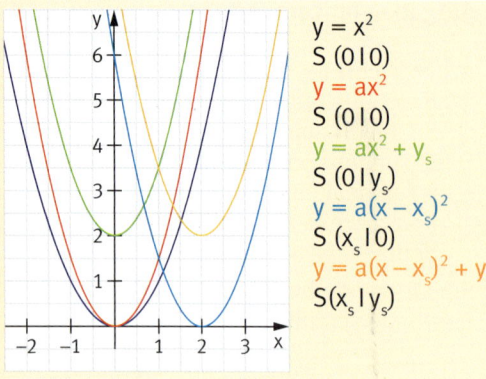

$y = x^2$
S (0|0)
$y = ax^2$
S (0|0)
$y = ax^2 + y_s$
S (0|y_s)
$y = a(x - x_s)^2$
S (x_s|0)
$y = a(x - x_s)^2 + y_s$
S(x_s|y_s)

Die **einfachste quadratische Funktion** hat die Funktionsgleichung **y = x²**. Der **Graph** heißt **Normalparabel**.

Der Punkt S (0|0) heißt Scheitelpunkt.

Der **Koeffizient a** gibt an, ob der Graph der Funktion **gestreckt (a > 1 oder a < –1)**, **gestaucht (–1 < a < 1)** oder an der x-Achse **gespiegelt (a < 0)** ist.

Weiterhin kann die Parabel auch entlang der x- und y-Achse verschoben sein.

S. 52

1 $y = x^2 + px + q$ $\quad S\left(-\frac{p}{2} \mid q - \left(\frac{p}{2}\right)^2\right)$

2 $y = a(x - x_s)^2 + y_s$ $\quad S(x_s \mid y_s)$

3 $y = ax^2 + bx + c$ $\quad S\left(-\frac{b}{2a} \mid c - \frac{b^2}{4a}\right)$

4 $y = a \cdot (x - x_1) \cdot (x - x_2)$

Darstellung quadratischer Funktionen:

1 Normalform
2 Scheitelpunktform
3 allgemeine Form
4 Produktform

S. 56

p: $y = -3x^2 - 6x + 9 \iff y = -3 \cdot (x + 1)^2 + 12$
allgemeine Form   Scheitelpunktform

1 $\mathbb{D} = \mathbb{R}$ bzw. $x \in \mathbb{R}$ 2 $\mathbb{W} = \mathbb{R}$ mit $y \leq 12$

3 Scheitelpunkt: Hochpunkt S (–1|12)

4 Die Parabel ist gestreckt, gespiegelt (a = –3) und um eine Einheit nach links und um 12 Einheiten nach oben verschoben.

5 N_1 (–3|0); N_2 (1|0); P (0|9)

6 steigend für $x \leq -1$, fallend für $x \geq -1$

7 Achsensymmetrisch zu x = –1

Eine quadratische Funktion
p: $y = ax^2 + bx + c$ (a, b, c, x ∈ ℝ; a ≠ 0) bzw. ihren Graphen kann man anhand folgender Eigenschaften beschreiben:

1 Definitionsbereich	2 Wertebereich
3 Scheitelpunkt	4 Form der Parabel
5 Schnittpunkte mit den Koordinatenachsen	
6 Monotonie	7 Symmetrie

S. 40
S. 58
S. 59
S. 60

$-x^2 + x + 2 = 0 \implies a = -1; b = 1; c = 2$

Rechnerische Lösung:

$x_{1/2} = \dfrac{-1 \pm \sqrt{1^2 - 4 \cdot (-1) \cdot 2}}{2 \cdot (-1)}$

$x_{1/2} = \dfrac{-1 \pm \sqrt{9}}{-2} \quad x_1 = -1 \quad x_2 = +2$

Graphische Lösung:
$-x^2 + x + 2 = 0$
$\iff x^2 - x - 2 = 0$
$\iff x^2 = x + 2$

Schnittpunkte ergeben:
$x_1 = -1 \quad x_2 = 2$

Alle quadratischen Gleichungen können **rechnerisch oder graphisch** gelöst werden. Quadratische Gleichungen der Form $ax^2 + bx + c = 0$ werden rechnerisch mithilfe der **abc-Formel** gelöst. Den Radikand $b^2 – 4ac$ bezeichnet man als **Diskriminante D**.

$x_{1/2} = \dfrac{-b \pm \sqrt{b^2 - 4ac}}{2a}$

D > 0, es gibt **2 Lösungen**
D = 0, es gibt **1 Lösung**
D < 0, es gibt **keine Lösung**

Quadratische Funktionen lassen sich **graphisch lösen**, indem man zunächst die quadratische Gleichung in die Normalform bringt und anschließend die **x-Koordinaten der Schnittpunkte der Normalparabel** $y = x^2$ **und der Geraden** $y = -px - q$ ermittelt.

3 Strahlensätze

EINSTIEG

Overheadprojektoren stehen in jedem Klassenzimmer. Texte und Bilder werden dabei von einer Folie an die Wand projiziert und vergrößert.
- Zeichne auf eine Folie ein beliebiges Dreieck und projiziert dieses an die Wand.
- Vergleiche die Formen und Winkel im Originaldreieck und in der Vergrößerung.
- Miss die Seitenlängen im Originaldreieck und in der Vergrößerung. Welche Zusammenhänge vermutest du?
- Überprüfe deine Vermutungen rechnerisch: bilde dazu den Quotienten aus der Länge zweier „zugehöriger" Dreiecksseiten. Wiederhole dies für die beiden weiteren Seiten. Was fällt dir auf?
- Berechne näherungsweise den Flächeninhalt des Originaldreiecks und der Vergrößerung. Entnimm die fehlenden Maße der Zeichnung. Was fällt dir hier auf?

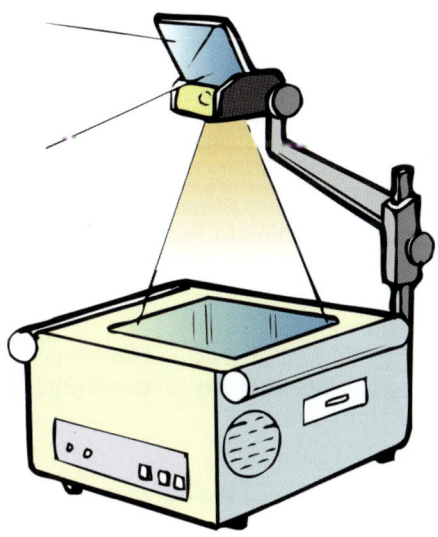

AUSBLICK

Am Ende dieses Kapitels hast du gelernt, ...
- Figuren maßstäblich zu vergrößern und zu verkleinern.
- Welche Eigenschaften eine maßstäbliche Vergrößerung und Verkleinerung (zentrische Streckung) hat.
- Ähnliche Figuren zu erkennen sowie zugehörige Seitenlängen und Winkelgrößen zu vergleichen.
- Ähnliche Dreiecke zu erkennen und zu zeichnen.
- Mit Hilfe der Strahlensätze Streckenlängen zu berechnen.
- Die Strahlensätze für Argumentationen, Konstruktionen und in Anwendungssituationen zu nutzen.

3.1 Verhältnisse

So könnte der kleinste essbare Burger der Welt aussehen.
- Schätze zunächst die Größe des Burgers, der Pommes, des Getränks und des Tabletts. Beschreibe dein Vorgehen.
- Prüfe rechnerisch, inwieweit die Größenverhältnisse zwischen Burger, Pommes, Getränk und Tablett stimmen.
- Bestimme den Maßstab, in dem die Mini-Lebensmittel hergestellt wurden.

$a : b = \frac{a}{b}$
Verhältnisse zwischen Längen werden auch als Maßstab bezeichnet.

Merkwissen

Unter dem **Verhältnis a : b** (lies: **a zu b**) zweier Streckenlängen a und b versteht man den **Quotienten ihrer Maßzahlen** (bei gleichen Längeneinheiten). Verhältnisse werden als **Bruch** oder in der **Verhältnisschreibweise (mit natürlichen Zahlen)** angegeben.

Beispiel: a = 3,2 cm; b = 8,0 cm

Verhältnis: a : b = 3,2 : 8,0   oder   a : b = 32 : 80   oder   a : b = 2 : 5

Beispiele

I   Das im Maßstab 1 : 24 angefertigte Modell eines Rennwagens ist 22 cm lang. Bestimme die Originallänge dieses Rennwagens.

Lösung:
1 : 24 bedeutet, dass 1 cm im Modell 24 cm in Wirklichkeit entsprechen.
1 cm : 24 cm = 22 cm : x
x = 24 · 22 cm = 528 cm = 5,28 m
Antwort: Der Rennwagen ist im Original 5,28 m lang.

II   Die Entfernung zwischen Nürnberg und München beträgt Luftlinie 150 km. Gib den Maßstab der Karte an.

Lösung:
Auf der Karte sind Nürnberg und München 1,2 cm voneinander entfernt. Das Verhältnis zwischen Abstand auf der Karte und tatsächlichem Abstand der Städte ist der Maßstab. Darum:

1 : x = 1,2 cm : 150 km = 1,2 cm : 15 000 000 cm

Die Berechnung von x ist einfacher, wenn auf beiden Seiten Zähler und Nenner vertauscht werden:

x : 1 = 15 000 000 cm : 1,2 cm
   x = 12 500 000
Der Maßstab der Karte ist 1 : 12 500 000, 1 cm entspricht 125 km in der Natur.

Verständnis

- Erkläre, dass bei Bildern, die ein Mikroskop aufgenommen hat, niemals der Maßstab 1 : 200 stehen kann.
- Tim behauptet, dass das Cinemascope-Format für Kinofilme statt mit 21 : 9 auch mit 7 : 3 bezeichnet werden könnte. Was meinst du?

Kapitel 3

Aufgaben

1. Auf einer Karte sind Berlin und Hamburg 6,4 cm voneinander entfernt. Wie weit liegen Berlin und Hamburg tatsächlich auseinander, wenn die Karte einen Maßstab von 1 : 4 000 000 anzeigt?

2. Fußballvereine haben Maskottchen, z. B. den Bären Bernie, den man im Fanshop als Plüschtier kaufen kann. Ein Bär ist in Wirklichkeit ca. 2 m groß.
   a) Begründe, dass folgende Maßstäbe nicht geeignet sind.
      1) 1 : 24 2) 5000 : 1 3) 8 : 7 4) 12 : 60
   b) Gib einen geeigneten Maßstab an.

Hilfreich:
Vorne klein und hinten groß, so passt die Welt auf meinen Schoß (z. B. 1 : 5 000 000). Vorne groß und hinten klein, da muss das Bild vergrößert sein (z. B. 1000 : 1).

3. Die berühmteste deutsche Dampflok ist die BR 01. Die Tabelle zeigt die Länge der Lok im Original und in verschiedenen gebräuchlichen Verkleinerungen bei Modellbahnen. Übertrage die Tabelle ins Heft und ergänze sie.

	Original	G	H0	TT	N	Z
Länge	23,94 m		27,5 cm		150 mm	
Maßstab		1 : 29		1 : 120		1 : 220

4. Zeichne zwei Strecken im Verhältnis …
   a) 4 : 5, wobei die kürzere Strecke 5,6 cm lang ist.
   b) 1 : 6, wobei die kürzere Strecke 0,7 cm lang ist.
   c) 5 : 2, wobei die längere Strecke 10,5 cm lang ist.

5. Bei Bildschirmen gibt es verschiedene Seitenverhältnisse.
   a) Berechne die Höhe eines 88 cm (53,5 cm) breiten Bildschirms bei einem Seitenverhältnis von …
      1) 16 : 9 2) 4 : 3
   b) In welchem Verhältnis stehen die Seitenlängen des Bildschirms bei einer Breite von 112 cm und einer Höhe von 70 cm?

Wissen

Streckenteilung I
Wird eine Strecke $\overline{AB}$ durch einen Punkt T in zwei Teilstrecken zerlegt, so spricht man von einer **Streckenteilung im Verhältnis $\overline{AT} : \overline{TB}$**.

Beispiel:

Streckenverhältnis: $\overline{AT} : \overline{TB} = 10 : 4$ bzw. $\overline{AT} : \overline{TB} = 5 : 2$

- Bestimme jeweils das Verhältnis der Streckenteilung.

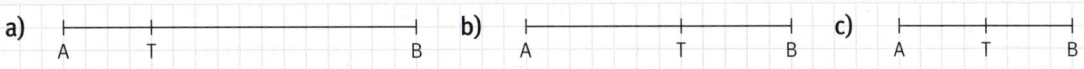

- Teile eine 14 cm (21 cm; 18,9 cm) lange Strecke im Verhältnis 3 : 4. Erkläre dein Vorgehen.
- In welche Verhältnisse lässt sich eine 24 cm lange Strecke leicht teilen? Zeichne einige Möglichkeiten.

76 — 3.2 Maßstäbliches vergrößern und verkleinern

KAPITEL 3

Du brauchst:
- 15 cm hohes „Monster" aus Pappe
- Taschenlampe
- Maßband

Hast du schon einmal im Dunkeln mit einer Taschenlampe „Monster" erschaffen? Untersuche einmal, welche Effekte sich erzielen lassen.

- Führe eine Versuchsreihe in einem dunklen Raum durch. Vervollständige die Tabelle.
- Welche Zusammenhänge erkennst du zwischen Formen und Winkel bei der Originalfigur und beim Schattenbild?

Höhe des Schattenbildes	Das Schattenbild ist ☐-mal so groß wie das Pappmonster.	Abstand l (Lichtquelle – Monster)	Abstand b (Lichtquelle – Schattenbild)
60 cm	4	☐	☐
90 cm	☐	☐	☐
120 cm	☐	☐	☐

- Finde Zusammenhänge in der Tabelle. Überprüfe die Zusammenhänge für eine Schattenhöhe von 1,80 m (2,10 m).

MERKWISSEN

Bei **maßstäblichen Vergrößerungen** und **Verkleinerungen** legt der Maßstab fest, in welchem Verhältnis die Länge der Bildstrecke zur Länge der Originalstrecke steht. Man nennt diesen Maßstab **Streckfaktor k**. Den Vorgang bezeichnet man als **zentrische Streckung**.

$$k = \frac{\text{Länge der Bildstrecke}}{\text{Länge der Originalstrecke}}$$

- $k = 1$: Das Bild ist so groß wie das Original.
- $k > 1$: Vergrößerung: Das Bild ist größer als das Original.
- $0 < k < 1$: Verkleinerung: Das Bild ist kleiner als das Original.

Von einem **Streckzentrum Z** aus liegen dabei zugehörige Originalpunkte und Bildpunkte auf einer Gerade durch Z. Alle **Streckenlängen** werden mit dem **Streckfaktor k multipliziert**.
Die Größe von Winkeln und Formen bleiben bei der Originalfigur und der Bildfigur erhalten. Original- und Bildstrecken sind parallel.

*Eine Vergrößerung mit dem Faktor k = 2 ergibt den Maßstab 2 : 1.
Eine Verkleinerung mit dem Faktor k = $\frac{1}{4}$ ergibt den Maßstab 1 : 4.*

BEISPIELE

I Verkleinere ein Rechteck mit a = 3,0 cm und b = 1,8 cm mit dem Faktor $k = \frac{1}{3}$.

Lösung:

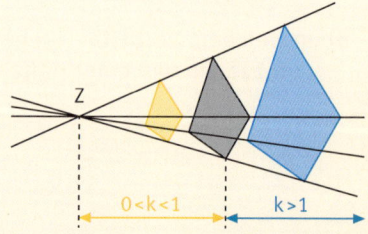

$a' = k \cdot a$ $\qquad b' = k \cdot b$
$a' = \frac{1}{3} \cdot 3 \text{ cm} = 1 \text{ cm}$ $\qquad b' = \frac{1}{3} \cdot 1,8 \text{ cm} = 0,6 \text{ cm}$

II Ein beliebiges Dreieck ABC soll mit dem Streckzentrum Z = A um den Faktor k = 1,5 vergrößert werden. Beschreibe dein Vorgehen.

Lösung:

① Ausgangsfigur und Z zeichnen

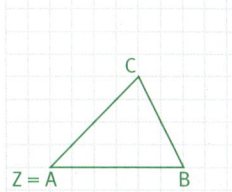

② Strahlen durch Z einzeichnen

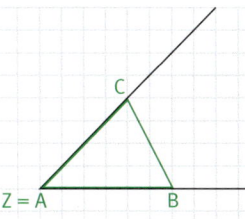

③ Länge der Bildstrecken abtragen

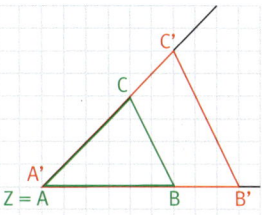

III Die rote Figur ist durch zentrische Streckung aus der grünen Figur entstanden. Bestimme das Streckzentrum Z sowie den Streckfaktor k.

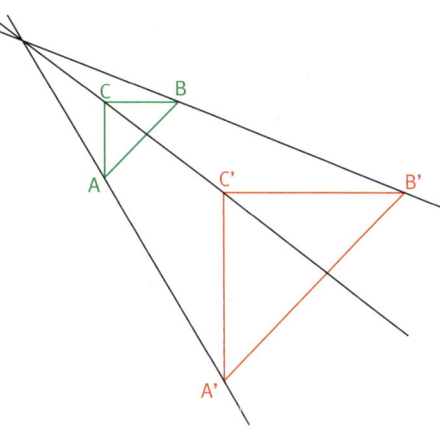

Lösung:
Die einander entsprechenden Strecken von Original- und Bildfigur verlaufen parallel zueinander. Das Streckzentrum Z ergibt sich als Schnittpunkt der Geraden, die durch zusammengehörige Ur- und Bildpunkte verlaufen. Messungen der Streckenlängen ergeben, dass jede Bildstrecke 2,5-mal so lang ist wie die Originalstrecke, somit ist k = 2,5.

VERSTÄNDNIS

- Begründe: Beim Streckfaktor k = 1 ist der Maßstab 1 : 1.
- Tom meint, dass das Streckzentrum Z auch innerhalb der Figur liegen darf. Was meinst du?

AUFGABEN

1 Ein Quadrat hat die Seitenlänge a = 12 cm.
   ① k = 12   ② k = 2,5   ③ k = $\frac{1}{2}$ ④ k = $\frac{1}{4}$ ⑤ k = 1   ⑥ k = 0,6
   a) Bestimme mithilfe des Streckfaktors die Seitenlängen des Bildquadrates. Rechne im Kopf.
   b) Bestimme den zugehörigen Maßstab als Verhältnis zweier natürlicher Zahlen.

2 Zeichne jeweils einen Kreis und verändere dessen Größe um die gegebenen Streckfaktoren. Beschreibe dein Vorgehen.
   a) k = 1,5   b) k = 0,4   c) k = 2,4   d) k = $\frac{3}{5}$

3 Zeichne ein Rechteck mit den Seitenlängen a = 3 cm und b = 4 cm. Berechne die neuen Seitenlängen im Kopf und zeichne das neue Rechteck.
   a) k = 1,5   b) k = 2,5   c) k = $\frac{1}{2}$ d) k = $\frac{2}{3}$ e) k = 1,2   f) k = 0,8

4 Übertrage die Figuren in dein Heft und vergrößere sie mit k = 3 (verkleinere sie mit k = $\frac{1}{2}$) mit dem Streckzentrum Z.

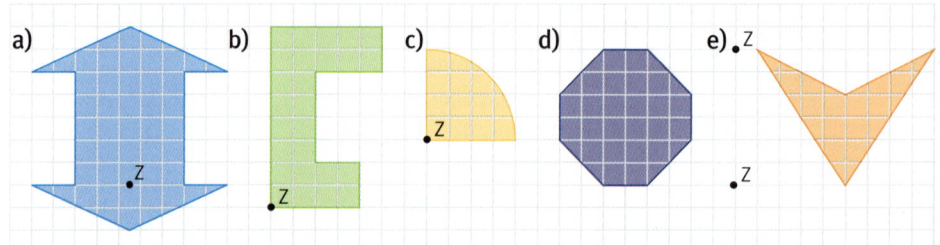

5 Konstruiere die Bilddreiecke mit dem Streckzentrum Z und dem Streckfaktor k.

a) Z_1 (−2|−3)   k = $\frac{1}{2}$ ΔABC mit A (1|1); B (−4|0); C (4|−2)
b) Z_2 (1|4)   k = 2,5   ΔDEF mit D (−1|3); E (4|2); F (3|5)
c) Z_3 (2|4)   k = $\frac{1}{4}$ ΔPQR mit P (6|2); Q (2|8); R (2|−4)

6 Die Punkte A' (8|3) und B' (3|3) sind durch zentrische Streckung aus den Punkten A (2|1) und B (1|1) entstanden.
Ermittle die Koordinaten des Streckungszentrums Z und bestimme k.

Lösungen zu 7 (für Z):
(3|8,5); (1|−4); (0,5|−0,5);
(−3|0); (−4|−5,5); (−8,5|5)

Lösungen zu 7 (für k):
$\frac{2}{7}$; $\frac{1}{3}$; $\frac{1}{2}$; 2; 3; 3

7 Übertrage in dein Heft. Die grüne Figur ist das Original, die rote die Bildfigur. Bestimme die Koordinaten des Streckzentrums Z sowie den Streckfaktor k.

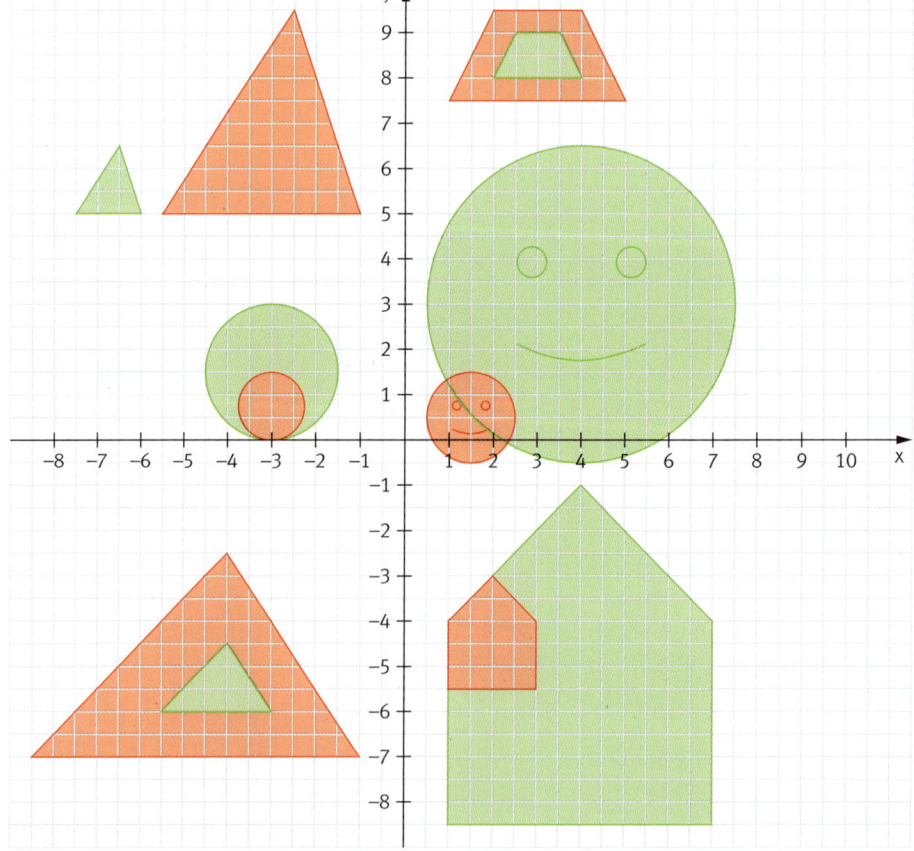

Kapitel 3

Basteln

Die Eigenschaften der zentrischen Streckung

Bei der zentrischen Streckung bleiben einige Eigenschaften der Figuren gleich, andere ändern sich. Versuche anhand folgender Bastelaufgabe herauszufinden, was sich – wie – ändert, und was gleich bleibt.

Wir basteln einen Fisch aus einem quadratischen Stück Papier.

1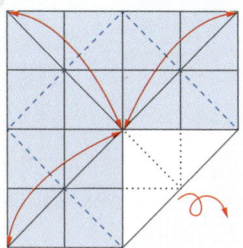
2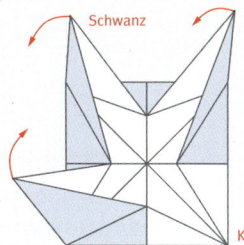
3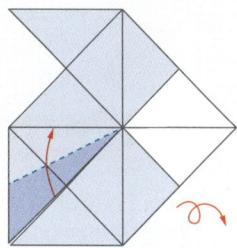
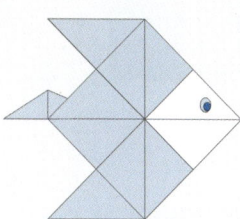

Falte die Diagonalen und Mittellinien. Viertle jede Quadratseite. Öffne nach jeder Faltung. Falte alle vier Ecken zur Mitte. Öffne drei Ecken, nur die rechte untere Ecke nicht. Wende das Blatt.

Knicke die Kanten so um, dass die drei äußeren Ecken hoch stehen. Sie bilden Flossen und Schwanz. Die Flossen werden nach hinten gelegt, der Schwanz nach unten geklappt.

Knicke für den Schwanz die nach unten geklappte Ecke zur Hälfte nach oben, sodass Kante auf Kante liegt. Drehe die Figur: Der Fisch ist fertig.

Der Fisch wird besonders schön, wenn das Papier auf einer Seite farbig ist.

- Entfalte den Fisch wieder und zeichne die Geraden mit dem Streckzentrum Z sowie das Dreieck ABC in das Faltmuster ein. Markiere die Bilddreiecke für k = 2, k = 3, k = 4.
- Untersuche Winkel und Streckenlängen in den Dreiecken.
- Untersuche die Flächeninhalte: Das Original ist für k = 1 ein Dreieck. Wie viele Dreiecke hat das Bilddreieck für k = 2 (k = 3, k = 4)? Beschreibe in Worten den Zusammenhang.

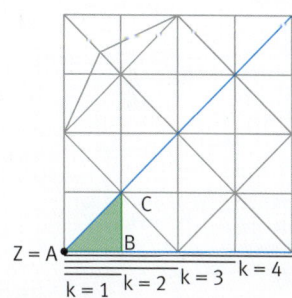

> Die zentrische Streckung hat folgende Eigenschaften:
> 1. Sie ist **geradentreu**, **winkeltreu** und **kreistreu**.
> 2. Originalfigur und Bildfigur haben den **gleichen Umlaufsinn**.
> 3. Die zentrische Streckung ist **verhältnistreu**, d. h. das Längenverhältnis von Bildstrecken ist gleich dem Verhältnis der entsprechenden Originalstrecken.
> 4. Der Inhalt der Bildfläche ist das k^2-Fache des Inhalts der Originalfläche: $A_{Bild} = k^2 \cdot A_{Urbild}$

- Berechne den Flächeninhalt A_{Bild} der Bildfigur bei zentrischer Streckung.
  - a) Trapez: A = 15 m²; k = 4
  - b) Fünfeck: A = 10,3 m²; k = 1,5
  - c) Quadrat: a = 5 cm; k = 0,4
  - d) Rechteck: a = 2 cm; b = 3 dm; k = –0,2
  - e) Kreis: r = $\frac{1}{\pi}$; k = 10
  - f) Dreieck: a = 10,2 mm; h_a = 2,4 cm; k = 2

3.3 Ähnlichkeit

Untersuche die Rechtecke nebenan. Miss Längen mit dem Lineal.
- Erkläre, welche der Rechtecke durch Vergrößern oder Verkleinern auseinander hervorgehen können.
- Johanna behauptet, dass man jedes Rechteck aus jedem anderen durch Vergrößern oder Verkleinern erhalten kann, weil doch die Winkel eines Rechtecks immer gleich groß sind. Was meinst du?
- Welche geometrischen Figuren lassen sich stets durch Vergrößern und Verkleinern ineinander überführen? Begründe.

Lage, Farbe oder Material sind für die Ähnlichkeit ohne Bedeutung.

Merkwissen

Zwei **Figuren A** und **B** heißen **ähnlich** zueinander, wenn sie durch **maßstäbliches Vergrößern** oder **Verkleinern auseinander hervorgegangen** sind.
Man schreibt: **A ~ B** (sprich: A „ist ähnlich zu" B.)

Zueinander **ähnliche Figuren** besitzen die **gleiche Form**. Das bedeutet, sie stimmen überein …
- in den entsprechenden Winkeln.
- im Verhältnis einander entsprechender Seiten.

Beispiele

Achte bei Verhältnissen auf gleiche Längeneinheiten, dann kann man auch ohne Einheiten rechnen.

*Zwei Figuren sind auch dann zueinander **ähnlich**, wenn sie neben dem maßstäblichen Vergrößern oder Verkleinern noch zusätzlich **gespiegelt**, **gedreht** oder **verschoben** wurden (siehe Beispiel I b).*

I Zeige, dass die Figuren ähnlich zueinander sind.

a)

b)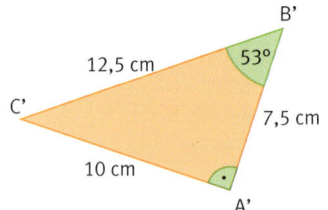

Lösung:

a) durch Konstruktion

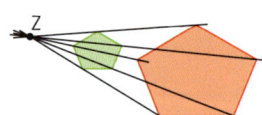

Die Figuren lassen sich durch zentrische Streckung ineinander überführen und sind somit ähnlich.

b) durch Messung
- Größe entsprechender Winkel:
  $\alpha = \alpha' = 90°$ $\beta = \beta' = 53°$
  $\gamma = \gamma'$ (Winkelsumme im Dreieck)
- Verhältnisse entsprechender Seiten:
  $\frac{a}{b} = \frac{5}{4}$; $\frac{a'}{b'} = \frac{12,5}{10} = \frac{5}{4}$
  $\frac{a}{c} = \frac{5}{3}$; $\frac{a'}{b'} = \frac{12,5}{7,5} = \frac{5}{3}$
  $\frac{b}{c} = \frac{4}{3}$; $\frac{b'}{c'} = \frac{10}{7,5} = \frac{4}{3}$

Die Dreiecke sind ähnlich zueinander.

Verständnis

- Für die Ähnlichkeit einer Figur ist es egal, ob sie auf dem Kopf steht oder gedreht ist. Begründe.
- Begründe, warum im Dreieck nur zwei Winkel gleich sein müssen, damit sie ähnlich sind.
- Sabrina behauptet, dass alle Quadrate ähnlich zueinander sind. Stimmt das?

Kapitel 3

Aufgaben

1 Entscheide, welche Dreiecke ähnlich zueinander sind. Begründe.

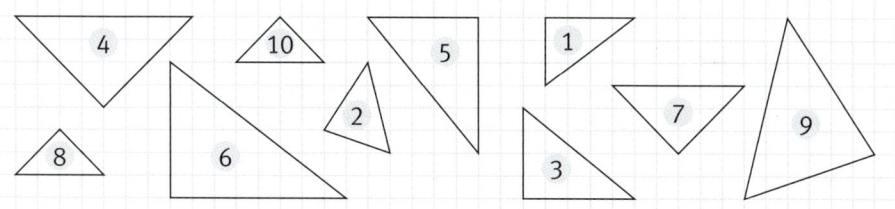

2 Überprüfe, welche der blauen Figuren zu den gelben Figuren ähnlich sind.

alle Maße in cm

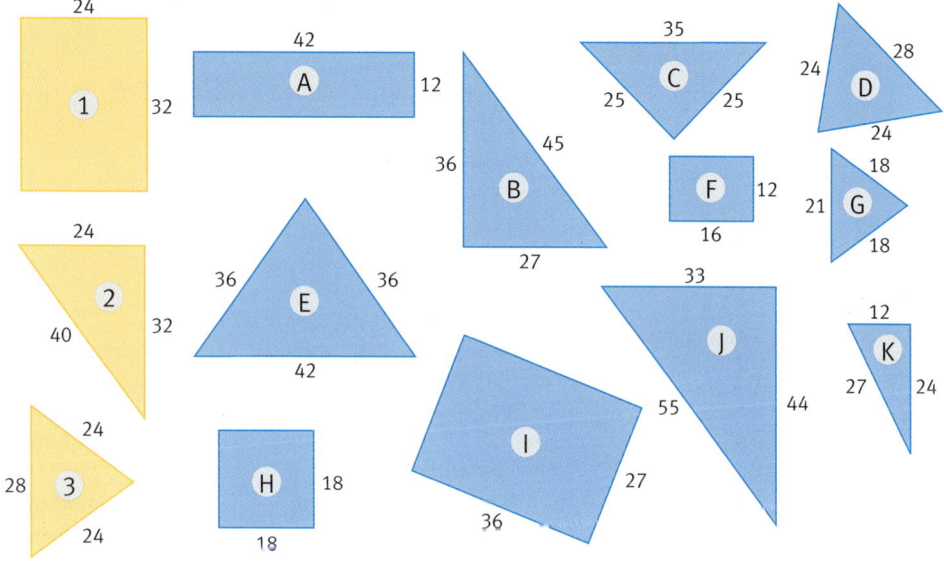

3 Welche Dreiecke sind zueinander ähnlich? Übertrage auf ein Blatt, schneide die Dreiecke aus und überprüfe.

alle Maße in cm

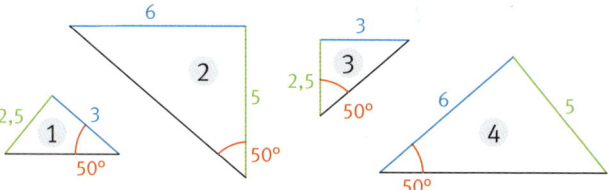

4 Erkläre anhand der Bilder den Unterschied, wie man den Begriff „ähnlich" im Alltag benutzt und im mathematischen Sinn verwendet.

a)

b)

c)

5 Zeichne ein Rechteck und trenne davon wie abgebildet ein Teilrechteck ab, das zum ursprünglichen Rechteck ähnlich ist.

a) $a = 10$ cm; $b = 5$ cm
b) $a = 6$ cm; $b = 2$ cm
c) $a = 120$ mm; $b = 80$ mm

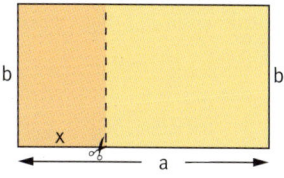

6 Gegeben ist das Dreieck ABC mit A (−3|−2), B (−1|2), C (−3|2) sowie das Dreieck A'B'C' mit A' (1|−1), B' (5|7) und C' (1|7).
Zeichne die Dreiecke und zeige mithilfe einer zentrischen Streckung, dass sie ähnlich sind. Gib das Streckzentrum Z und den Streckfaktor k an.

7 Die Kongruenz ist ein Spezialfall der Ähnlichkeit. Wie die Kongruenzsätze für Dreiecke gibt es auch Ähnlichkeitssätze für Dreiecke.

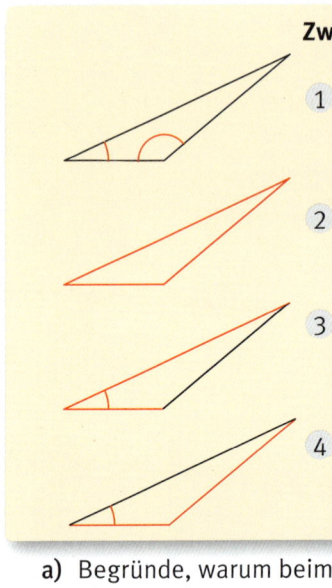

Zwei Dreiecke sind zueinander ähnlich, ...

① wenn sie in den **Maßen zweier Winkel** übereinstimmen (**Hauptähnlichkeitssatz**).

② wenn sie in den **Verhältnissen dreier Seiten** übereinstimmen.

③ wenn sie in den **Verhältnissen zweier Seiten** und dem **Maß des** von ihnen **eingeschlossenen Winkels** übereinstimmen.

④ wenn sie in den **Verhältnissen zweier Seiten** und dem **Maß des Gegenwinkels der längeren Seite** übereinstimmen.

a) Begründe, warum beim Hauptähnlichkeitssatz nur zwei Winkel in Dreiecken übereinstimmen müssen, damit sie ähnlich sind.

b) Wie lauten die Kongruenzsätze zu ②, ③ und ④? Zeichne je ein Beispiel und erkläre den Unterschied zum jeweiligen Ähnlichkeitssatz.

c) Erkläre, warum es einen Kongruenzsatz WSW gibt, aber keinen entsprechenden Ähnlichkeitssatz geben muss.

8 Überprüfe mithilfe der Ähnlichkeitssätze, ob die Dreiecke ähnlich zueinander sind.
a) 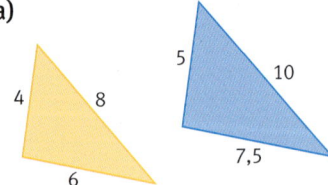 b)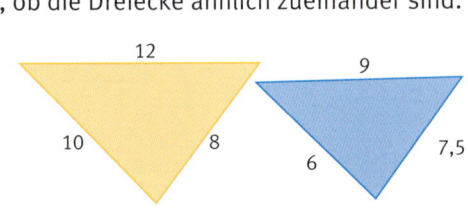

9 In einem Dreieck ABC sind zwei der Innenwinkel 30° und 65° groß. Gegeben sind weiterhin zwei Innenwinkel eines weiteren Dreiecks. Prüfe auf Ähnlichkeit.
   a) 65°; 85°   b) 85°; 45°   c) 30°; 95°   d) 85°; 30°

Eine Planfigur kann helfen.

10 Überprüfe die Dreiecke ABC und A'B'C' auf Ähnlichkeit.
a) α = 57°; b = 8 cm; c = 12 cm   α' = 57°; b' = 16 cm; c' = 24 cm
b) α = 70°; β = 50°; c = 35 mm   β' = 50°; γ' = 60°; b' = 6,7 cm
c) b = 6,4 cm; c = 2,5 cm; β = 34°   b' = 24,32 cm; c' = 9,5 cm; β' = 34°
d) a = 58 mm; c = 26 mm; γ = 45°   a' = 2,9 cm; c' = 1,3 cm; γ' = 45°
e) a = 2,6 m; α = β = 60°   b' = 47 mm; c' = 4,7 cm; γ' = 60°

11 Hat Melisa recht? Begründe.

Zwei gleichschenklige Dreiecke sind ähnlich, wenn sie in der Größe eines Winkels übereinstimmen.

12 Im Geometrieunterricht werden Geodreiecke zum Zeichnen an der Tafel und im Heft verwendet.

Tafeldreieck   Großes Geodreieck   Kleines Geodreieck

  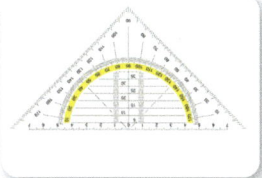

a) Überprüfe in deinem Klassenzimmer, in welchen Verhältnis die Seiten der verschiedenen Dreiecke zueinander stehen. Bestimme den Streckfaktor k.

b) Bestimme die Dreiecksflächen. In welchem Verhältnis stehen sie zueinander?

13 Die Dreiecke ABC und A'B'C' sind ähnlich zueinander. Berechne die fehlenden Seitenlängen.

a) $a = 5$ cm; $b = 7$ cm; $c = 8{,}5$ cm; $a' = 13{,}5$ cm
b) $a = 25$ mm; $b = 45$ mm; $c = 55$ mm; $c' = 11$ mm
c) $b = 45$ m; $a' = 38$ mm; $b' = 5$ cm; $c' = 0{,}65$ dm

Du kannst das Dreieck A'B'C' zeichnen, indem du die Seitenlängen a', b' und c' berechnest oder durch Konstruktion grafisch ermittelst.

14 △ABC ~ △A'B'C'. Berechne die Längen der Strecken x und y.

a)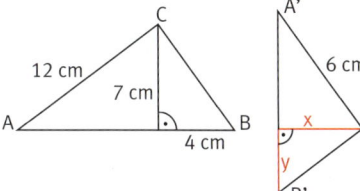

b)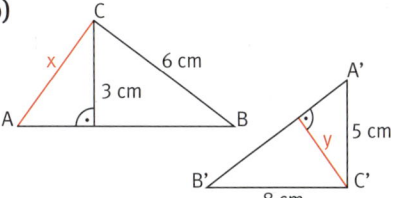

15 Die abgebildete Figur besteht aus Parallelogrammen mit jeweils gleichen Winkeln.

a) Begründe, dass die Dreiecke AEK und KFC ähnlich zueinander sind.

b) Nenne zwei Dreiecke, die zum Dreieck KCG ähnlich, aber nicht kongruent sind.

c) Es gilt: $\overline{AE} = 4$ cm; $\overline{EK} = 2{,}4$ cm und $\overline{FC} = 1{,}8$ cm. Bestimme die Länge von $\overline{KF}$.

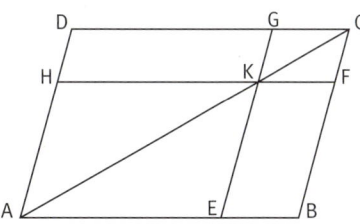

3.4 Strahlensätze

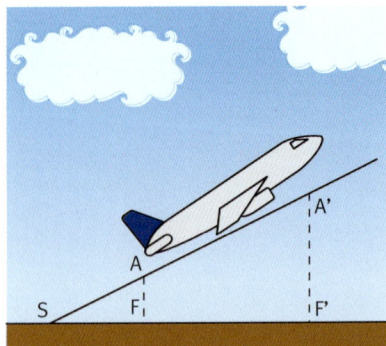

Ein Airbus A380 befindet sich bis zu einer Flughöhe von etwa 10 000 m im gleichmäßigen Steigflug. Im Flugzeug kannst du auf Monitoren Flugdaten ablesen. Der Monitor zeigt folgende Daten an:

Ground Speed 340 km/h	Ground Speed 420 km/h
Distance from Destination 5 km	Distance from Destination 12 km
Altitude 850 m	Altitude 2040 m
Flight Time 0:01 h	Flight Time 0:02 h

- Erkläre die Begriffe auf dem Monitor.
- In welcher Höhe befindet sich der Airbus bei einer „Distance from Destination" von 20 km? Verwende die orangen Größen und beschreibe dein Vorgehen.
- Welche Zusammenhänge bestehen zwischen den Flughöhen und den Streckenabschnitten auf dem Boden? Erkläre mithilfe ähnlicher Dreiecke.

Merkwissen

Bei ähnlichen Dreiecken ist das Verhältnis zugehöriger Seiten stets gleich. Diese Eigenschaft wird bei den sogenannten **Strahlensätzen** ausgenutzt:

Werden zwei sich in Z schneidende Geraden von zwei Parallelen geschnitten, ...

- dann stehen einander entsprechende Streckenabschnitte auf den Geraden durch Z im gleichen Verhältnis (**1. Strahlensatz**).

  Beispiel:

  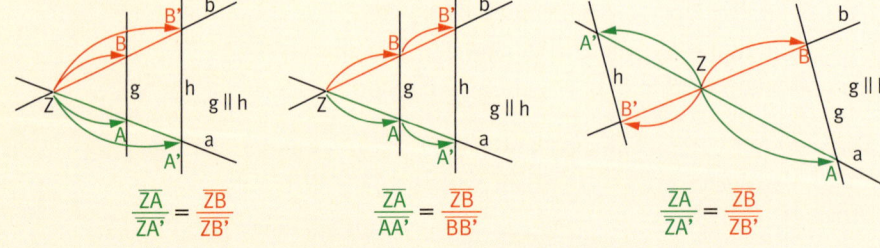

  $$\frac{\overline{ZA}}{\overline{ZA'}} = \frac{\overline{ZB}}{\overline{ZB'}} \qquad \frac{\overline{ZA}}{\overline{AA'}} = \frac{\overline{ZB}}{\overline{BB'}} \qquad \frac{\overline{ZA}}{\overline{ZA'}} = \frac{\overline{ZB}}{\overline{ZB'}}$$

- dann ist das Verhältnis der Streckenabschnitte auf den Parallelen gleich dem zugehörigen Streckenverhältnis auf jeder der Geraden durch Z (**2. Strahlensatz**).

  Beispiel:

  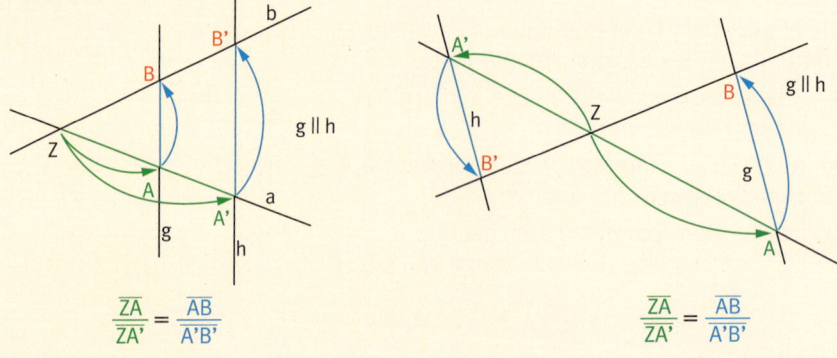

  $$\frac{\overline{ZA}}{\overline{ZA'}} = \frac{\overline{AB}}{\overline{A'B'}} \qquad \frac{\overline{ZA}}{\overline{ZA'}} = \frac{\overline{AB}}{\overline{A'B'}}$$

Je nach Lage der Parallelen spricht man von einer **V-Figur**

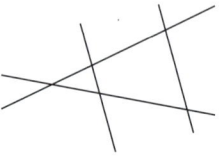

und einer **X-Figur**.

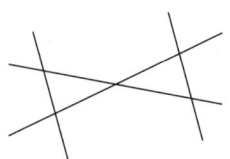

Beachte:
Beim 2. Strahlensatz müssen die zugehörigen Abschnitte immer auf derselben Gerade in Z beginnen.

Kapitel 3

Beispiele

I Berechne mithilfe der Strahlensätze die fehlenden Längen.

Lösung:
Berechnung von ...

y mit dem 1. Strahlensatz:

$$\frac{\overline{ZB}}{\overline{BB'}} = \frac{\overline{ZA}}{\overline{AA'}}$$

$$\frac{y}{9,5 \text{ cm}} = \frac{6 \text{ cm}}{7,6 \text{ cm}} \quad | \cdot 9,5$$

$$y = 7,5 \text{ cm}$$

x mit dem 2. Strahlensatz:

$$\frac{\overline{A'B'}}{\overline{AB}} = \frac{\overline{ZA'}}{\overline{ZA}}$$

$$\frac{x}{3 \text{ cm}} = \frac{(6 + 7,6) \text{ cm}}{6 \text{ cm}} \quad | \cdot 3$$

$$x = 6,8 \text{ cm}$$

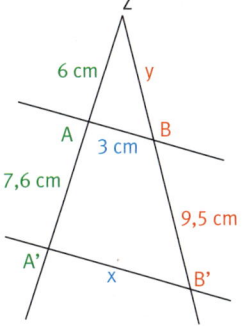

Die Strahlensätze führen zu Verhältnisgleichungen. Es ist einfacher, wenn die gesuchte Länge im Zähler steht (siehe Beispiel II auf Seite 8).

Verständnis

- Begründe die Gültigkeit der Strahlensätze mithilfe ähnlicher Dreiecke.
- Wie kann man mithilfe der Strahlensätze den Streckfaktor k bestimmen?

Aufgaben

1 Überprüfe, wo die Strahlensätze richtig angewendet wurden (g ∥ h).

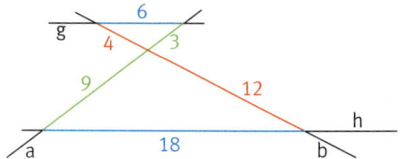

1) $\frac{3}{9} = \frac{18}{6}$ 2) $\frac{4}{9} = \frac{6}{18}$

3) $\frac{6}{18} = \frac{4}{12}$ 4) $\frac{3}{4} = \frac{9}{12}$

5) $\frac{6}{18} = \frac{9}{12}$ 6) $\frac{4}{6} = \frac{9}{18}$

2 Berechne die farbig markierten Längen mithilfe der Strahlensätze.

a)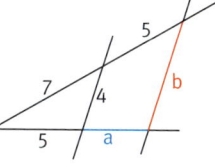

b)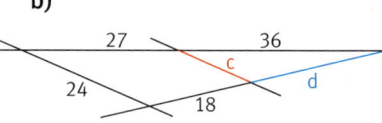

c)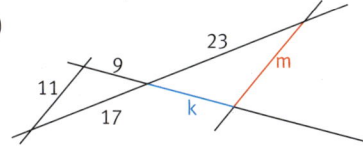

d)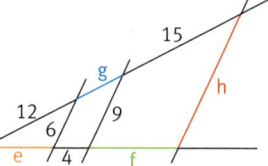

3 Finde weitere zugehörige Streckenverhältnisse zum 1. Strahlensatz wie im Beispiel aus dem Merkwissen.

4 Finde möglichst viele Zusammenhänge mithilfe der Strahlensätze. Findest du mehrere Lösungen?

a) $\frac{\overline{ZA}}{\overline{ZB}} = \frac{\Box}{\Box}$ b) $\frac{\overline{ZG}}{\overline{ZI}} = \frac{\Box}{\Box}$ c) $\frac{\overline{ZE}}{\overline{ZF}} = \frac{\Box}{\Box}$ d) $\frac{\overline{ZE}}{\overline{ZH}} = \frac{\Box}{\Box}$ e) $\frac{\overline{ZE}}{\overline{EH}} = \frac{\Box}{\Box}$

f) $\frac{\overline{ZA}}{\overline{AG}} = \frac{\Box}{\Box}$ g) $\frac{\overline{ZI}}{\overline{ZC}} = \frac{\Box}{\Box}$ h) $\frac{\overline{DA}}{\overline{FC}} = \frac{\Box}{\Box}$ i) $\frac{\overline{HE}}{\overline{GD}} = \frac{\Box}{\Box}$

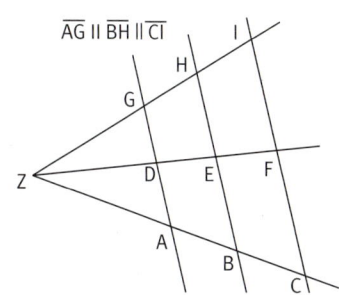

$\overline{AG} \parallel \overline{BH} \parallel \overline{CI}$

3.4 Strahlensätze

Lösungen zu 5:
1,4; 15; 18; 46,25; 50,4

5 Bei Strahlensätzen müssen Verhältnisgleichungen gelöst werden. Bestimme die unbekannte Größe.

a) $\frac{5}{9} = \frac{x}{27}$
b) $\frac{6}{y} = \frac{45}{135}$
c) $\frac{12,5}{36} = \frac{17,5}{x}$
d) $\frac{z}{17,5} = \frac{22,2}{8,4}$
e) $\frac{0,5}{x} = \frac{2,25}{6,3}$

6 Der Stern in der Randspalte besteht aus zwei gleichseitigen Dreiecken, also sechs Strecken. Sie sind so gezeichnet, dass jeweils zwei Strecken parallel zueinander sind. Begründe mithilfe der Strahlensätze, dass alle der sechs Sternspitzen ähnliche Dreiecke sind.

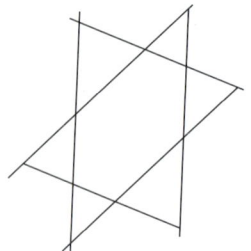

7 Betrachte die nebenstehende Zeichnung.

a) Begründe mithilfe des Strahlensatzes, dass die Dreiecke ABC und A'B'C' ähnlich sind.

b) Zeichne ein ähnliches Dreieck A''B''C'', wenn folgendes gilt: $\overline{ZA}$ = 3 cm, $\overline{AC}$ = 2 cm, $\overline{A''C''}$ = 6 cm. Berechne dazu mit einer Verhältnisgleichung fehlende Längen.

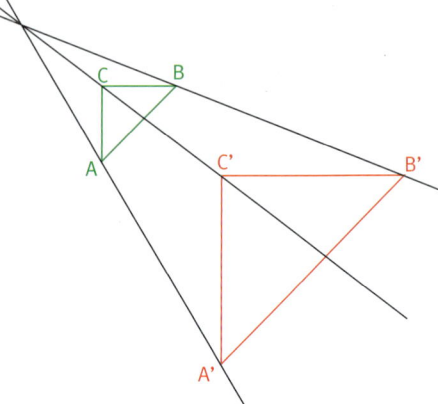

8 Konstruiere ein Dreieck ABC mit den gegebenen Maßen. Konstruiere anschließend ein zweites Dreieck A'B'C' so, dass gilt: △ ABC ~ △ A'B'C'.
Nutze die Strahlensätze zur Berechnung fehlender Seitenlängen.

a) a = 6 cm; b = 4,5 cm; γ = 80°   a' = 4 cm
b) a = 5 cm; b = 4 cm; c = 7 cm   a' = 3 cm
c) b = 5,5 cm; c = 5 cm; α = 80° h_b' = 6 cm

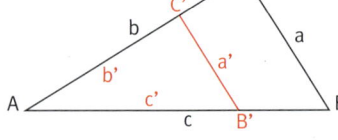

9 In einen Dachstuhl muss eine Stütze eingebracht werden. Berechne, in welcher Entfernung zum Dachstuhlende diese eingepasst werden muss, wenn die Stütze 0,8 m lang ist.

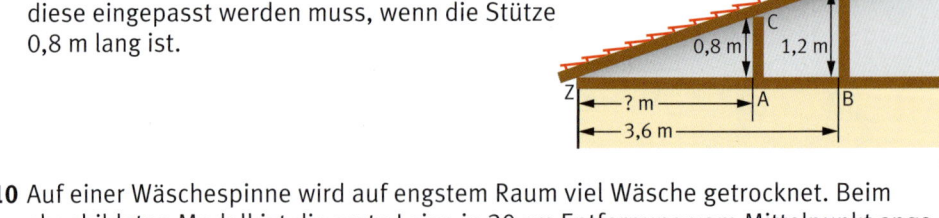

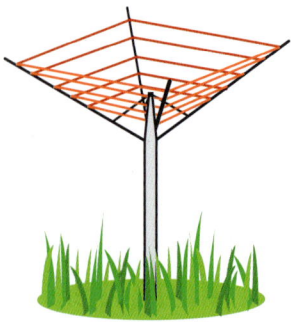

10 Auf einer Wäschespinne wird auf engstem Raum viel Wäsche getrocknet. Beim abgebildeten Modell ist die erste Leine in 30 cm Entfernung vom Mittelpunkt angebracht. Sie hat eine Länge von viermal 60 cm. Der Abstand einer Leine zur nächstlängeren Leine beträgt jeweils 15 cm.

a) Erstelle eine geeignete Skizze zum Sachverhalt.

b) Berechne die Länge der äußersten Leine, wenn insgesamt fünf „Ebenen" für Wäsche vorkommen.

c) Ermittle, auf wie vielen Metern Leine insgesamt Wäsche getrocknet werden kann.

11 Mithilfe eines Försterdreiecks werden Höhen von Bäumen ermittelt.

a) Übertrage die Skizze ins Heft.

b) Berechne die Höhe des Baumes. Beachte die Körpergröße des Mannes.

c) Erkläre, warum nicht der Boden angepeilt wird.

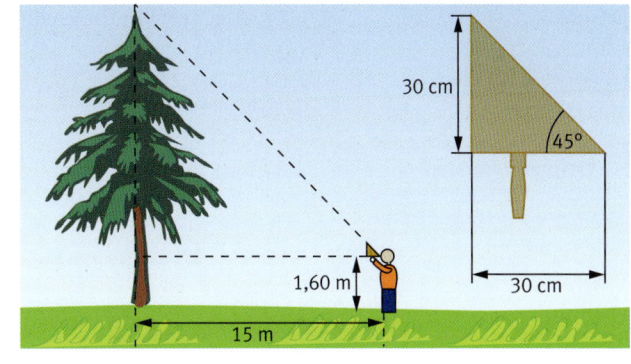

12 Mithilfe der Strahlensätze kann man die Längen unzugänglicher Strecken berechnen. Bei einer Übung soll die Breite eines Teichs bestimmt werden.

a) Welche der Gruppen ① bis ③ können die Breite b bestimmen? Begründe.

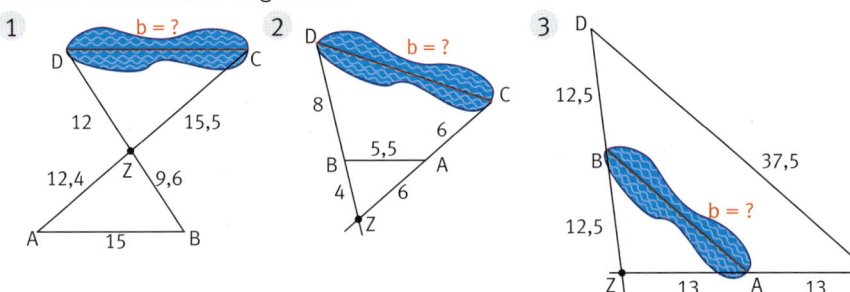

b) Bestimme die Breite des Teichs mit den Ergebnissen aus a).

Wissen

Streckenteilung II

Mithilfe des 1. Strahlensatzes lassen sich Strecken durch Konstruktion in beliebigen ganzzahligen Verhältnissen teilen.

Beispiel:
Eine Strecke [AB] der Länge 7 cm soll im Verhältnis 5 : 3 geteilt werden.

Vorgehensweise:

①	Strecke $\overline{AB}$ = 7 cm zeichnen
②	In Punkt A einen spitzen Winkel beliebiger Größe antragen
③	Die Strecke soll im Verhältnis 5 : 3 geteilt werden, also in 5 + 3 = 8 gleiche Teile. Auf dem freien Schenkel wird von A ein beliebiger Abstand 8 mal abgetragen. Die dabei entstandenen Punkte werden mit A_1 bis A_8 benannt.
④	Den letzten Punkt A_8 mit dem Endpunkt der zu teilenden Strecke [AB] verbinden
⑤	Zur Strecke [A_8B] wird eine Parallele durch den Punkt A_5 gezeichnet. Der entstandene Schnittpunkt mit der Strecke [AB] ist der Teilungspunkt T, der die Strecke im Verhältnis 5 : 3 teilt.

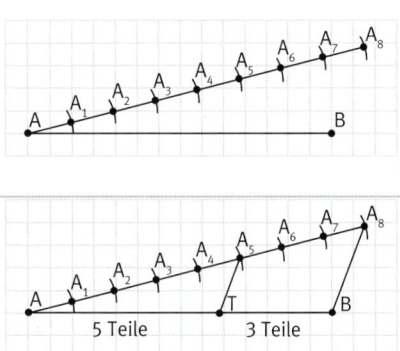

- Erkläre, inwiefern bei der Konstruktion des Teilungspunktes der 1. Strahlensatz genutzt wird. Übertrage die Konstruktion in dein Heft und kontrolliere sie rechnerisch.
- Konstruiere analog und fertige eine Beschreibung an.
  ① Eine Strecke $\overline{AB}$ = 9 cm, die im Verhältnis 7 : 2 geteilt wird
  ② Eine Strecke $\overline{AB}$ = 5 cm, die im Verhältnis 4 : 3 geteilt wird
  ③ Eine Strecke $\overline{AB}$ = 11 cm, die in 5 gleiche Teile geteilt wird

3.5 Vermischte Aufgaben

1 Um welchen Faktor k wurden die Figuren vergrößert bzw. verkleinert?

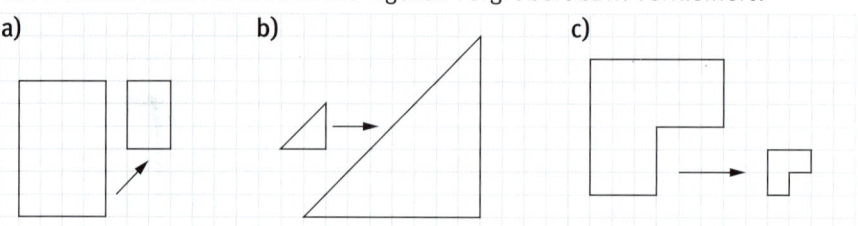

2 Übertrage die Figuren mit $k = \frac{1}{2}$ (k = 1,5) in dein Heft.

a) Rechteck   b) Parallelogramm   c)   d) Trapez

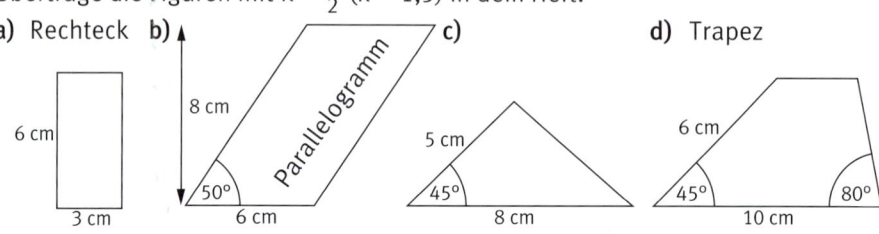

3 Welche Figuren sind ähnlich zueinander?

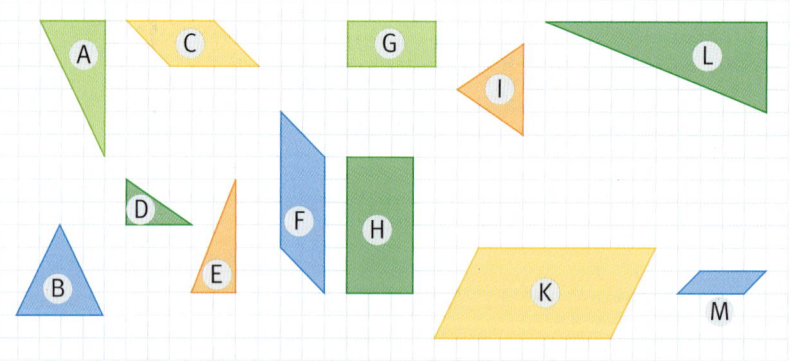

4 Welche Dreiecke sind zueinander ähnlich?

① a = 9 cm; β = 81°; γ = 47°		② b = 6,3 cm; β = 52°; γ = 81°	
③ b = 9,9 cm; α = 47°; β = 52°		④ c = 2,4 cm; α = 80°; β = 48°	
⑤ a = 7,2 cm; α = 52°; γ = 48°		⑥ b = 6 cm; α = 47°; γ = 80°	

5 a) Zeichne den Stern im Maßstab 3 : 1 in dein Heft.

b) Bestimme Flächeninhalt und Umfang des Sterns. Entnimm fehlende Maße der Zeichnung durch Messen.

6 Markus meint: Wenn ich alle Strecken einer Figur um die gleiche Strecke l verkürze, dann entsteht eine Figur, die ähnlich ist zur Ausgangsfigur. Überprüfe die Aussage an Beispielen.

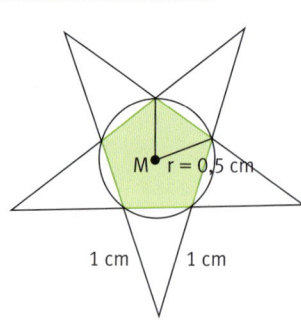

7 Bestimme die Längen der farbig markierten Strecken. *Alle Maßangaben in cm.*

a)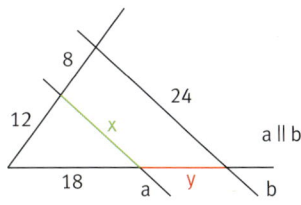

b)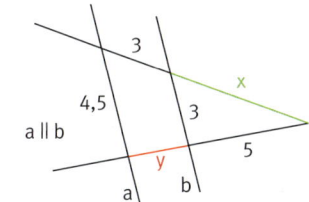

c)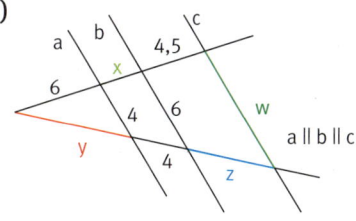

d)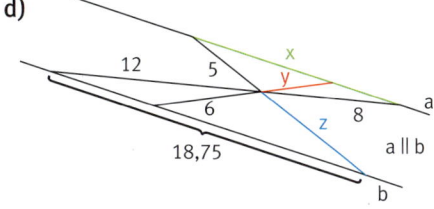

8 Übertrage die Figuren in dein Heft und strecke sie von Z aus mit dem Streckfaktor $k = 2$ ($k = \frac{1}{2}$; $k = 1{,}5$).

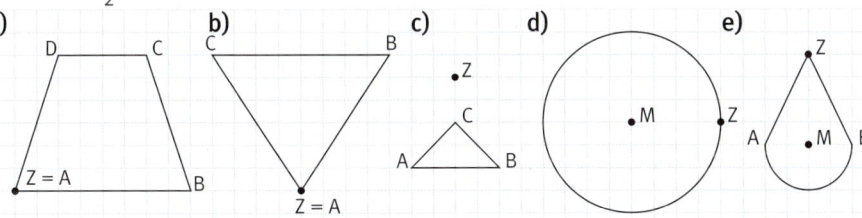

9 Berechne die Längen der Strecken [AA'] und [AB'].

10 In der Kunst wird ein sogenannter „Kanon" genutzt, um menschliche Proportionen besser darstellen zu können.

a) Berechne die Längen der Beine (die Höhe des Knies, die Kopflänge, die Länge vom Bauchnabel bis zum Hals) für einen 1,80 m großen erwachsenen Menschen nach diesem „Kanon".

b) Ein 1-jähriges Kind ist 86 cm groß. Berechne die Größe des Kopfes. Vergleiche seine Kopfgröße mit der eines Erwachsenen.

c) Die Fußlänge eines erwachsenen Menschen beträgt etwa $\frac{1}{7}$ der Körpergröße. Wie groß müsste Ute (23 Jahre) sein, wenn ihre Füße 25 cm groß sind?

d) Vermesse dich selbst und prüfe, ob der „Kanon" auch auf dich zutrifft.

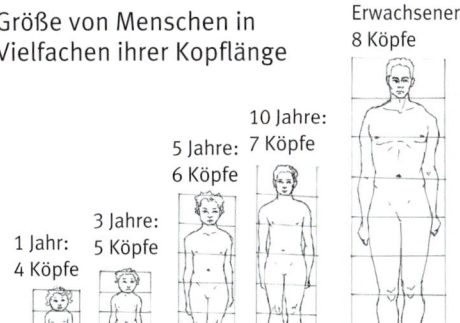

Größe von Menschen in Vielfachen ihrer Kopflänge

3.5 Vermischte Aufgaben

11 Tim hält eine Glasmurmel mit einem Durchmesser von 0,6 cm in 70 cm Entfernung vor sein Auge, sodass der Vollmond gerade verdeckt wird. Der Durchmesser des Mondes beträgt 3476 km. Berechne daraus die Entfernung Erde – Mond.

12 Der Schatten eines Turms ist 45,5 m lang. Zur gleichen Zeit misst der Schatten eines 1,85 m großen Mannes 2,59 m. Beide Schatten enden im gleichen Punkt. Skizziere die Situation und berechne die Höhe des Turmes.

Die Zeichnung ist nicht maßstabsgetreu.

13 Schon im Altertum wurde, um die Höhe einer Pyramide zu bestimmen, ein Stab senkrecht so aufgestellt, dass die Spitze des Pyramidenschattens auf den Schatten des Stabs fiel. Berechne mithilfe der Werte die Höhe der quadratischen Pyramide.

14 Unbekannte Größen bestimmt man oft „Pi mal Daumen". Dazu peilt man einen Gegenstand bei ausgestreckter Armlänge l über den Daumen mit Daumenlänge d an. Bei einem Abstand a lässt sich damit ein Gegenstand der Länge g abdecken.

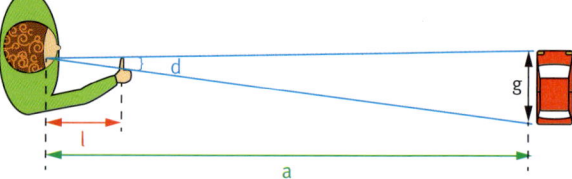

a) Ein Auto ist etwa 4,50 m lang. Bestimme mit deinen Maßen d und l die Entfernung vom Auto.

b) Probiere selbst aus, entweder den Abstand a oder die Länge g von Gegenständen mithilfe deiner Daumenlänge und Armlänge zu bestimmen.

15 Man erzählt sich die Geschichte von einem Piratenschatz, der auf einer einsamen Insel mit zwei Felsen und einer Palme vergraben wurde. Der Piratenkapitän soll den Schatz aufwändig versteckt haben. Eine alte Karte ist nur unvollständig erhalten. Sein Vorgehen ist wie folgt überliefert:

> Bestimme jeweils die Länge der Strecken zwischen den Felsen und der Palme. Laufe dann im 90°-Winkel zu jeder dieser Strecken deren Länge nochmals ab. Markiere jeweils den Punkt, auf dem du stehst. Du erhältst auf diese Weise zwei Punkte. Der Schatz liegt genau zwischen diesen beiden Punkten.

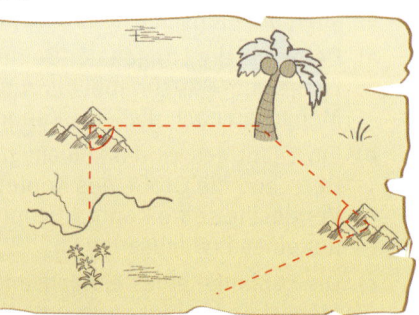

Nutze ein dynamisches Geometrieprogramm und experimentiere mit verschiedenen Standorten der Palme.

a) Skizziere die Situation. Wähle dazu die Standorte für die Palme und die Felsen beliebig und bestimme den Standort des Schatzes.

b) Als man sich auf die Suche nach dem Schatz begab, stellte man fest, dass die Palme verschwunden war, die Felsen waren noch da. Entwickle ein Vorgehen, den Piratenschatz ohne Kenntnis des Standorts der Palme zu finden.

Gestaltung des neuen Raums für das Übungsunternehmen

Situationsbeschreibung

Das Übungsunternehmen ist in den Dachstuhl gezogen. Ihr dürft euch an der Gestaltung des Raumes beteiligen. Probleme bereitet die Wand an der Kopfseite, denn sie ist dreieckig. Es wurde beschlossen, dass an diese Wand der Name der Firma angebracht werden soll. Dazu muss ein rechteckiges Schild entworfen werden, das für die Messe der Übungsunternehmen abgenommen und am Stand verwendet werden kann.

Außerdem werden noch Regale benötigt. Bei einem Brainstorming habt ihr die Idee, dass man dafür die schrägen Ecken nutzen könnte. Entwirf einen Vorschlag, wie die Wand am besten gestaltet werden kann.

Folgende Rahmenbedingungen liegen vor:
- *Die Wand hat die Form eines gleichschenkligen Dreiecks und folgende Maße:*
  Länge am Fußboden 6 m
  Die Spitze ist in 4,5 m Höhe
- *Das Firmenschild muss so groß sein, dass die Buchstaben mindestens 30 cm hoch sein können und das Logo ebenfalls darauf passt.*
- *Die Regale dürfen höchstens 2 m hoch sein und müssen in die Ecken passen. Auf ihnen sollen Ordner gelagert werden.*

Handlungsaufträge

1. Zeichne eine maßstabsgetreue Skizze der Wand.
2. Entwirf ein rechteckiges Schild mit Namen und Logo eures Übungsunternehmens, das an die dreieckige Wand passt.
3. Zeichne eine maßstabsgetreue Skizze, wie die Wand mit Plakat und Regalen aussehen soll.
4. Berechne die Länge der Regalbretter, wenn Ordner darauf stehen sollen.
5. Erläutere, was diese Problemstellung mit den Strahlensätzen zu tun hat.
6. Überlegt euch weitere nützliche Elemente oder Verschönerungen für die Wand.
7. Präsentiere den Übungsunternehmenlehrern deinen Vorschlag in geeigneter Form.

3.6 Das kann ich!

Überprüfe deine Fähigkeiten und Kenntnisse. Bearbeite dazu die folgenden Aufgaben und bewerte anschließend deine Lösungen mit einem Smiley.

☺	😐	☹
Das kann ich!	Das kann ich fast!	Das kann ich noch nicht!

Hinweise zum Nacharbeiten findest du auf der folgenden Seite. Die Lösungen stehen im Anhang.

Aufgaben zur Einzelarbeit

1. Eine 14 cm lange Strecke soll im Verhältnis 3 : 4 geteilt werden. Berechne die Längen der beiden Teilstrecken.

2. In welchem Verhältnis stehen die Längen der Strecken $\overline{AB}$ und $\overline{CD}$ zueinander?

   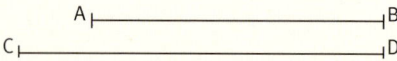

3. Zeichne ein Rechteck ABCD mit den Seitenlängen a = 4,0 cm und b = 5,0 cm.
   a) Strecke das Rechteck mit den Streckfaktoren …
      ① $k = \frac{1}{2}$. ② $k = 1{,}5$.

      Wähle hierbei das Streckzentrum Z so, dass …
      Ⓐ es auf einem Eckpunkt des Rechtecks liegt.
      Ⓑ es innerhalb des Rechtecks liegt.
   b) Vergleiche die Flächeninhalte des Originalrechtecks mit den Flächeninhalten der Bildrechtecke.

4. Übertrage die Figur in dein Heft und vergrößere sie mit k = 3.
   a) 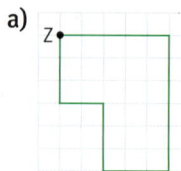   b)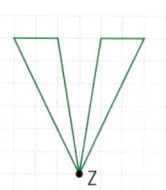

5. Bestimme den Maßstab der Zeichnung eines Rechtecks mit …
   a) a = 40 m und b = 25 m, dessen Umfang in einer maßstäblichen Zeichnung 52 cm beträgt.
   b) a = 800 m und b = 450 m, dessen Flächeninhalt in einer maßstäblichen Zeichnung 9 cm² beträgt.

6. Bestimme den Faktor k, wenn es sich um eine Vergrößerung (Verkleinerung) handelt.
   a)   b)

   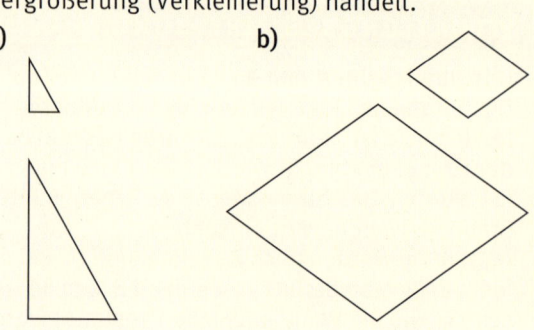

7. Welche Figuren sind zueinander ähnlich?

   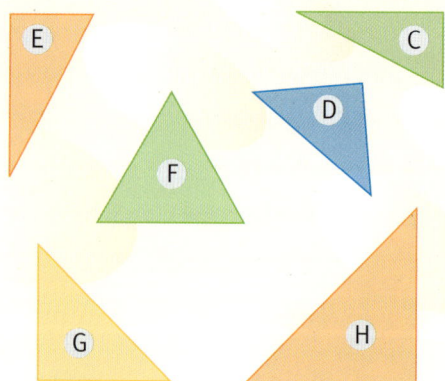

8. Entscheide, ob die Dreiecke ABC und A'B'C' ähnlich zueinander sind. Begründe.
   a) a = 4 cm; b = 6 cm; c = 3,5 cm
      a' = 6 cm; b' = 9 cm; c' = 4,5 cm
   b) α = 42°; β = 77°; c = 45 mm
      β' = 77°; γ' = 61°; a' = 6 cm
   c) α = 56°; b = 3,4 cm; c = 7,4 cm
      α' = 56°; b' = 43,18 dm; c' = 9398 mm
   d) γ = 56°; a = 8 cm; c = 7 cm
      β' = 56°; b' = 8 mm; a' = 7 mm
   e) α = β = 60°
      a' = b' = c' = 2,8 cm

9. Zeichne eine Strecke $\overline{CD}$ = 7,8 cm. Teile diese Strecke mithilfe des Strahlensatzes in 3 (4, 5) gleich lange Teilstrecken.

10 Stelle möglichst viele Zusammenhänge zwischen Streckenlängen mit dem 1. und 2. Strahlensatz her.

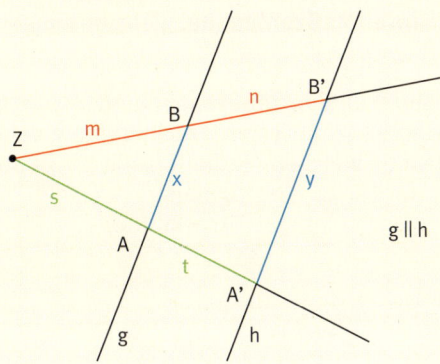

11 Berechne die Streckenlängen x und y (g ∥ h).

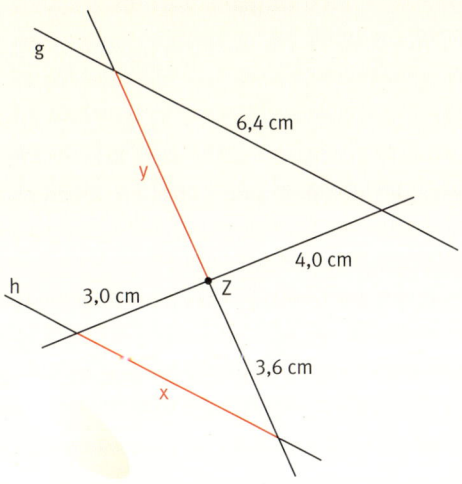

12 Überprüfe, ob es sich bei dieser Figur um eine Strahlensatzfigur handelt. Begründe.

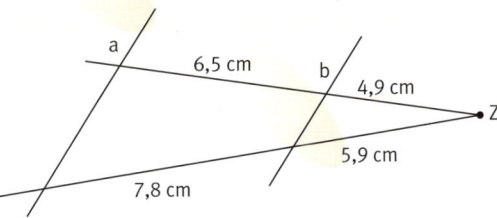

13 Berechne die Höhe h des Turms.

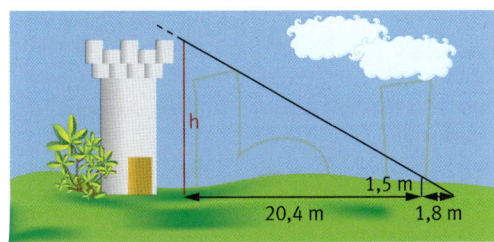

Aufgaben für Lernpartner

Arbeitsschritte
1. Bearbeite die folgenden Aufgaben alleine.
2. Suche dir einen Partner und erkläre ihm deine Lösungen. Höre aufmerksam und gewissenhaft zu, wenn dein Partner dir seine Lösungen erklärt.
3. Korrigiere gegebenenfalls deine Antworten und benutze dazu eine andere Farbe.

Sind folgende Behauptungen **richtig** oder **falsch**? Begründe schriftlich.

14 Beim maßstäblichen Vergrößern mit dem Faktor k = 2 werden alle Streckenlängen und Winkelgrößen verdoppelt.

15 Der Streckfaktor $k = \frac{1}{4}$ entspricht dem Maßstab 1 : 4.

16 Ähnliche Figuren stimmen in ihrer Form überein.

17 Zwei Dreiecke sind zueinander ähnlich, wenn sie in der Länge aller drei Seiten übereinstimmen.

18 Zwei Dreiecke sind zueinander ähnlich, wenn sie in der Größe eines Winkels übereinstimmen.

19 Die Strahlensätze kann man anwenden, wenn zwei sich schneidende Geraden von zwei weiteren Geraden geschnitten werden.

20 Mithilfe der Strahlensätze lassen sich oftmals auch unzugängliche Streckenlängen bestimmen.

Aufgabe	Ich kann ...	Hilfe
1, 2, 5, 6, 15	bei Figuren den Streckfaktor und Maßstab bestimmen.	S. 74 S. 76
3, 4, 14	Figuren maßstäblich vergrößern und verkleinern.	S. 76
7, 16	ähnliche Figuren erkennen.	S. 80
8, 17, 18	erkennen, wenn Dreiecke ähnlich zueinander sind.	S. 82
9, 10, 12, 19	Streckenverhältnisse anhand der Strahlensätze aufstellen.	S. 84
11, 13, 20	Strahlensätze nutzen, um Streckenlängen zu bestimmen.	S. 84

3.7 Auf einen Blick

S. 74

Beispiel: $a = 3{,}2$ cm; $b = 8{,}0$ cm

Verhältnis: $a : b = 3{,}2 : 8{,}0 = 32 : 80$
oder $a : b = 2 : 5$

Unter dem **Verhältnis a : b** (lies: **a zu b**) zweier Streckenlängen a und b versteht man den **Quotienten ihrer Maßzahlen** (bei gleichen Längeneinheiten).

S. 76

Bei **maßstäblichen Vergrößerungen** und **Verkleinerungen (zentrische Streckung)** legt der **Maßstab** fest, in welchem Verhältnis die Länge der Bildstrecke zur Länge der Originalstrecke steht. Man nennt diesen Maßstab **Streckfaktor k**.

$$k = \frac{\text{Länge der Bildstrecke}}{\text{Länge der Originalstrecke}}$$

S. 80

Zueinander **ähnliche Figuren** besitzen die **gleiche Form**. Sie stimmen überein …
- in den entsprechenden Winkeln.
- im Verhältnis einander entsprechender Seiten.

Zwei Figuren A und B heißen **ähnlich** zueinander, wenn sie durch **maßstäbliches Vergrößern** oder **Verkleinern** auseinander hervorgegangen sind. Man schreibt: A ~ B (sprich: A „ist ähnlich zu" B.).

S. 82

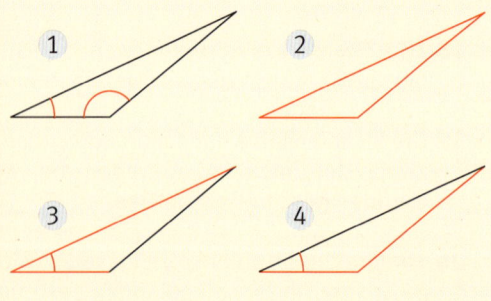

Zwei **Dreiecke** sind zueinander **ähnlich**, wenn sie …
1. in den Maßen zweier Winkel übereinstimmen (**Hauptähnlichkeitssatz**).
2. in den Verhältnissen dreier Seiten übereinstimmen.
3. in den Verhältnissen zweier Seiten und dem Maß des von ihnen eingeschlossenen Winkels übereinstimmen.
4. in den Verhältnissen zweier Seiten und dem Maß des Gegenwinkels der größeren Seite übereinstimmen.

S. 84

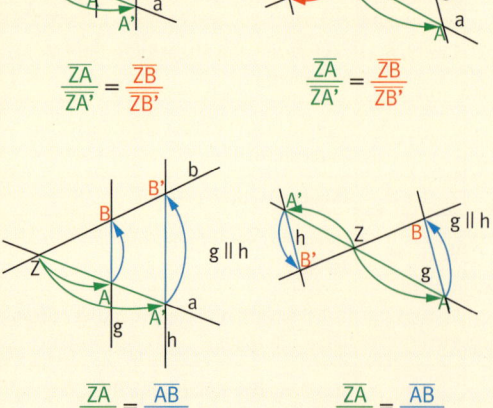

1. Strahlensatz
Werden zwei sich in Z schneidende Geraden von zwei Parallelen geschnitten, dann stehen einander entsprechende Streckenabschnitte auf den Geraden durch Z im gleichen Verhältnis.

2. Strahlensatz
Werden zwei sich in Z schneidende Geraden von zwei Parallelen geschnitten, dann ist das Verhältnis der Streckenabschnitte auf den Parallelen gleich dem zugehörigen Streckenverhältnis auf jeder der Geraden durch Z.

4 Satz des Pythagoras

Einstieg

Romeo möchte heimlich zu seiner geliebten Julia klettern. Dazu hat er sich eine Leiter mitgenommen. Der Fenstersims von Julia befindet sich in einer Höhe von 8 m.
- Welche geometrische Figur entsteht, wenn man von der Seite die angelehnte Leiter betrachtet?
- Welche Länge muss die Leiter von Romeo mindestens besitzen? Beschreibe und skizziere. Schätze benötigte Längenmaße.

Ausblick

Am Ende dieses Kapitels hast du gelernt, ...
- Seitenlängen und Höhen in rechtwinkligen Dreiecken zu berechnen.
- Streckenlängen in verschiedenen Körpern zu bestimmen.
- die Flächensätze für die Berechnung in verschiedenen Anwendungsaufgaben zu nutzen.

4.1 Satz des Pythagoras

Erinnere dich: Zur Konstruktion rechtwinkliger Dreiecke benötigst du den Thaleskreis.

Bearbeite die Aufgabe auch mit einem dynamischen Geometrieprogramm.

- Konstruiere drei beliebig große rechtwinklige Dreiecke ABC.
- Übertrage die nachfolgende Tabelle in dein Heft.
- Miss anschließend die Längen der Strecken a, b, c genau ab und gib die zusammengehörigen Werte in diese Tabelle ein.
- Beschreibe, welche algebraischen Zusammenhänge dir auffallen.

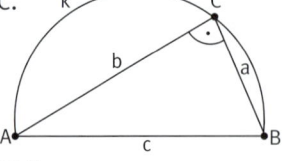

Dreieck	a	a^2	b	b^2	c	c^2	$a^2 + b^2$
Beispiel	3 cm	9 cm²	4 cm	16 cm²	5 cm	25 cm²	25 cm²
1							
2							
3							

Merkwissen

Bezeichnungen im rechtwinkligen Dreieck
In einem rechtwinkligen Dreieck bezeichnet man die Seite, die dem rechten Winkel gegenüberliegt, als Hypotenuse. Die beiden am rechten Winkel anliegenden Seiten heißen Katheten.

Satz des Pythagoras
In einem rechtwinkligen Dreieck hat das Quadrat über der Hypotenuse den gleichen Flächeninhalt wie die beiden Quadrate über den Katheten zusammen.

Mit den Bezeichnungen in der Abbildung gilt kurz:
$a^2 + b^2 = c^2$

Allgemein gilt immer:
(Länge der Kathete 1)² + (Länge der Kathete 2)²
= (Länge der Hypotenuse)²

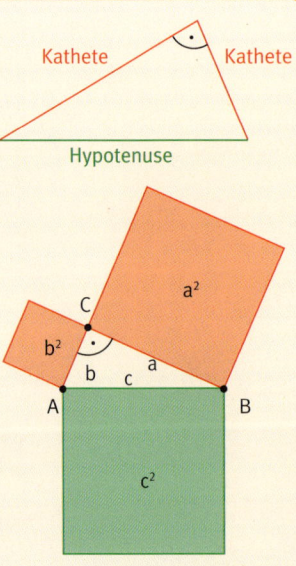

Beispiele

In einem Dreieck liegt die Seite a dem Eckpunkt A gegenüber.

I 1 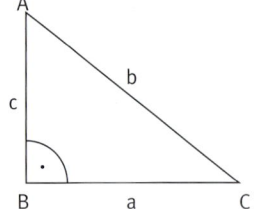   2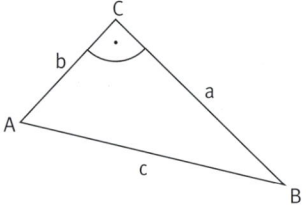

a) Benenne die Seiten der Dreiecke mit den Begriffen Hypotenuse und Katheten.
b) Stelle jeweils den Satz des Pythagoras im Dreieck auf.

Lösung:

1 a) Hypotenuse b; Katheten a und c
   b) $b^2 = a^2 + c^2$

2 a) Hypotenuse c; Katheten a und b
   b) $c^2 = a^2 + b^2$

Kapitel 4

II Berechne die fehlenden Seitenlängen im rechtwinkligen Dreieck.

a)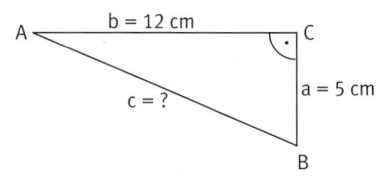

b)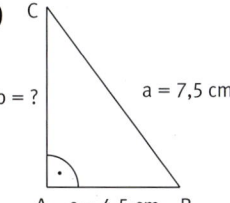

Lösung:

a) $c^2 = a^2 + b^2$
$c^2 = (5\,\text{cm})^2 + (12\,\text{cm})^2$
$c^2 = 25\,\text{cm}^2 + 144\,\text{cm}^2 = 169\,\text{cm}^2$
$c = 13\,\text{cm}$ oder $c = -13\,\text{cm}$

Seitenlängen sind stets positiv, also ist $c = 13\,\text{cm}$ lang.

b) $a^2 = b^2 + c^2$
$b^2 = a^2 - c^2$
$b^2 = (7{,}5\,\text{cm})^2 - (4{,}5\,\text{cm})^2$
$b^2 = 56{,}25\,\text{cm}^2 - 20{,}25\,\text{cm}^2 = 36\,\text{cm}^2$
$b = 6\,\text{cm}$ oder $b = -6\,\text{cm}$

Seitenlängen sind stets positiv, also ist $b = 6\,\text{cm}$ lang.

*Wenn alle Maße einer Aufgabe in der gleichen Einheit angegeben sind (z. B. alles in cm bzw. cm²), dann kann man die Rechnung auch ohne Einheiten durchführen.
Das Ergebnis ist dann in der Grundeinheit anzugeben.*

Verständnis

- Stefan ist der Meinung, dass die Formel von Pythagoras für alle Dreiecke angewendet werden kann. Hat er Recht?
- Marta meint, dass die Seitenlängen der beiden Katheten zusammen die Seitenlänge der Hypotenuse ergeben. Stimmt das? Erläutere.

Aufgaben

1 Skizziere das Dreieck im Heft. Markiere die beiden Katheten und die Hypotenuse mit unterschiedlichen Farben. Wie lautet der Satz des Pythagoras mit den jeweiligen Bezeichnungen?

a) 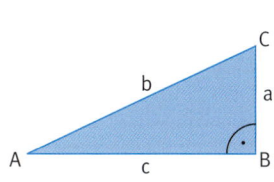   b) 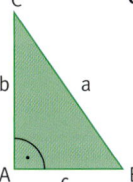   c) 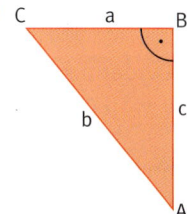   d)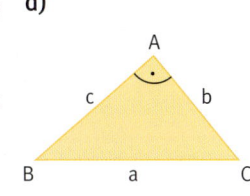

2 Übertrage die Tabelle in dein Heft. Konstruiere (mit Lineal und Zirkel) die jeweiligen Dreiecke (alle Maßangaben in cm) und fülle die Tabelle vollständig aus. Was fällt dir auf?

	a	b	c	a^2	b^2	$a^2 + b^2$	<, >, =	c^2	Dreiecksart
a)	4	5	7						
b)	4	5	5,5						
c)	4	3	5						
d)	6	5	8						
e)	3,5	3,5	6						
f)	1,5	2,0	2,5						
g)	4,2	5,6	7						
h)	2,6	5,9	8,2						

Ein Dreieck kann spitzwinklig, rechtwinklig oder stumpfwinklig sein. Dabei richtet sich die Bezeichnung nach der Winkelart des größten Innenwinkels.

4.1 Satz des Pythagoras

3 Überprüfe durch Auszählen der Kästchen, ob der Satz des Pythagoras im Dreieck ABC gilt.

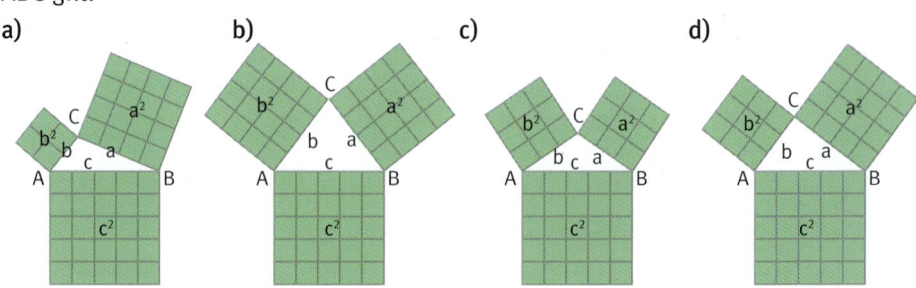

a)   b)   c)   d)

Achte auf die Einheiten.

4 Übertrage die Tabelle in dein Heft und berechne den Flächeninhalt des dritten Quadrats in einem bei C rechtwinkligen Dreieck ABC.

	a)	b)	c)	d)	e)	f)
a^2	16 cm²		81 dm²	2,5 dm²	2,48 m²	
b^2	25 cm²	49 cm²		75 cm²		122 dm²
c^2		112 cm²	135 dm²		4,32 m²	2,6 m²

5 Erkläre die Rechnung. Welche Überlegung zu den Seitenlängen wurde angestellt?

	a)	b)
Gegeben	a = 6 cm; b = 8 cm	a = 3 cm; c = 5 cm
Gesucht	c	b
Rechnung ohne Einheiten	$c^2 = a^2 + b^2$ $c^2 = 6^2 + 8^2$ $c^2 = 36 + 64$ $c^2 = 100$ c = 10 oder c = −10	$b^2 = c^2 − a^2$ $b^2 = 5^2 − 3^2$ $b^2 = 25 − 9$ $b^2 = 16$ b = 4 oder b = −4
Lösung	c = 10 cm	b = 4 cm

Lösungen zu 6:
8; 10; 12; 15; 24; 41
Die Maßeinheiten sind nicht angegeben.

6 Berechne die Seitenlängen im rechtwinkligen Dreieck ABC.

	a)	b)	c)	d)	e)	f)
Kathete a	9 cm	5 dm		7 mm	9 m	
Kathete b	12 cm		15 cm		40 m	24 cm
Hypotenuse c		13 dm	17 cm	25 mm		26 cm

7
1. $\overline{AB}$ = 6 cm; $\overline{BC}$ = 4,5 cm
2. $\overline{AB}$ = 5,4 cm; $\overline{BC}$ = 4,8 cm
3. $\overline{AB}$ = 5,2 cm; $\overline{BC}$ = 5,2 cm
4. $\overline{AB}$ = 52 mm; $\overline{BC}$ = 4,4 cm

a) Zeichne das Rechteck ABCD und trage die Diagonale [BD] ein. Berechne $\overline{BD}$.
b) Fälle das Lot von A auf die Diagonale und berechne die Länge der Lotstrecke.

8 In einem Kreis mit Radius r = 5,8 cm ist eine Sehne s mit 8 cm Länge eingezeichnet.

a) Zeichne den Kreis und die dazugehörige Sehne.
b) Berechne den Abstand des Mittelpunkts M des Kreises von der Sehne s.

KAPITEL 4

9 Berechne die fehlenden Seitenlängen im rechtwinkligen Dreieck ABC (γ = 90°).
   a) a = 8 dm; b = 4 dm
   b) b = 60 m; c = 180 m
   c) b = 22 mm; c = 3,3 cm
   d) a = 14,5 m; c = 21 m

10 1 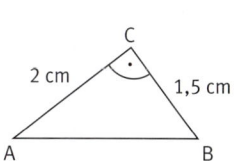   2 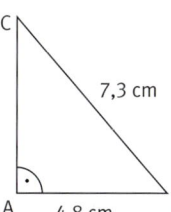   3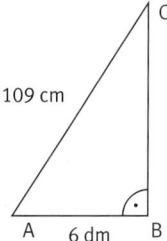

   a) Berechne die fehlenden Seitenlängen im rechtwinkligen Dreieck.
   b) Für den Flächeninhalt eines Dreiecks gilt: $A = \frac{1}{2} g \cdot h$. Begründe, warum in einem rechtwinkligen Dreieck der Zusammenhang $A = \frac{1}{2} l_{Kathete\,1} \cdot l_{Kathete\,2}$ gilt.
   c) Berechne den Flächeninhalt der abgebildeten Dreiecke.

11 Die Darstellungen zeigen zwei historische Beweise für den Satz des Pythagoras durch die Zerlegung von Figuren in Teilfiguren. Vergleiche ihre Flächen und Flächeninhalte miteinander. Stelle dazu geeignete Terme auf.
   a) China (ca. 2000 Jahre alt)   b) Indien (ca. 1000 Jahre alt)

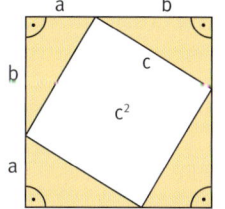 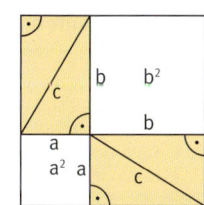 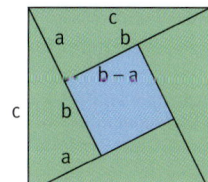 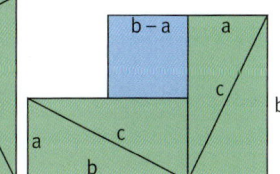

12 Vom Satz des Pythagoras gilt auch die Umkehrung.

> Wenn in einem Dreieck ABC mit den Seitenlängen a, b und c der Zusammenhang $a^2 + b^2 = c^2$ gilt, dann ist das Dreieck rechtwinklig, wobei der rechte Winkel der Seite mit der Länge c gegenüber liegt.

Überprüfe diesen Zusammenhang, indem du wie folgt vorgehst:
   a) Nimm einen Faden (beliebige Länge) und unterteile diesen mit 11 Knoten in 12 gleich lange Teilstücke.
      Lege damit ohne weitere Hilfsmittel ein rechtwinkliges Dreieck.
   b) Gib die Seitenlängen des rechtwinkligen Dreiecks an, das du mit dem Seil gelegt hast. Ein Seilstück zwischen zwei Knoten entspricht einer Einheit. Skizziere das Dreieck.
   c) Schreibe die Seitenlängen aus b) als Tripel der Form (x | y | z). Untersuche dieses Zahlentripel und die beiden weiteren Zahlentripel (5 | 12 | 13) und (35 | 84 | 91), in dem du sie als Einsetzung in die Gleichung $a^2 + b^2 = c^2$ verwendest. Welche Bedeutung haben die Zahlentripel für rechtwinklige Dreiecke?
   d) Schon die alten Ägypter kannten das besondere Dreieck aus dieser Aufgabe. Recherchiere im Internet dazu.

4.1 Satz des Pythagoras

13 Leider war bei der Erstellung der Lösung ein Schmierfink am Werk. Ergänze den Rechenweg, sodass eine vollständige Lösung entsteht.

① In einem Dreieck gilt: a = 5 cm, b = 8 cm und c = 9,434 cm.

② In einem Dreieck gilt: a = 4 cm b = 6,5 cm und c = 3 cm.

① Da ✱ die längste Seite ist, müsste ✱ die ✱ sein.
✱² + ✱² = ✱²
89 cm² = 89 cm²
✱ Aussage
Das Dreieck ist ✱ bei Punkt ✱.

② Da ✱ die längste Seite ist, müsste ✱ die ✱ sein.
✱² + ✱² = ✱²
25 cm² = 42,25 cm²
✱ Aussage
Das Dreieck ist ✱.

14 Im alten Ägypten (um 2000 v. Chr.) mussten jedes Jahr nach der Nilüberschwemmung die Felder neu vermessen werden. Dies war die Aufgabe der sogenannten "Seilspanner", die mithilfe von Knotenschnüren wie in Aufgabe 12 rechte Winkel erzeugen mussten.

a) Begründe das Vorgehen mit der Knotenschnur.

b) Gib für die Gesamtlänge l eines Seils der Seilspanner den jeweiligen Abstand zweier Knoten an und bestimme die Maße der drei Seitenlängen. Das Verhältnis der Seitenlängen soll dabei jeweils gleich sein wie im gegebenen Beispiel. Übertrage dazu die Tabelle in dein Heft, fülle sie aus und überprüfe, ob die so gewonnenen Dreiecke den Satz des Pythagoras erfüllen.

Seillänge l	24 m	56 m		
Abstand der Knoten	1 m			2,3 m
Kathete 1	6 m			
Kathete 2	8 m			
Hypotenuse	10 m		0,75 m	
Pythagoras erfüllt?	ja			

15 Ist das ΔABC rechtwinklig? Prüfe mit der Umkehrung des Satzes des Pythagoras.

a) a = 5 cm; b = 4 cm; c = 7 cm
b) a = 18 cm; b = 24 cm; c = 30 cm
c) a = 4 dm; b = 3 dm; c = 5 dm
d) a = 12 m; b = 13 m; c = 5 m
e) a = 14 m; b = 6 m; c = 8 m
f) a = 40 mm; b = 50 mm; c = 3 cm

16 Überprüfe rechnerisch, ob pythagoreische Zahlentripel vorliegen.

a) (15 | 20 | 25)
b) (7 | 18 | 19)
c) (56 | 90 | 106)
d) (9 | 39 | 41)
e) (119 | 120 | 169)
f) (12 709 | 13 500 | 18 541)

17 Marie und Timo spannen mit Schnüren Dreiecke auf.
Schnurlänge Marie: 4 m; 7,05 m; 5,5 m
Schnurlänge Timo: 4,5 m; 6 m; 7,25 m

a) Begründe, welche ihrer Dreiecke rechtwinklig sind.

b) Falls die Dreiecke nicht rechtwinklig sind: Wie könnte jeweils eine Seitenlänge verändert werden, sodass rechtwinklige Dreiecke entstehen?

Kapitel 4

Vertiefung

Der Höhen- und Kathetensatz

Höhensatz:
In einem rechtwinkligen Dreieck ist das Quadrat über der zur Hypotenuse gehörenden Höhe h flächeninhaltsgleich mit dem Rechteck aus den beiden Hypotenusenabschnitten.

$$h^2 = p \cdot q$$

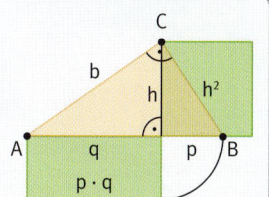

Kathetensätze:
In einem rechtwinkligen Dreieck ist das Quadrat über einer Kathete flächeninhaltsgleich mit dem Rechteck aus Hypotenuse und dem zugehörigen Hypotenusenabschnitt.

$$a^2 = c \cdot p$$
$$b^2 = c \cdot q$$

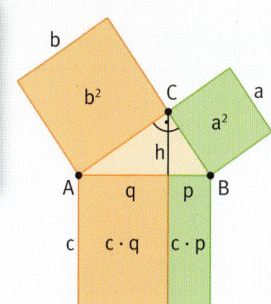

Beispiel
In einem rechtwinkligen Dreieck ABC ist die Hypotenuse c = 10 cm und die Kathete b = 6 cm lang. Bestimme a, p, q und h_c durch Anwendung der Flächensätze.

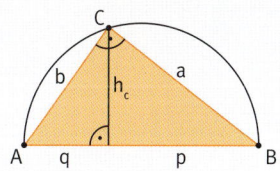

Lösung:

Kathetensatz: $b^2 = c \cdot q \iff q = \frac{b^2}{c} \implies q = \frac{(6\,cm)^2}{10\,cm} = \frac{36\,cm^2}{10\,cm} = 3{,}6\,cm$

Mit c = p + q folgt: $p = c - q \implies p = 10\,cm - 3{,}6\,cm = 6{,}4\,cm$

Kathetensatz: $a^2 = c \cdot p \implies a = \sqrt{10\,cm \cdot 6{,}4\,cm} = \sqrt{64\,cm^2} = 8\,cm$

Höhensatz: $h_c^2 = p \cdot q \implies h_c = \sqrt{3{,}6\,cm \cdot 6{,}4\,cm} = \sqrt{23{,}04\,cm^2} = 4{,}8\,cm$

Löse die folgenden Aufgaben ebenso.

- Berechne die fehlenden Längen für das bei C rechtwinklige Dreieck ABC mithilfe der Flächensätze. Achte auf die Einheiten.

	a)	b)	c)	d)	e)	f)
a			72 mm	80 cm		
b	4,0 km				6,8 cm	
c	5,0 km		100 mm		12 cm	6 dm
h_c						
p		5,6 cm		4 dm		22 cm
q		3,4 cm				

- Suche die zu den Zeichnungen in der Randspalte passenden Formeln. Die dazugehörigen Buchstaben ergeben in der richtigen Reihenfolge ein Lösungswort.

F	$\overline{CD}^2 = \overline{AB} \cdot \overline{DB}$	S	$\overline{BC}^2 = \overline{BD} \cdot \overline{BA}$	E	$\overline{BC}^2 = \overline{BD} + \overline{BA}$
E	$\overline{AC}^2 = \overline{AB} \cdot \overline{DB}$	A	$\overline{FG}^2 = \overline{HF} \cdot \overline{FE}$	U	$\overline{AC}^2 = \overline{AD} \cdot \overline{BA}$
E	$\overline{AC}^2 = \overline{AD} \cdot \overline{AB}$	K	$\overline{EG}^2 = \overline{EF} \cdot \overline{GH}$	P	$\overline{GH}^2 = \overline{FG}^2 - \overline{FH}^2$

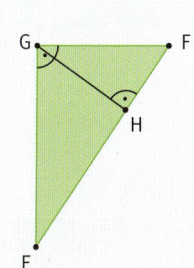

4.2 Satz des Pythagoras in Körpern

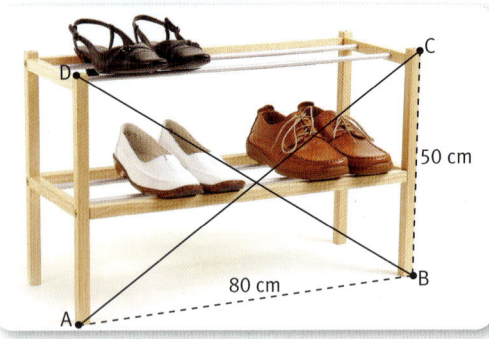

Ein Schuhregal soll mit zwei Querstreben auf der Rückseite (wie abgebildet) stabilisiert werden.

- Beschreibe, wie man aus den gegebenen Maßen die Länge einer Querstrebe berechnen kann.
- Lea möchte herausfinden, wie lang die Querstrebe [BD] sein muss. Hilf ihr.
- Welche Länge hat die Querstrebe [AC]?

Merkwissen

Der Satz des Pythagoras kann bei der Berechnung nach unbekannten Streckenlängen in Körpern hilfreich sein. Hierzu geht man in der Regel folgendermaßen vor:

> Suche ein rechtwinkliges Dreieck.
>
> Sind die beiden anderen Seitenlängen des Dreiecks bekannt?
>
> **ja** → Berechne die gesuchte Seitenlänge über den Satz des Pythagoras.
>
> **nein** → Suche ein weiteres rechtwinkliges Dreieck, um zunächst die fehlende Seitenlänge zu bestimmen.

Der Würfel hat drei gleich lange Seiten.

Würfel

Flächendiagonale:
$e^2 = a^2 + a^2$
$e = \sqrt{a^2 + a^2} = \sqrt{2a^2}$
$e = a\sqrt{2}$

Raumdiagonale:
$d^2 = e^2 + a^2$
$d = \sqrt{e^2 + a^2} = \sqrt{3a^2}$
$d = a\sqrt{3}$

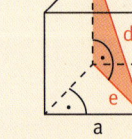

Quader

Flächendiagonale:
$e^2 = a^2 + b^2$
$e = \sqrt{a^2 + b^2}$

Raumdiagonale:
$d^2 = e^2 + c^2$
$d^2 = a^2 + b^2 + c^2$
$d = \sqrt{a^2 + b^2 + c^2}$

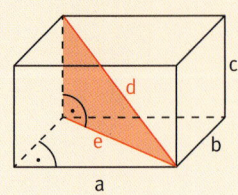

Beispiele

I Nebenstehende Skizze zeigt den Quader ABCDEFGH. Berechne $\overline{BD}$ und $\overline{BH}$. Runde auf eine Dezimale.

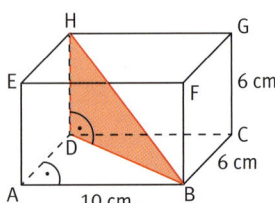

Lösung:

$\overline{BD}^2 = \overline{AB}^2 + \overline{AD}^2$

$\overline{BD} = \sqrt{100\ cm^2 + 36\ cm^2}$
$\overline{BD} \approx 11{,}7\ cm$

$\overline{BH}^2 = \overline{BD}^2 + \overline{DH}^2$

$\overline{BH} = \sqrt{(11{,}7\ cm)^2 + 36\ cm^2} \approx 13{,}1\ cm$

oder: $\overline{BH} = \sqrt{(10\ cm)^2 + (6\ cm)^2 + (6\ cm)^2}$

Kapitel 4

Verständnis

- Nick behauptet: „Nur bei einem Würfel gibt es vier Raumdiagonalen, die gleich lang sind. Beim Quader nicht." Stimmt das? Begründe.
- Wie ändert sich die Länge der Flächendiagonale (Raumdiagonale) eines Würfels, wenn sich die Kantenlänge verdoppelt? Formuliere eine Vermutung und begründe rechnerisch. Du kannst auch ein einfaches Zahlenbeispiel zu Hilfe nehmen.

Aufgaben

Erinnere dich: nach hinten laufende Kanten werden in der Länge halbiert und in einem Winkel von 45° dargestellt.

1 Ein Würfel hat eine Kantenlänge von 4 cm.
  a) Zeichne ein Schrägbild des Würfels. Trage ein beliebiges rechtwinkliges Dreieck ein, mithilfe dessen du die Länge einer Raumdiagonalen bestimmen kannst.
  b) Berechne die Länge der Raumdiagonalen des Würfels.
  c) Wie verändert sich die Länge der Raumdiagonalen, wenn die Kantenlänge des Würfels verdoppelt (verdreifacht) wird? Schätze zuerst und überprüfe anschließend rechnerisch.

2 Berechne die Längen der rot eingezeichneten Diagonalen.

a)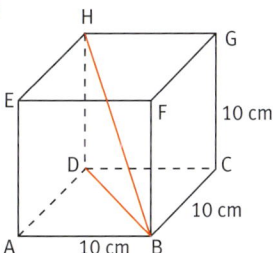
b)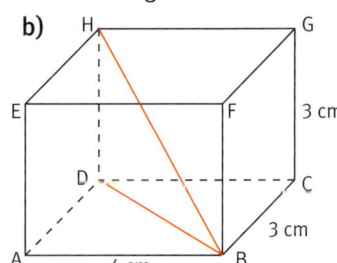

3 Die Abbildung nebenan zeigt zwei aufeinander gestapelte Würfel mit einer Kantenlänge von jeweils 4 cm. Berechne die Länge der rot eingezeichneten Strecken.

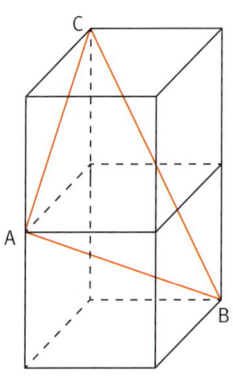

4 Ein Quader ABCDEFGH ist 12 cm lang, 5 cm breit und 5 cm hoch.
  a) Zeichne das Schrägbild in dein Heft.
  b) Zeichne das Dreieck AFD in dem Quader farbig ein.
  c) Berechne die fehlenden Seitenlängen des Dreiecks AFD.

5 Gegeben sind folgende Quader.

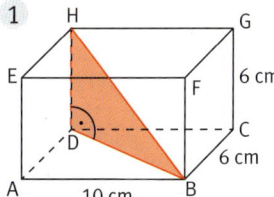 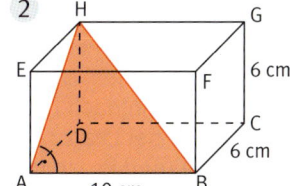 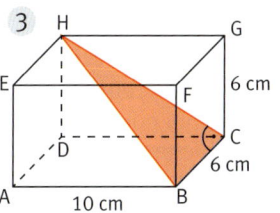

  a) Begründe, dass die roten Dreiecke rechtwinklig sind.
  b) Berechne die Längen der Katheten und Hypotenusen der roten Dreiecke.
  c) Berechne den Umfang der roten Dreiecke.
  d) Berechne den Flächeninhalt der roten Dreiecke.

4.3 Satz des Pythagoras im Alltag

1 Auch zahlreiche Alltagsaufgaben kann man mithilfe des Satz des Pythagoras lösen.

Beispiel:
Ein Linienflugzeug befindet sich in einer Warteschleife zum Landeanflug auf den Münchner Flughafen in 5000 m Höhe. Der Treibstoff reicht noch für 55 km. Wie viele km darf der Flughafen höchstens entfernt sein?

Lösungsmöglichkeit:

1	Skizze erstellen, die alle gesuchten und gegebenen Größen enthält	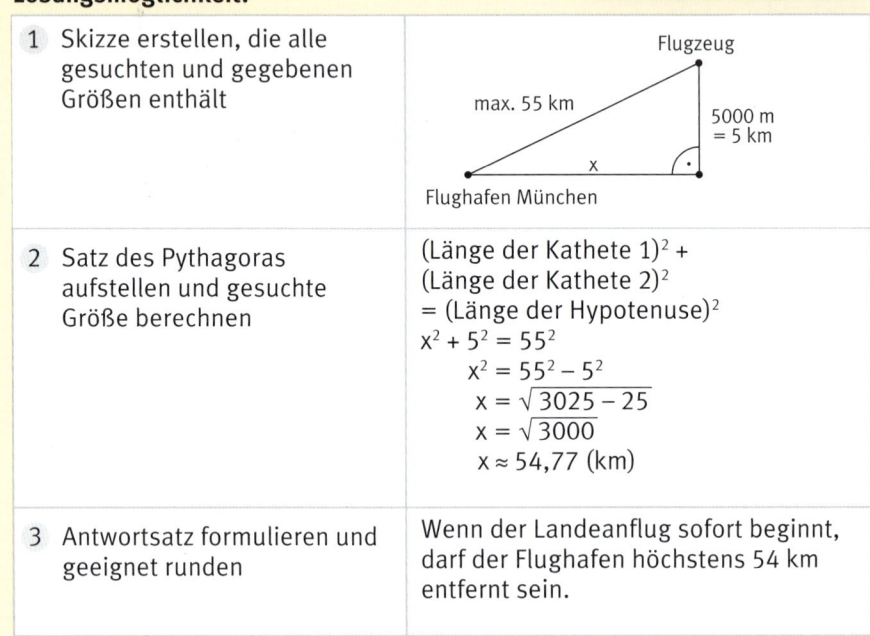
2	Satz des Pythagoras aufstellen und gesuchte Größe berechnen	(Länge der Kathete 1)² + (Länge der Kathete 2)² = (Länge der Hypotenuse)² $x^2 + 5^2 = 55^2$ $x^2 = 55^2 - 5^2$ $x = \sqrt{3025 - 25}$ $x = \sqrt{3000}$ $x \approx 54{,}77$ (km)
3	Antwortsatz formulieren und geeignet runden	Wenn der Landeanflug sofort beginnt, darf der Flughafen höchstens 54 km entfernt sein.

a) Erkläre einem Partner mit eigenen Worten das obige Vorgehen.

b) Löse ebenso.
  1. Ein Flugzeug befindet sich noch auf regulärer Flughöhe in 12 000 m. Der Kerosintank hat ein Leck bekommen und das Flugzeug kann nur noch 30 km fliegen. Wie weit darf der nächste Flughafen höchstens entfernt sein
  2. Ein Flugzeug fliegt in 8000 m Höhe, der nächstgelegene Flughafen ist 60 km entfernt. Für wie viele Kilometer muss noch mindestens Kerosin im Flugzeug vorhanden sein?

2 Lea ist beim Wandertag ein bisschen schneller unterwegs als ihre Freundin Sophia. Auf dem offiziellen Weg müsste Sophia noch 7 m geradeaus gehen, dann nach rechts abbiegen und weitere 9 m gehen, um bei Lea zu sein. Ermittle die Wegersparnis in Metern (und Prozent der ursprünglichen Länge) bei Verwendung eines Trampelpfads.

KAPITEL 4

3   Am Wochenende war Christoph mit seinen Freunden zelten. Durch Unachtsamkeit ist der Reißverschluss am Eingang kaputt gegangen. Christoph möchte nun einen neuen Reißverschluss kaufen. Welche Länge muss dieser mindestens haben, wenn die Wände aus gleichseitigen Dreiecken bestehen?

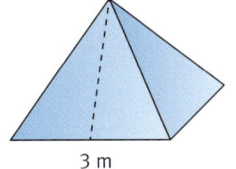

4   Michael und Thomas möchten sich für den Herbst neue Drachen basteln. Der komplette Rahmen und die beiden Diagonalen sollen aus leichten Carbonstreben hergestellt werden. Die beiden wissen, dass beide Streben zusammen 2,49 m lang sind. Bei der Bauanleitung fehlen leider die Längen der Diagonalen. Berechne diese.

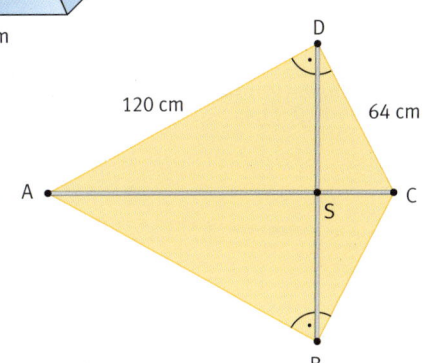

5   Eine Klappleiter hat eine gesamte Länge von 3 m. Die Füße am Boden müssen einen Abstand von 1,2 m haben. Welche maximale Höhe kann erreicht werden?

6   Eine 10 m hohe Tanne knickt bei einem Sturm in 4,50 m Höhe ab. In welchem Umkreis um den Baum sollte sich kein Mensch aufgehalten haben?

7   In einem Café wird Orangensaft in einem zylinderförmigen Glas serviert, welches 16 cm hoch ist und einen Innendurchmesser von 6 cm hat. Wie weit ragt ein 20 cm langer gerader Strohhalm aus dem Glas heraus, wenn er schräg im Glas lehnt?

8   Eine Lampe hängt zwischen zwei 5 m hohen und 12 m voneinander entfernten Laternenmasten. Wie hoch darf ein darunter fahrendes Fahrzeug maximal sein, wenn die Lampe mittig an einem 12,10 m langen Stahlseil befestigt ist?

9   An einer Küste steht ein Leuchtturm der Höhe h. Verwende als Erdradius den Wert r = 6371 km.

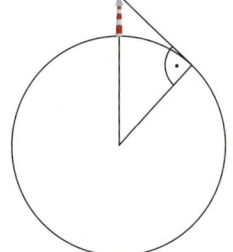

a) Gib einen Term für die Sichtweite s an. Berechne die Sichtweite für h = 40 m.

b) Als allgemeine Formel kann die Sichtweite mit $s = \sqrt{2rh + h^2}$ berechnet werden. Leite diese Formel schrittweise mithilfe des Satzes von Pythagoras her (Achtung: anstatt Zahlen benutzt du nun nur die Buchstaben h, r und s). Berechne mit der Formel die Sichtweite vom Leuchtturm und vergleiche das Ergebnis mit deinem Ergebnis aus Teilaufgabe a).

c) Wie weit ist der Horizont bzw. die Horizontlinie entfernt, wenn man von einem Ruderboot bei klarer Sicht über´s Meer blickt? Modelliere die Situation geeignet.

10 Ein PKW wurde von vorne und hinten eingeparkt. Das Auto ist 4,70 m lang und 1,75 m breit. Zum Vorderauto sind 20 cm frei und zum hinteren Auto 30 cm. Kann das eingeparkte Auto noch ausparken? Skizziere die Situation zuerst mit allen gegebenen Größen von oben.

4.4 Vermischte Aufgaben

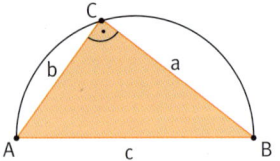

Lösungen zu 1:
9,5; 30,9; 10,0; 10,6; 14,3; 100,1; 9,8; 18,0; 11,4; 50,2
Die Einheiten sind nicht angegeben.

1 Gegeben ist das rechtwinklige Dreieck ABC mit der Hypotenuse [AB]. Berechne die fehlenden Werte. Runde auf eine Dezimale.

	a)	b)	c)	d)	e)
a	9 cm	☐	3,4 dm	14 dm	8,8 cm
b	4 cm	6,5 m	☐	☐	☐
c	☐	11,5 m	☐	20 dm	14,4 cm
A	☐	☐	17 dm²	☐	☐

2

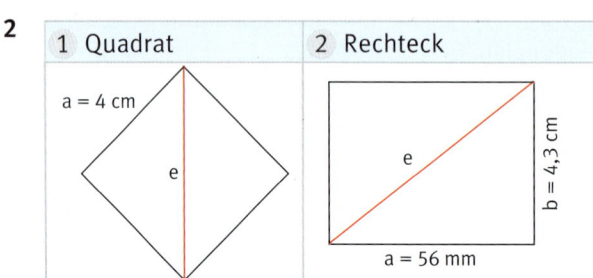

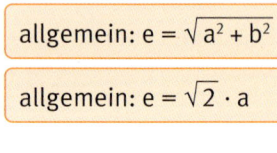

allgemein: $e = \sqrt{a^2 + b^2}$

allgemein: $e = \sqrt{2} \cdot a$

a) Bestimme jeweils die Länge der rot markierten Strecke.
b) Ordne die allgemeine Formel der richtigen Figur zu.
c) Leite die allgemeinen Formeln für die „roten" Strecken her.

3 Welchen Umfang hat ein gleichseitiges Dreieck mit …
a) der Höhe h = 1 m?
b) dem Flächeninhalt A = 1 m²?

4 $h = \frac{1}{3}\sqrt{a^2}$ $h = \frac{1}{2}\sqrt{3a^2}$ $h = \frac{a}{2}\sqrt{3a}$ $h = a\sqrt{\frac{3}{4}}$ $h = \frac{a}{3}\sqrt{4}$ $h = \frac{a}{2}\sqrt{3}$

a) Überprüfe jeweils, ob man mit der angegebenen Formel die Höhe h eines gleichseitigen Dreiecks der Seitenlänge a bestimmen kann.
b) Zeige die Äquivalenz der richtigen Formeln aus a) durch Umformen.
c) Bestimme die fehlenden Werte für ein gleichseitiges Dreieck ABC.

	1	2	3	4	5
a	9 cm	☐	☐	14 dm	☐
h	☐	6,5 m	☐	☐	8,8 cm
A	☐	☐	80 mm²	☐	☐

5 Berechne mithilfe des Satzes des Pythagoras die fehlenden Seitenlängen, den Umfang und den Flächeninhalt des Dreiecks. Runde auf eine Stelle nach dem Komma.

a) 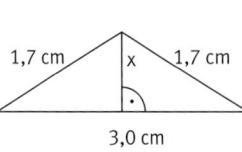   b) 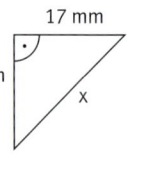   c)   d)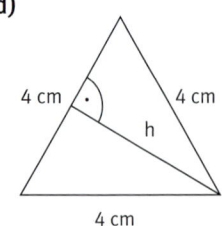

KAPITEL 4

6 Gegeben: a = 85 mm; b = 7,7 cm und c = 36 mm.
Gesucht: Ist das Dreieck ABC rechtwinklig?

Jessica:	Jennifer:
$a^2 + b^2 = c^2$	$a^2 + b^2 = c^2 \Leftrightarrow b^2 + c^2 = a^2$
$\Rightarrow (85\,mm)^2 + (7,7\,cm)^2 = (36\,mm)^2$	$\Rightarrow 7,7^2 + 36^2 = 85^2$
$\Rightarrow (85\,mm)^2 + (77\,mm)^2 = (36\,mm)^2$	$\Rightarrow 1355,29^2 = 7225^2$
$\Rightarrow 13\,154\,mm^2 = 1296\,mm^2$	$\Rightarrow$ falsche Aussage
$\Rightarrow$ falsche Aussage	Das Dreieck ist nicht rechtwinklig.
Das Dreieck ist nicht rechtwinklig.	

a) Untersuche die Rechnungen von Jessica und Jennifer. Verbessere fehlerhafte Teilrechnungen und Notationen.

b) Erstelle eine Musterlösung zur Aufgabe.

7 Ist das Dreieck ABC rechtwinklig? Überprüfe rechnerisch.
a) a = 28 cm; b = 45 cm; c = 53 cm   b) a = 40 cm; b = 9 cm; c = 41 cm
c) a = 16 dm; b = 63 cm; c = 65 mm   d) a = 985 mm; b = 69,7 cm; c = 6,96 m
e) a = 29 cm; b = 20 cm; c = 21 cm   f) a = 33 cm; b = 65 cm; c = 5,6 dm

8 Von einem rechtwinkligen Dreieck sind die Längen a = 9 cm und p = 3 cm gegeben. Berechne die Länge

a) der Hypotenuse c.

b) der Kathete b.

c) der Höhe h_c.

Runde auf eine Dezimalstelle.

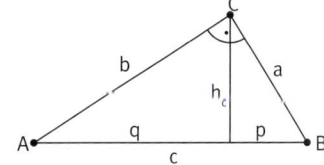

9 Bestimme die fehlenden Streckenlängen für das bei C rechtwinklige Dreieck ABC. Runde auf eine Nachkommastelle.

Maße	a)	b)	c)	d)	e)	f)
a		7,0 cm				
b			4,0 cm	80,0 cm	6,8 cm	
c		9,0 cm			9,1 cm	60,0 cm
h_c			2,5 cm			
p	5,6 cm					22,0 cm
q	3,4 cm			40,0 cm		

10 Formuliere für das in der Randspalte abgebildete Dreieck EFG die Flächensätze.

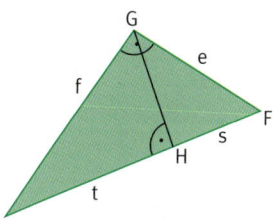

11 Vom Punkt P aus werden zwei Tangenten an den Kreis gelegt (durch die Punkte A und B; siehe nachfolgende Abbildung).
Es gilt: $\overline{MP}$ = 15 cm , r = 9 cm. Berechne die Längen $\overline{BP}$, $\overline{MC}$ und $\overline{AB}$.

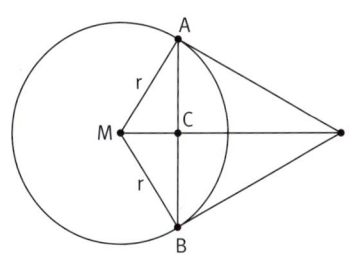

Erinnere dich, wie eine Tangente an einen Kreis konstruiert wird und welcher Winkel zwischen Radius und Tangente entsteht.

4.4 Vermischte Aufgaben

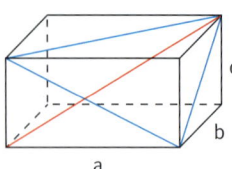

12 Berechne die Länge der drei Flächendiagonalen und der Raumdiagonale im abgebildeten Quader.
- a) $a = 4$ cm; $b = 6{,}5$ cm; $c = 3{,}8$ cm
- b) $a = 24$ mm; $b = 2{,}5$ cm; $c = 1{,}8$ cm
- c) $a = 5$ cm; $b = 2{,}5$ cm; $c = 1$ dm
- d) $a = 2{,}4$ m; $b = 2{,}5$ m; $c = 2b$
- e) $a = 2b$; $b = 3c$; $c = 3{,}4$ cm
- f) $a = 2{,}5b$; $b = 0{,}5c$; $c = 23{,}4$ cm

13 Eine quaderförmige Trinkverpackung hat die folgenden Außenmaße: Länge $l = 12$ cm, Breite $b = 8$ cm und Höhe $h = 21$ cm
Bestimme die maximalen Längen unterschiedlicher Trinkhalme, die nicht knickbar sind, wenn man sie entlang einer Diagonale an einer der Außenflächen anklebt.

14 Ein Gefrierschrank (Höhe 2,25 m, Breite 85 cm, Tiefe 85 cm) soll in einem Kellerraum der Höhe 2,35 m aufgestellt werden. Überprüfe zeichnerisch und durch Rechnung, ob der Gefrierschrank aufgestellt werden kann.

15 Bei Bildschirmen und Monitoren wird als Größenangabe meist die Länge der Diagonale in Zoll angegeben. Vervollständige die fehlenden Werte.

1 Zoll (1") ≙ 2,54 cm

	a)	b)	c)	d)
Höhe	88,6 cm	711 mm	42,1 cm	21,2 cm
Breite	49,8 cm	533 mm		
Diagonale in cm			48,3 cm	43,2 cm
Diagonale in Zoll				

16 Beim Kauf von Anlegeleitern ist die mit der Leiter erreichbare Höhe (in der Skizze $\overline{AC}$) entscheidend. Zudem muss von den Streckenlängen $\overline{AC}$ und $\overline{BC}$ ein bestimmtes Verhältnis erfüllt werden. Es gilt: $\frac{\overline{BC}}{\overline{AC}}$ muss zwischen $\frac{1}{2{,}5}$ und $\frac{1}{3{,}75}$ liegen.

Tipp: Um die Teilaufgabe c) lösen zu können, solltest du zuerst die Länge der Seite b in Abhängigkeit von der Länge der Seite a angeben.

- a) In welchem Bereich muss der sogenannte Anstellwinkel CBA ungefähr liegen? Ermittle zeichnerisch.
- b) Wie lang muss eine Leiter sein, wenn der Anlegepunkt A 4,5 m über dem Boden sein soll? Berechne das Intervall.
- c) Berechne, in welchem Bereich die mit einer 7,5 m langen Leiter erreichbare Höhe liegt.

In der Realität werden meist Spiegel verwendet, die nach außen gewölbt sind. Findest du hierfür eine Erklärung?

17 Ein Spiegel soll vor der oberen Kante eines Verkaufsraums sicher angebracht werden. Dazu wird der Spiegel (im Querschnitt betrachtet) an den Auflagepunkten A und B befestigt. Zudem wird aus Sicherheitsgründen ein Stahlseil lotrecht an der Spiegelfläche angebracht und im Punkt C in der Kante zwischen Decke und Wand verankert.
Bestimme rechnerisch die Länge des Stahlseils [CD] sowie die Entfernung der Seilhalterung D am Spiegel von den Auflagepunkten A und B.

Ansicht im Querschnitt

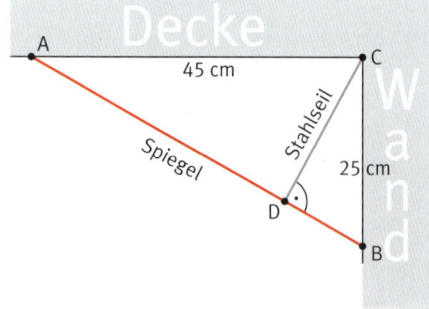

Lernsituation

Kapitel 4

Die Abschlussfahrt

SITUATIONSBESCHREIBUNG

Deine Klasse hat sich einstimmig entschieden nächstes Schuljahr zum Gardasee zur Abschlussfahrt zu fahren. Jeder Schüler ist für einen anderen Teil der Organisation verantwortlich. Du musst die genaue Kilometerangabe für die Hin- und Rückfahrt an das Busunternehmen weiterleiten. Dadurch kann das Busunternehmen genauer planen und die Kosten exakt kalkulieren. Für dich kommen zwei Strecken in die engere Auswahl. Du hast dir bereits einige Notizen gemacht.

Strecke 1:
- Einfache Fahrt: 490 km
- Geschätzte Fahrtdauer: 7 Stunden
- Die evtl. Schwierigkeit ist ein Tunnel, da keine Höhenangabe im Internet steht.
  Querschnitt des Tunnels:

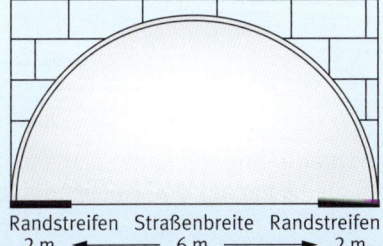

Strecke 2:
- Einfache Fahrt: 450 km
- Geschätzte Fahrtdauer: 8 Stunden
- Die evtl. Schwierigkeiten sind die Serpentinen: jede gerade Teilstrecke ist 250 m lang bei einem Höhenunterschied von 35 m.

Angaben des Busunternehmens:
- Busmaße: 12 m lang, 2,55 m breit, 3,50 m hoch
- Die maximal mögliche Steigung für den Bus ist 20 %.

Welche Strecke (Kilometerangabe) gibst du an das Busunternehmen weiter? Treffe deine Entscheidung mithilfe folgender Teilschritte.

HANDLUNGSAUFTRÄGE

1. Welchen Zusammenhang hat diese Aufgabe mit dem Satz des Pythagoras? Erläutere kurz.
2. Wie kann der Tunnelquerschnitt auf Strecke 1 mathematisch konstruiert werden? Informiere dich im Internet oder im Mathebuch.
3. Berechne, ob der Bus durch den Tunnel passt. Berücksichtige, dass der Sicherheitsabstand zur Decke mindestens 30 cm betragen muss.
4. Erkläre, wie der Höhenunterschied auf Strecke 2 mit der Steigung, die der Bus bewältigen kann, verglichen werden kann. Berechne, ob der Bus die Serpentinen schafft.
5. Diskutiert Vor- und Nachteile der beiden Strecken.
6. Begründe und fixiere deine Entscheidung schriftlich.
7. Verfasse einen offiziellen Brief an das Busunternehmen mit der exakten Kilometerangabe und der gewählten Strecke.

4.5 Das kann ich!

Überprüfe deine Fähigkeiten und Kenntnisse. Bearbeite dazu die folgenden Aufgaben und bewerte anschließend deine Lösungen mit einem Smiley.

☺	😐	☹
Das kann ich!	Das kann ich fast!	Das kann ich noch nicht!

Hinweise zum Nacharbeiten findest du auf der folgenden Seite. Die Lösungen stehen im Anhang.

Aufgaben zur Einzelarbeit

1. Berechne die fehlende Seitenlänge im rechtwinkligen Dreieck ABC (Hypotenuse [AB]).
   a) a = 5 cm; b = 9 cm
   b) b = 5 cm; c = 9 cm
   c) a = 4,5 cm; b = 0,8 dm
   d) a = 125 mm; c = 34 cm

2. Berechne mithilfe des Satzes des Pythagoras die fehlende Streckenlänge a.
   a)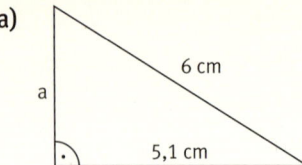
   b)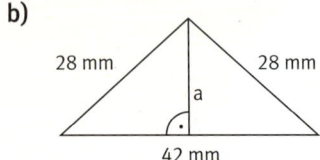
   c)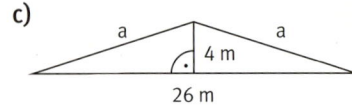

3. Ist das Dreieck ABC rechtwinklig? Überprüfe mit der Umkehrung des Satzes des Pythagoras.
   a) a = 6 cm; b = 5 cm; c = 8 cm
   b) a = 55 cm; b = 4,8 dm; c = 73 cm
   c) a = 4 cm; b = 5 cm; c = 3 cm
   d) a = 12 m; b = (a + 1) m; c = 5 m

4. Im rechtwinkligen Dreieck ABC mit γ = 90° ist c = 9 cm und b = 5 cm. Bestimme a, p, q und h_c mithilfe der Flächensätze.

5. Berechne die Länge der roten Strecken.
   a)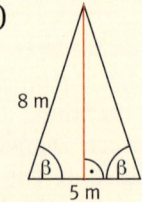
   b)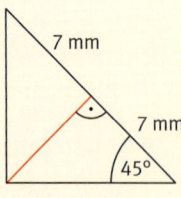
   c)

6. Berechne die Diagonalenlänge e im Rechteck ABCD (Seitenlängen a und b).
   a) a = 5,6 dm; b = 4,3 dm
   b) a = 7,4 cm; b = 65 mm
   c) a = 2b; b = 9 cm

7. Wende die Flächensätze für rechtwinklige Dreiecke mit den gegebenen Bezeichnungen an.
   a)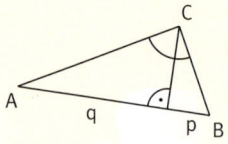
   b)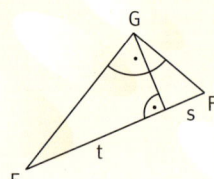

8. Gegeben ist ein Quader mit den Kantenlängen a, b und c. Berechne die Länge der drei Flächendiagonalen.
   a) a = 5,6 dm; b = 4,3 dm; c = 1,2 dm
   b) a = 7,4 cm; b = 65 mm; c = 4,3 cm
   c) a = 2b; b = 2c und c = 9 cm

9. Berechne die fehlenden Seitenlängen und den Umfang des rechtwinkligen Dreiecks.
   a) b = 10,5 cm; c = 4,9 cm; α = 90°
   b) a = 42 mm; b = 86 mm; β = 90°
   c) b = 3,5 cm; c = 7,1 cm; γ = 90°
   d) a = 0,6 dm; b = 3 cm; α = 90°

10. Beim Bau von Eisenbahnstrecken werden Bodenunebenheiten durch Dämme ausgeglichen. Ein 7 m hoher Damm soll am Gleisbett 14,30 m breit sein. Wie lang muss die Dammsohle sein, wenn die Böschung 14 m lang ist?

11. Mit einer Klappleiter kommt man 4 m hoch. Am Boden stehen die zwei Füße 1,8 m auseinander. Welche Länge hat die Leiter?

12 Der Oberflächeninhalt eines Würfels beträgt 96 cm².
   a) Zeichne ein Schrägbild des Würfels.
   b) Berechne, wie lang die Flächen- und die Raumdiagonalen des Würfels sind.
   c) Zeichne beide Längen in das Schrägbild des Würfels ein.

13 In einem Umzugskarton mit den Maßen 80 cm x 50 cm x 60 cm sollen Holzstäbe verpackt werden. Berechne, wie lang der längste Holzstab höchstens sein kann.

14 Maxi, Auszubildender zum Landschaftsgärtner, soll ein rechtwinkliges, dreieckiges Hochbeet anlegen. Sein Chef misst nach: 3,5 m, 2 m und 3 m. Bekommt Maxi Lob oder Tadel?

15 Eine Leiter ist 5 m lang. Sie ist genauso hoch wie die Wand, an der sie steht. Wie weit steht der Fußpunkt der Leiter von der Wand entfernt, wenn die Leiter die Wand oben 1 m unter der Oberkante berührt?

16 Ein rechtwinkliges Dreieck, dessen eine Kathete doppelt so lang ist wie die andere, soll einem Kreis mit Radius r = 5 cm einbeschrieben werden.
   a) Beschreibe dein Vorgehen. (Erinnere dich, wie ein rechtwinkliges Dreieck konstruiert wird!)
   b) Berechne die Länge der Hypotenuse.
   c) Führe die Konstruktion durch.

17 Berechne die Länge der drei Flächendiagonalen im angegebenen Körper.
   a) a = 4 cm; b = 6,5 cm; c = 3,8 cm
   b) a = 24 mm; b = 2,5 cm; c = 1,8 cm
   c) a = 5 cm; b = 2,5 cm; c = 1 dm
   d) a = 2,4 m; b = 2,5 m; c = 2b
   e) a = 2b; b = 3c; c = 3,4 cm
   f) a = 2,5b; b = 0,5c; c = 23,4 cm

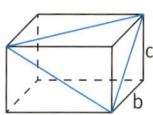

Aufgaben für Lernpartner

Arbeitsschritte
1 Bearbeite die folgenden Aufgaben alleine.
2 Suche dir einen Partner und erkläre ihm deine Lösungen. Höre aufmerksam und gewissenhaft zu, wenn dein Partner dir seine Lösungen erklärt.
3 Korrigiere gegebenenfalls deine Antworten und benutze dazu eine andere Farbe.

Sind folgende Behauptungen **richtig** oder **falsch**? Begründe schriftlich.

18 $a^2 + b^2 = c^2$ gilt für jedes rechtwinklige Dreieck ABC.

19 Die Hypotenuse c in einem rechtwinkligen Dreieck wird durch die Höhe h_c in zwei gleich lange Abschnitte geteilt.

20 Wenn der Satz des Pythagoras nicht gilt, so handelt es sich um ein gleichseitiges Dreieck.

21 Ein Dreieck ist rechtwinklig, wenn für die Seitenlängen im Dreieck der Satz des Pythagoras gilt.

22 Aus zwei gegebenen Seitenlängen im rechtwinkligen Dreieck kann man stets eine Höhe des Dreiecks berechnen.

23 Zur Berechnung von Streckenlängen in einem Körper sucht man beliebige Dreiecke, von dem man zwei Seitenlängen kennt. Die fehlende Seitenlänge berechnet man mithilfe der Flächensätze.

24 Die Raumdiagonale eines Quaders kann man mit $d = \sqrt{a + b + c}$ berechnen.

25 Mit der Formel $e = \sqrt{a^2 + b^2}$ kann man die Länge der Diagonale e eines Rechtecks mit den Seitenlängen a und b berechnen.

26 In einem Quadrat mit der Seitenlänge a kann man die Länge der Diagonale e mithilfe von $e = \sqrt{3a^2}$ berechnen.

Aufgabe	Ich kann ...	Hilfe
1, 2, 5, 6, 9, 16, 18, 22, 25, 26	den Satz des Pythagoras in rechtwinkligen Dreiecken anwenden.	S. 96
3, 14, 20, 21	die Umkehrung des Satzes des Pythagoras zur Überprüfung rechtwinkliger Dreiecke nutzen.	S. 99
4, 7, 19	den Höhensatz und die Kathetensätze in rechtwinkligen Dreiecken anwenden	S. 101
8, 12, 13, 17, 23, 24	Streckenlängen in Körpern berechnen.	S. 102
10, 11, 15	den Satz des Pythagoras in Alltagsaufgaben anwenden.	S. 104

4.6 Auf einem Blick

S. 96

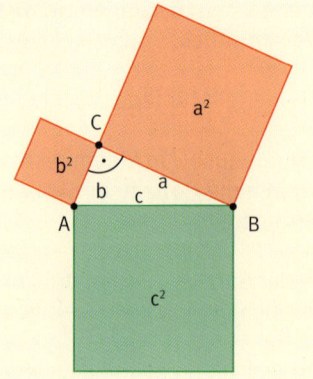

Satz des Pythagoras
In einem rechtwinkligen Dreieck hat das Quadrat über der Hypotenuse den gleichen Flächeninhalt wie die Quadrate über den Katheten zusammen.

Allgemein gilt:
Kathete² + Kathete² = Hypotenuse²

Mit den Bezeichnungen in der Abbildung gilt kurz:
$a^2 + b^2 = c^2$

S. 99

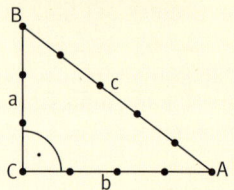

Umkehrung des Satzes des Pythagoras
Wenn in einem Dreieck ABC mit den Seitenlängen a, b und c die Beziehung
$a^2 + b^2 = c^2$ gilt, dann ist das Dreieck rechtwinklig mit [AB] als Hypotenuse.

S. 101

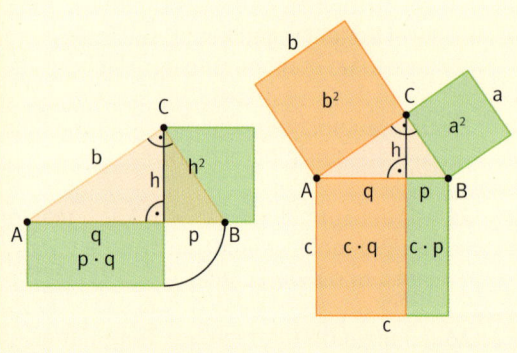

Höhensatz
In einem rechtwinkligen Dreieck ist das Quadrat über der zur Hypotenuse gehörenden Höhe h flächeninhaltsgleich dem Rechteck aus den beiden Hypotenusenabschnitten.
$h^2 = p \cdot q$

Kathetensätze
In einem rechtwinkligen Dreieck ist das Quadrat über einer Kathete flächeninhaltsgleich dem Rechteck aus Hypotenuse und zugehörigem Hypotenusenabschnitt.
$a^2 = c \cdot p \qquad b^2 = c \cdot q$

S. 102

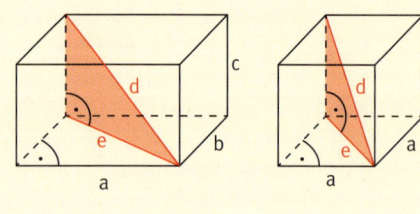

Satz des Pythagoras in Körpern
In Quadern:

Flächendiagonale
$e^2 = a^2 + b^2$
$e = \sqrt{a^2 + b^2}$

Raumdiagonale
$d^2 = e^2 + c^2$
$d^2 = a^2 + b^2 + c^2$
$d = \sqrt{a^2 + b^2 + c^2}$

Bei Würfeln gilt speziell:
$e = a\sqrt{2} \qquad\qquad d = a\sqrt{3}$

S. 104

Skizze:

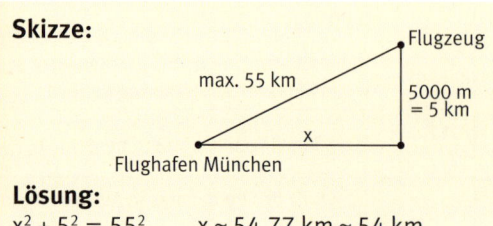

Lösung:
$x^2 + 5^2 = 55^2 \qquad x \approx 54{,}77 \text{ km} \approx 54 \text{ km}$

Vorgehensweise bei Alltagsaufgaben:
1. Skizze erstellen
2. Satz des Pythagoras aufstellen und gesuchte Größe berechnen
3. Antwortsatz formulieren und geeignet runden

5 Berechnungen an Pyramiden und Kegeln

EINSTIEG

- Die Abbildung zeigt die Thüringer Warte zwischen Thüringen und Bayern. Beschreibe, aus welchen mathematischen Körpern der Turm zusammengesetzt ist.
- Skizziere ein Schrägbild des Turms.
- Wie sieht eine Person die Thüringer Warte, die direkt von vorne (von der Seite, von oben) schaut? Beschreibe und skizziere.

AUSBLICK

Am Ende dieses Kapitels hast du gelernt, ...
- Pyramiden zu klassifizieren.
- Netze und Schrägbilder von Pyramiden und Kegeln zu zeichnen.
- Oberflächen- und Volumenberechnungen an Pyramiden und Kegeln durchzuführen.
- Berechnungen an Pyramiden und Kegeln auch in sachorientierten Aufgaben durchzuführen.

5.1 Pyramiden und Kegel untersuchen

Die Bilder ① – ⑤ zeigen verschiedene geometrische Körper.

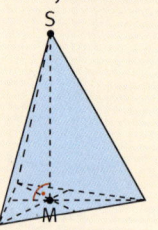 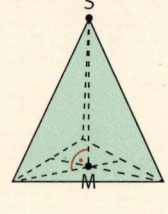 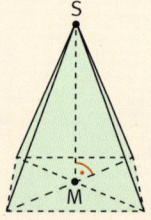 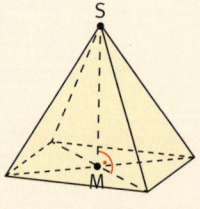

Erinnere dich an die Entstehung der Netze eines Zylinders und eines Prismas.

- Beschreibe, wie man das Netz der Körper erhalten könnte und skizziere.
- Betrachte die Netze und benenne die einzelnen Flächen und Winkel.
- Finde Gemeinsamkeiten und Unterschiede.
- Welcher Körper passt nicht zu den anderen? Begründe deine Meinung.

MERKWISSEN

Eine Pyramide besteht aus einem Vieleck als Grundfläche. Die Mantelfläche besteht aus Dreiecken, die sich in einer Spitze treffen.

Eine Pyramide wird als **gerade Pyramide** bezeichnet, wenn die Strecke [MS] **senkrecht** zur Grundfläche verläuft.
Die Pyramiden werden anhand ihrer Grundfläche klassifiziert.

M = Fußpunkt auf der Grundfläche, z. B. Schnittpunkt der Diagonalen
S = Spitze der Pyramide
$\overline{MS}$ = Höhe der Pyramide

Dreiecks-pyramide   **Tetraeder**   **quadratische Pyramide**   **rechteckige Pyramide**

Ein Tetraeder ist eine Pyramide aus vier gleichseitigen Dreiecken.

Die Grundfläche bei einem Kegel ist ein Kreis. Die Mantelfläche ist ein Kreissektor.

Der **Kegel** hat starke Ähnlichkeiten mit einer Pyramide. Man könnte ihn auch als eine Pyramide mit unendlich vielen Ecken bezeichnen.

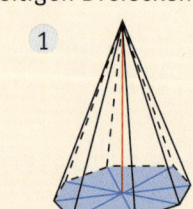 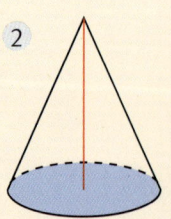

Beim **Netz** eines Körpers hängen alle Flächenstücke zusammen.

quadratische Pyramide   **Kegel**

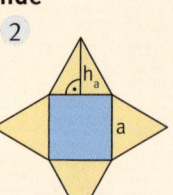 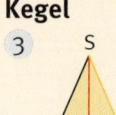 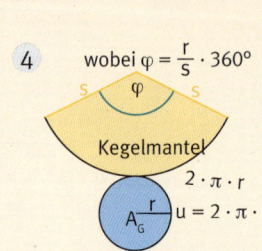

wobei $\varphi = \frac{r}{s} \cdot 360°$

BEISPIELE

I a) Zeichne ein Netz einer quadratischen Pyramide, deren Grundfläche die Kantenlänge a = 2 cm hat und deren Seitendreiecke eine Höhe von h_s = 1,5 cm haben.
   b) Zeichne ein Netz eines Kegels. Die Grundfläche hat den Radius r = 2 cm. Die Länge der Mantellinie s beträgt 5 cm.

KAPITEL 5

Lösung:

a)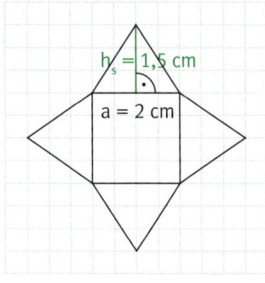

b)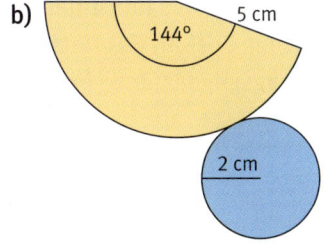

Der Kreisumfang der Grundfläche entspricht der Länge des Kreisbogens der Mantelfläche: 2πr.

VERSTÄNDNIS

- Begründe, warum die Seitenflächen bei einer geraden Pyramide immer gleichschenklige Dreiecke sind.
- Peter behauptet: „Jeder Körper hat genau ein Netz." Hat er Recht?

AUFGABEN

1 Klassifiziere die Pyramiden anhand ihrer Netze.

a) 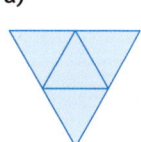   b) 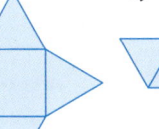   c) 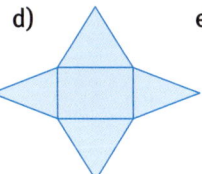   d)    e)

2 Zeichne jeweils ein Netz des Körpers.

a) 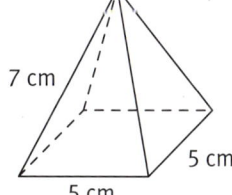   b) 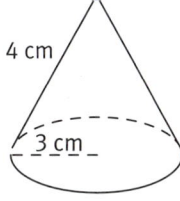   c)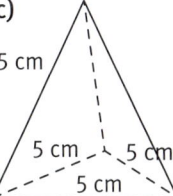

3 Zeichne die Netze der folgenden Körper.
  a) quadratische Pyramide mit a = 4 cm; h_s = 5 cm
  b) Tetraeder mit a = 4 cm
  c) Kegel mit s = 4 cm; r = 2 cm

EXPERIMENT

Kegel als Rotationskörper

Ein Kegel ist ein Rotationskörper. Er entsteht durch Rotation (Drehung) eines gleichschenkligen Dreiecks um seine Höhe. Du kannst es mit folgendem Experiment selbst ausprobieren. Schneide ein gleichschenkliges Dreieck aus, falte es in der Mitte und klebe es entlang der Faltung an einen Spieß. Drehe den Spieß so schnell du kannst.

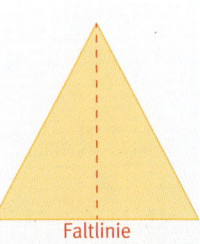 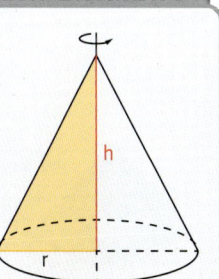

5.2 Oberflächeninhalt von Pyramiden und Kegeln

Sebastian möchte wissen, wie viel Papier für eine Eisverpackung verwendet wird. Dazu wickelt er eine Eistüte aus und erhält das Netz des Tütenkegels.
- Aus welchen Flächen besteht das Netz?
- Finde weitere Alltagsgegenstände in Kegel- oder Pyramidenform und stelle ihre Netze dar.
- Berechne den Oberflächeninhalt deiner Gegenstände mithilfe der Netze. Überlege dir zuerst, welche Größen du dazu bestimmen musst und miss diese.

Merkwissen

Die **Oberfläche A_O** eines Körpers ist die Summe aller Flächen des Körpers.

Pyramide mit regelmäßigen n-Eck als Grundfläche   **Kegel**

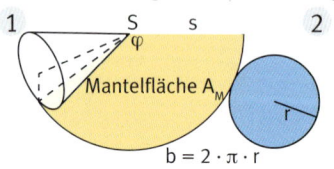

Mantelfläche A_M — Körperhöhe h — Seitenkante / Mantellinie s — Seitenhöhe h_s — Grundfläche A_G

$A_{O\,Pyramide} = A_{n\text{-Eck}} + n \cdot A_{Dreieck}$

$A_{O\,Kegel} = A_{Kreis} + A_{Kreismantel}$
$\phantom{A_{O\,Kegel}} = \pi r^2 + \pi rs$
$\phantom{A_{O\,Kegel}} = r \cdot \pi(r + s)$

Mithilfe des Satz des Pythagoras kannst du folgende Formeln aufstellen:

Pyramide:
$h_s = \sqrt{h^2 + \left(\frac{a}{2}\right)^2}$
$h_s = \sqrt{s^2 - \left(\frac{a}{2}\right)^2}$
$s = \sqrt{h_s^2 + \left(\frac{a}{2}\right)^2}$

Kegel:
$s = \sqrt{r^2 + h^2}$
$A_M = r \cdot s \cdot \pi$

Die Mantelfläche eines Kegels kann näherungsweise als ein Rechteck mit den Seitenlängen πr und s aufgefasst werden:

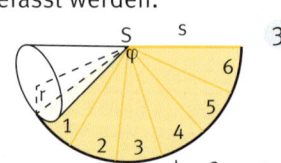

Beispiele

I Berechne den Oberflächeninhalt des Kegels. Bestimme fehlende Größen.

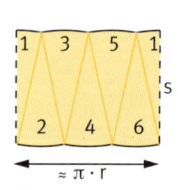

Lösung:

Skizze:

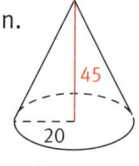

h = 45 mm
r = 20 mm

Satz des Pythagoras:
$s^2 = r^2 + h^2$
$s = \sqrt{r^2 + h^2}$
$s \approx 49$ mm

Oberflächeninhalt des Kegels:
$A_{O\,Kegel} = \pi r^2 + \pi \cdot r \cdot s$
$A_{O\,Kegel} \approx 4335$ mm² $\approx 43{,}4$ cm²

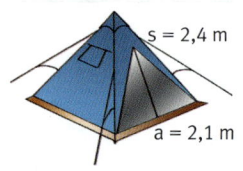

s = 2,4 m
a = 2,1 m

II Manche Zelte haben (annähernd) die Form einer quadratischen Pyramide. Berechne die Fläche der benötigten Zeltplane für Boden und Seitenflächen.

Kapitel 5

Lösung:

$h_s^2 = s^2 - \left(\frac{a}{2}\right)^2$

$h_s = \sqrt{s^2 - \left(\frac{a}{2}\right)^2}$; $h_s \approx 2{,}16$

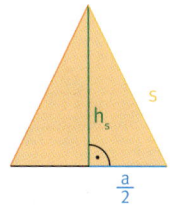

$A_G = 2{,}1^2 = 4{,}41$
$A_M = 4 \cdot A_{Dreieck} = 4 \cdot \frac{1}{2} \cdot a \cdot h_s$
$A_M = 2 \cdot 2{,}1 \cdot 2{,}16 \approx 9{,}07$
$A_{O\,Pyramide} = 4{,}41 + 9{,}07 = 13{,}48$
Man benötigt etwa 13,5 m² Zeltplane.

Alle Maßangaben in m bzw. m².

Verständnis

- Wie verändert sich der Oberflächeninhalt eines Kegels, wenn wir den Radius verdoppeln/halbieren?
- Wie kommt man auf die Formel: $h_s = \sqrt{h^2 + \left(\frac{a}{2}\right)^2}$? Überlege dir die Herleitung.

Aufgaben

1 Berechne im Heft die fehlenden Größen. Runde auf eine Dezimale.

a) quadratische Pyramide

	1	2	3
a	4,5 cm	6,3 m	36 mm
h	8 cm	☐	☐
h_s	☐	9,4 m	☐
s	☐	☐	75 mm
A_O	☐	☐	☐

b) Kegel

	1	2	3
r	3 cm	17 mm	☐
h	6,5 cm	☐	8,6 dm
s	☐	28 mm	9,2 dm
A_O	☐	☐	☐

Lösungen zu 1:
3,3; 7,2; 8,3; 8,6; 8,9;
9,9; 22,2; 70,5; 72,8;
95,0; 96,1; 129,6; 158,1;
2403,3; 6537,6

2 Eine kegelförmige Schultüte hat die Höhe h = 84 cm und den Radius r = 12 cm.

a) Wie viel Pappe wird zur Herstellung der Schultüte benötigt? Runde geschickt. Gib dein Ergebnis auch in Quadratmetern an.

b) Gestalte eine Schultüte. Zeichne dazu die Mantelfläche der Schultüte im Maßstab 1 : 6 auf ein DIN-A4-Blatt. Der Mittelpunktswinkel beträgt 51°.

c) Stell dir vor, deine Schultüte soll in großer Stückzahl produziert werden. Dazu ist es sinnvoll, dass möglichst wenig Abfall auf Papprollen bleibt.

  1 Fertige eine Skizze an, auf der du versuchst, die Flächen deiner Schultüten platzsparend anzuordnen.

  2 Schätze den anfallenden Abfall in Prozent. Beschreibe dein Vorgehen.

Ihr könnt die Aufgabe auch in der Gruppe losen.

3 Eine Geschenkverpackung hat die Form einer quadratischen Pyramide mit der Grundlinie a = 10 cm und der Seitenkante s = 7,5 cm.
Bestimme den Oberflächeninhalt der Verpackung.

4 Ein Kegeldach mit sogenannten Biberschwänzen zu decken ist für Dachdecker eine anspruchsvolle Aufgabe. Schätze die Anzahl an Biberschwänzen ab, die man für das große Kegeldach (im Hintergrund) braucht. Ein Biberschwanz hat die Maße 18 cm × 38 cm. Das Kegeldach hat einen Durchmesser von 11 m, die Mantellinie ist 6,5 m lang. Damit das Dach dicht ist, braucht man eine Doppeldeckung, außerdem rechnet man für Verschnitt mit ca. 30 % mehr Ziegeln.

5.3 Volumen und Schrägbilder von Pyramiden und Kegeln

Das Volumen von Körpern kann man durch Eintauchen, Umschütten oder geschicktes Auszählen bestimmen.

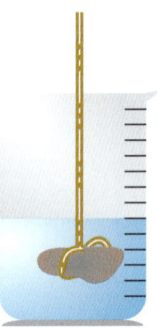

Wer kennt sie nicht, die Schokoladenstücke, die wie Pyramiden aussehen? Doch wie viel Schokolade bekommt man eigentlich mit so einem Stück?

- Untersuche das Volumen einer Schokoladenpyramide experimentell.
- Berechne das Volumen der Schokoladenpyramide und vergleiche mit deinen Ergebnissen zuvor. Finde Erklärungen für Unterschiede.

MERKWISSEN

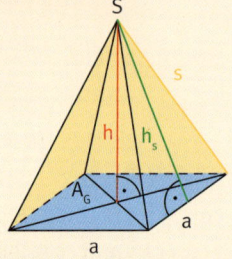 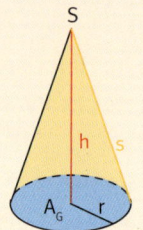

Für das **Volumen V** einer **Pyramide** bzw. eines **Kegels** mit der **Grundfläche** A_G und der **Höhe h** gilt: $V = \frac{1}{3} \cdot A_G \cdot h$.

Beim Kegel gilt somit: $V_{Kegel} = \frac{1}{3} \cdot \pi \cdot r^2 \cdot h$

BEISPIELE

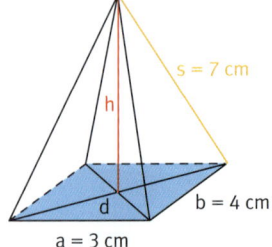

Der Satz des Pythagoras ist für Berechnungen an Körpern sehr wichtig. Fertige immer eine Planfigur an und zeichne darin die benötigten rechtwinkligen Dreiecke ein.

I Berechne das Volumen der Pyramide mit rechteckiger Grundfläche.

Lösung:
$d^2 = a^2 + b^2$

$d^2 = (3^2 + 4^2) = 25 \quad | \sqrt{}$

$d = 5$

$h^2 = s^2 - \left(\frac{d}{2}\right)^2 \quad | \sqrt{}$

$h = \sqrt{s^2 - \left(\frac{d}{2}\right)^2}$

$h = \sqrt{7^2 - \left(\frac{5}{2}\right)^2}$

$h \approx 6{,}54$

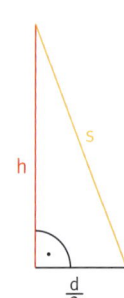

$V_{Pyramide} = \frac{1}{3} \cdot A_G \cdot h = \frac{1}{3} \cdot a \cdot b \cdot h$

$V_{Pyramide} = \frac{1}{3} \cdot 3 \cdot 4 \cdot 6{,}54 = 26{,}16$

Die Pyramide hat ein Volumen von ungefähr 26 cm³.

II Ein Kegel der Höhe 6,0 cm hat ein Volumen von 56,5 cm³. Wie groß ist sein Radius?

Lösung:
$V_{Kegel} = \frac{1}{3} \cdot \pi \cdot r^2 \cdot h \quad$ umformen: $\quad r^2 = \frac{3 \cdot V_{Kegel}}{\pi \cdot h}$,

also: $r = \sqrt{\frac{3 V_{Kegel}}{\pi \cdot h}} \quad r \approx \sqrt{\frac{3 \cdot 56{,}5}{3{,}14 \cdot 6}} \approx 3{,}0$

Der Kegel hat einen Radius von etwa 3 cm.

Kapitel 5

Verständnis

- Miriam behauptet: „Wenn ich die Höhe meiner Pyramide verdopple dann verdoppelt sich auch ihr Volumen." Hat sie Recht?
- Überlege, wie sich das Volumen eines Kegels ändert, wenn der Radius halbiert wird.

Aufgaben

1 Berechne das Volumen der gegebenen Körper. Runde auf eine Dezimale.

a)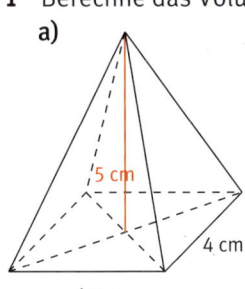
b)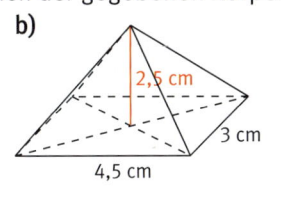
c)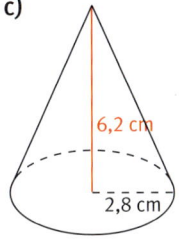
d)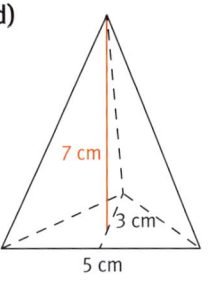

2 Übertrage die Tabelle und bestimme die fehlenden Werte. Runde auf eine Dezimale.

a) quadratische Pyramide

	1	2	3	4
a in cm	4,5	6,1	12,6	
h in cm	7,5	3,8		2
V in cm³			400	0,54

b) Kegel

	1	2	3	4
r in cm	3,5	0,8		2,9
h in cm	7	1,5	6,1	
V in cm³			420	81

Alle Maßangaben in cm bzw. cm³

Lösungen zu 2:
0,9; 1,0; 7,6; 8,1; 9,2;
47,1; 50,6; 89,8

3 Gegeben ist eine Pyramide mit rechteckiger Grundfläche:

a) Beschreibe das Vorgehen in Sandras Lösung.

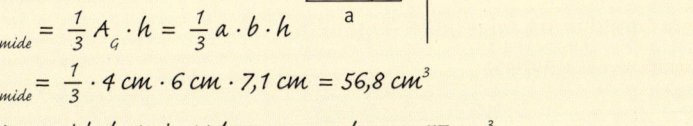
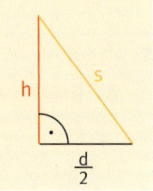
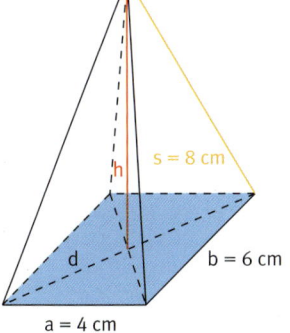

b) Berechne das Volumen einer Pyramide mit rechteckiger Grundfläche.

① a = 4 cm; b = 3 cm; s = 12 cm ② a = 7,5 cm; b = 4,8 cm; s = 7,2 cm
③ a = b = 4,5 cm; s = 6 cm   ④ a = 2,8 cm; d = 4,8 cm; s = 5 cm
⑤ a = 0,7 dm; b = 12 cm; s = 9 cm ⑥ a = b = s = 5,5 cm

Lösungen zu 3:
16,0; 34,4; 39,3; 46,8;
68,4; 159,6

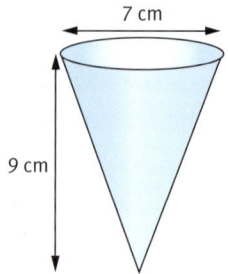

4 Eine quadratische Pyramide hat einen Oberflächeninhalt von 171 m² und eine Grundfläche von 81 m².
  a) Bestimme die Kantenlänge der Grundfläche.
  b) Berechne die Höhe der Seitenflächen und die Höhe der Pyramide.
  c) Berechne nun das Volumen der Pyramide.

5 An Wasserspendern in Kaufhäusern oder Apotheken findet man oftmals einfache kegelförmige Kunststoffbecher. Schätze zunächst, wie viel ml Wasser in den Becher passen und überprüfe deine Schätzung rechnerisch.

6 Beim Aufschütten von Sand entsteht ein Kegel mit 6,5 cm Höhe. Der Umfang des Grundkreises misst 63 cm. Berechne, wie viel Sand aufgeschüttet wurde.

7 Hier wird gezeigt, wie man das Schrägbild einer Pyramide bzw. eines Kegels erhält.

Streng genommen müsste man das Schrägbild eines Kegels aufwändiger konstruieren.
Dazu zeichnet man zuerst den Grundkreis des Kegels. Anschließend zeichnet man die abgebildeten vertikalen Gitterlinien ein.

Grundkreis:

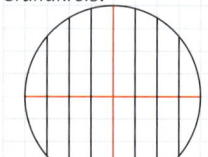

Für die Grundfläche im Schrägbild dreht man diese Linien um 45° und verkürzt sie auf die Hälfte. Die Endpunkte verbindet man zu einer Ellipse.

Schrägbild:

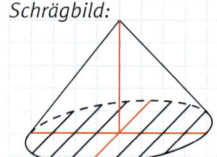

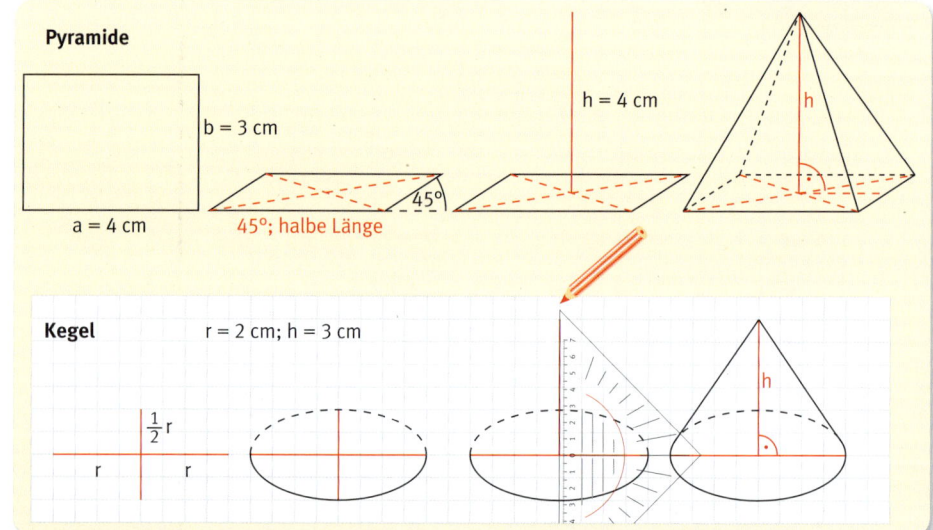

  a) Übertrage die Schritte zur Anfertigung der Schrägbilder in dein Heft.
  b) Beschreibe jeden Schritt in deinen eigenen Worten.

8 Zeichne Schrägbilder mit folgenden Angaben.
  a) quadratische Pyramide

	1	2	3	4
Länge a	3 cm	2,5 cm	3,6 cm	4,2 cm
Höhe h	5 cm	6 cm	5,5 cm	6,8 cm

  b) Kegel

	1	2	3	4
Radius r	3 cm	2,5 cm	3,6 cm	4,2 cm
Höhe h	5 cm	6 cm	5,5 cm	6,8 cm

  c) Vergleiche die Schrägbilder von a) und b). Was fällt dir auf?

9 1   2   3

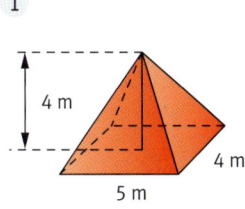 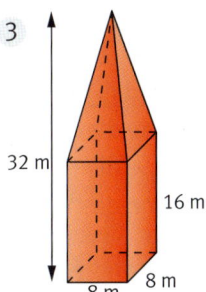

Maßstab 1 : 100   Maßstab 1 : 1   Maßstab 1 : 400

a) Zeichne die Schrägbilder der Körper im angegebenen Maßstab.
b) Berechne das Volumen der Körper.

10 Für ein Kunstprojekt sollen quadratische Pyramiden mit folgenden Abmessungen aus Holzstäbchen gebastelt werden:

| Grundkante: 50 cm | Körperhöhe: 60 cm | Seitenkante s: 70 cm |

a) Zeichne ein Schrägbild der geplanten Pyramide in einem passenden Maßstab.
b) Berechne die Gesamtlänge der Kanten einer Pyramide.
c) Ein Holzstäbchen hat eine Länge von 1 m. Hugo behauptet, dass 5 Stäbchen reichen. Mimi widerspricht ihm und meint, dass 6 Stück nötig sind. Wer von beiden hat Recht?

11 Die nebenstehende lila Kerze ist kegelförmig und hat einen Durchmesser von 9,4 cm und eine Höhe von 52 cm.

a) Berechne das Volumen der Kerze.
b) Wie viele Kerzen können aus einem Kubikmeter Wachs hergestellt werden?
c) Welche Aussage stimmt? Begründe. Schätze dazu die Abmessungen der grünen Kerze.
 • Die grüne Kerze hat das größere Volumen.
 • Die lila Kerze hat das größere Volumen.
 • Beide Kerzen haben das gleiche Volumen.

Versuch

Experimente zum Volumen von Pyramiden

Begründet die Volumenformeln für Pyramiden experimentell durch …
• Umschütten: Wie oft passt das Pyramidenvolumen in ein Prisma gleicher Grundfläche und Höhe?
• Verdrängungsmessungen: Vergleicht dabei den unterschiedlichen Anstieg im Messbecher.

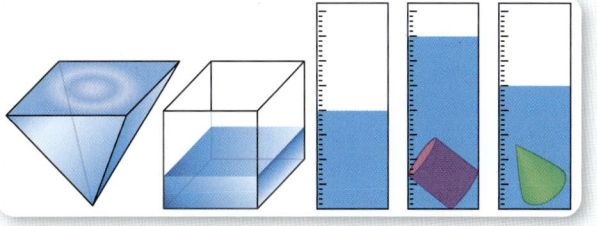

5.4 Vermischte Aufgaben

1 Die Abbildung zeigt die Skizze einer quadratischen Pyramide.
   a) Zeichne das Netz der Pyramide.
   b) Berechne die Länge der Strecke [SM_b].
   c) Berechne die Höhe der Pyramide.
   d) Berechne das Volumen der Pyramide.

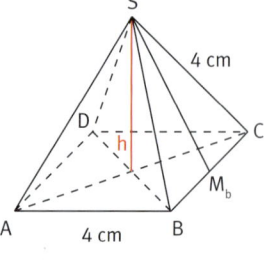

2 Ein Gewächshaus aus Glas soll die Form eines Quaders mit aufgesetzter Pyramide haben. Der quaderförmige Teil des Hauses ist 6 m lang, 4 m breit und 2,20 m hoch.
   a) Die Glaspyramide hat ein Volumen von 26 m³. Berechne ihre Höhe.
   b) Wie viele Quadratmeter Glas werden für das Gewächshaus benötigt?

3 Ein Körper besteht aus einem Quader und einer aufgesetzten Pyramide.
   a) Berechne das Volumen des Körpers.
   b) Willi und Maria wetten, welcher Teil des Körpers die größere sichtbare Fläche hat. Willi tippt auf den Quader, Maria auf die Pyramide. Wer hat Recht?

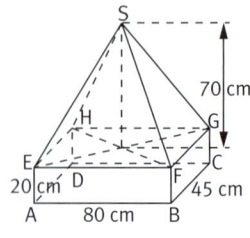

4 Nachdem die Kerze links mehrere Male gebrannt hat, ist sie mittlerweile nur noch 6 cm hoch.
   a) Schätze, wie viel Prozent der Kerze bereits verbrannt sind.
   b) Berechne das Volumen des verbrannten Kerzenteils und des Kerzenrests. Vergleiche mit deiner Schätzung.

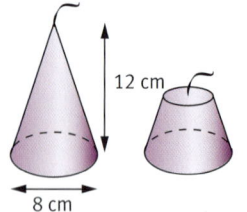

5 Mithilfe eines Förderbandes werden 800 m³ Kalisalz kegelförmig aufgeschüttet.
   a) Welche Fläche bedeckt der Haufen bei einer Höhe von 8 m?
   b) Zeichne den Querschnitt des Kegels im Maßstab 1:100 und bestimme den Schüttwinkel, also den Winkel in der Kegelspitze.

Die Teigdicke ist zu vernachlässigen.

6 Der Eisverkäufer Toni Gelati möchte zu Beginn des Sommers neue Eistüten herstellen. Er hat zwei kegelförmige Tüten zur Auswahl:

> Tüte 1: Höhe 9 cm, Durchmesser 4 cm
> Tüte 2: Höhe 12 cm, Durchmesser 3 cm

   a) Welche der beiden Tüten hat das größere Volumen?
   b) Bei welcher Tüte benötigt er eine größere Teigfläche?
   c) Für welche Tüte würdest du dich entscheiden? Begründe.
   d) Gelati hat sich für die Tüte 1 entschieden. Er bäckt den Teig auf rechteckigen Blechen (20 cm x 50 cm). Wie soll er die Teigstücke am sinnvollsten ausschneiden? Skizziere.

7 Berechne das Volumen und den Oberflächeninhalt der Werkstücke (Maße in cm).

a)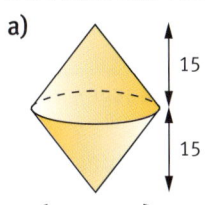
b)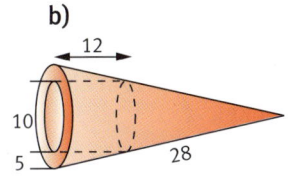
c)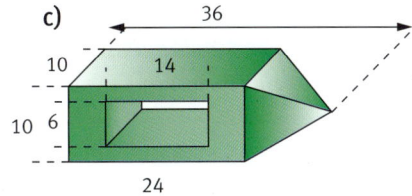

8 Dieser Turm in der Festung Marienberg in Würzburg ist 42 m hoch und hat einen Umfang von 44 m. Sein Dach hat die Form eines Kegels, der in der Spitze rechtwinklig ist.
   a) Berechne den Durchmesser des Turms.
   b) Wie groß ist das Gesamtvolumen des Turms einschließlich des Dachraums?
   c) Das Dach soll neu gedeckt werden. Wie hoch sind die enstehenden Kosten, wenn ein Quadratmeter 68,80 € zuzüglich der gesetzlichen Mehrwertsteuer kostet?

9 Ein „British Tea" Beutel hat die Form einer regelmäßigen dreiseitigen Pyramide (Tetraeder) mit der Kantenlänge a = 6 cm.
   a) Berechne den Oberflächeninhalt eines Teebeutels.
   b) Die Firma rechnet pro Teebeutel mit einem Materialbedarf von 68 cm². Begründe, wie diese Abweichung zur Rechnung aus a) zustande kommen kann.
   c) Jeder Teebeutel wird zu 56 % mit Teeblättern gefüllt. Berechne das Volumen der Teeblätter. Informiere dich über die Volumenformel eines Tetraeders.

10 In einem Restaurant wird der Aperitif in kegelförmigen Gläsern angeboten.
   a) Berechne das Volumen eines Cocktailglases.
   b) Der Wirt lässt jeweils 1,5 cm unter dem Rand frei. Berechne, wie viel Flüssigkeit ein Gast bei seiner Bestellung bekommt.
   c) Der Wirt schenkt seinen Aperitif aus einer 0,75 l Flasche aus. Wie viele Gläser kann er mit einer Flasche füllen?

Erinnere dich:
1l = 1 dm³

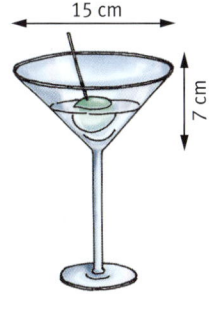

11 An einem Traktor ist ein Düngerstreuer angebaut, dessen trichterförmiger Behälter einen inneren Durchmesser von 115 cm und eine innere Tiefe von 98 cm hat.
   a) Bestimme sein Fassungsvermögen.
   b) Wie viele Säcke passen in den Behälter, wenn ein 50-kg-Sack des Düngemittels etwa 80 dm³ Volumen hat?

12 Bei der Eisdiele Gelato kann man zwischen zwei Eiswaffeln wählen, die eine hat die Form eines Kegels, die andere die einer quadratischen Pyramide.
   a) Berechne das Volumen der kegelförmigen Tüte in Liter.
   b) Berechne die Kantenlänge a der quadratischen Pyramide, wenn beide Eiswaffeln die gleiche Höhe und das gleiche Volumen haben.

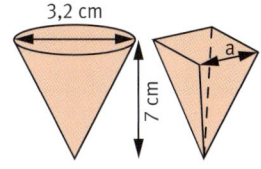

5.4 Vermischte Aufgaben

13 Elena bastelt mit ihrer kleinen Schwester Mimi eine Schultüte aus Pappe.
  a) Die Schultüte hat einen Durchmesser von 20 cm. Berechne deren Höhe, wenn sie ein Volumen von 7 dm³ haben soll.
  b) Die Schultüte wird aus einem Karton in Form eines Kreissektors ausgeschnitten. Berechne den Mittelpunktswinkel.
  c) Um die obere Öffnung wird ein Glitzerstreifen aus Goldpapier angebracht. Berechne die Länge des Streifens.

14 Familie Weihnacht möchte ihren Stand für den Christkindlesmarkt vorbereiten.
  a) Dazu muss die Hütte außen komplett gestrichen werden. Die Fenster sind zu vernachlässigen. Berechne die zu streichende Fläche.
  b) Der Boden soll komplett mit Holz ausgelegt werden. Im Keller finden sich noch drei Bretter (200 cm x 25 cm), die auch zersägt werden können. Reichen diese aus?
  c) Auf dem Dach soll als Dekoration ein kegelförmiger aufblasbarer Nikolaus angebracht werden. Dieser soll einen Radius von 20 cm haben. Welche Höhe hat der Nikolaus, wenn 50 l Luft hineingehen?

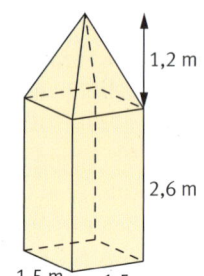

Alltag

Die alten Baumeister

Die Pyramiden von Gizeh sind die einzigen Bauwerke, die von den sieben Weltwundern des Altertums noch heute bei Kairo in Ägypten zu bestaunen sind. Sie wurden zwischen 3000 und 2500 v. Chr. erbaut.
Die größte der Pyramiden ist die Cheopspyramide, die als Grabmal des Pharaos Cheops diente. Die Pyramide mit quadratischer Grundfläche hatte bei ihrer Erbauung eine Grundkantenlänge von 233 m und eine Höhe von 148 m. Durch Verwitterung und Abtragungen ist die Pyramide heute nur 138 m hoch und die Grundkante 227 m lang.

- Wie viele Fußballfelder von 100 m Länge und 60 m Breite hätten heute auf der Grundfläche der Cheopspyramide Platz?
- Wie viel m³ Gestein sind im Laufe der Zeit verwittert bzw. abgetragen worden?
- Baue eine Pyramide aus Holzkugeln. Schiebe die Kugeln dazu auf Rundstäbe und verklebe sie.
  Du brauchst dazu: So sieht die Pyramide aus:
  2-mal
  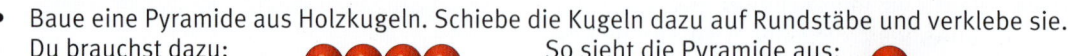
  2-mal

Die Klassenfahrt

SITUATIONSBESCHREIBUNG

Eure Schule plant eine Klassenfahrt nach London. Im Voraus sollst du dich gemeinsam mit einigen Freunden über zwei bestimmte Gebäude der Londoner Skyline informieren und eine Präsentation über sie halten.

30 St Mary Axe

The Shard

HANDLUNGSAUFTRÄGE

1. Informiert euch im Internet oder in einem Reiseführer über beide Gebäude. Findet genaueres über ihre Entstehungsgeschichte, ihren Standort und ihre Bedeutung heraus.
2. Berechnet das Volumen und den Oberflächeninhalt der beiden Gebäude. Recherchiert die dafür benötigen Maße.
3. Erstellt anhand eurer Recherchen maßstabsgetreue Schrägbilder beider Gebäude mithilfe eines Geometrieprogramms.
4. Erkundigt euch, ob es in eurer Nähe ebenfalls Gebäude in Form einer Pyramide oder eines Kegels gibt. Falls ja, ermittelt einige Hintergrundinformationen zu diesen Gebäuden.
5. Präsentiert euren Klassenkameraden und der Lehrkraft eure Ergebnisse.

5.5 Das kann ich!

Überprüfe deine Fähigkeiten und Kenntnisse. Bearbeite dazu die folgenden Aufgaben und bewerte anschließend deine Lösungen mit einem Smiley.

☺	😐	☹
Das kann ich!	Das kann ich fast!	Das kann ich noch nicht!

Hinweise zum Nacharbeiten findest du auf der folgenden Seite. Die Lösungen stehen im Anhang.

Aufgaben zur Einzelarbeit

1 Auf welche dir bekannten geraden Pyramidenarten treffen die folgenden Aussagen zu?
 a) Die Seitenflächen sind gleichschenklige Dreiecke.
 b) Die Grundfläche und die Seitenflächen sind gleichseitige Dreiecke.
 c) Die 4 Seiten der Grundfläche sind gleich lang.
 d) Die Seitendreiecke sind kongruent zueinander.
 e) Es gilt: $h = \sqrt{h_s^2 + \left(\frac{a}{2}\right)^2}$

2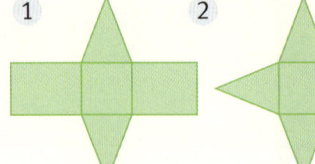

 a) Welches der Körpernetze gehört zu einer Pyramide mit quadratischer Grundfläche?
 b) Finde Körper zu den anderen Netzen.

3 Eine Pyramide mit rechteckiger Grundfläche (a = 45 mm, b = 60 mm) ist 85 mm hoch. Berechne das Volumen und den Oberflächeninhalt.

4 Das Netz eines Tetraeders besteht aus gleichseitigen Dreiecken der Seitenlänge a = 5 cm.
 a) Zeichne das Netz des Tetraeders
 b) Berechne die Höhe der Seitendreiecke.
 c) Berechne den Oberflächeninhalt.

5 Berechne Volumen und Oberflächeninhalt des Kegels.
 a) r = 4 cm; h = 8,5 cm
 b) h = 45 mm; s = 60 mm
 c) u = 9 m; h = 4,8 m
 d) d = 2,8 cm; s = 3,4 cm

6 Berechne die fehlenden Größen eines Kreiskegels. Runde auf eine Dezimale.
 a) V = 600 cm³; h = 12 cm
 b) A_M = 390 cm²; s = 17 cm
 c) u = 8,0 m; A_O = 100 m²
 d) d = 12 cm; h = 2,4 dm

7 Berechne das Volumen und den Oberflächeninhalt der quadratischen Pyramide.
 a) a = 8,2 cm; h = 17,0 cm
 b) a = 3,5 cm; h_s = 10,0 cm
 c) h = 6 cm; h_s = 7,5 cm
 d) h_s = 13 cm; s = 15 cm

8 Berechne die fehlenden Größen einer gleichseitig dreieckigen Pyramide.

	a)	b)	c)
a	3 cm	4,5 m	7,2 mm
h_s	4,8 cm		110 cm
A_O		50,6 m²	

9 Auf einer Baustelle wird der Sand in einem kegelförmigen Behälter aufbewahrt.

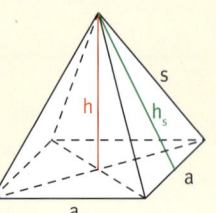

 a) Berechne das Fassungsvermögen und runde dein Ergebnis auf eine Dezimale.
 b) Ein zweiter Behälter hat das gleiche Fassungsvermögen, er ist aber 0,3 m niedriger. Welchen Durchmesser hat dieser Behälter?

10 Eine quadratische Pyramide hat eine Seitenlänge von 23 cm und eine Höhe von 3,6 dm. Berechne die Gesamtlänge ihrer 8 Kanten.

11 Beim Aufschütten von Sand entsteht ein Kegel mit 6,5 m Höhe. Der Grundflächenumfang misst 63 m.
 a) Berechne das Volumen des Sandhaufens.
 b) Zum Schutz vor Regen soll der Sandhaufen mit einer Plane abgedeckt werden. Berechne den Flächeninhalt der Plane.
 c) Damit die Plane befestigt werden kann, werden 6 % mehr eingerechnet. Berechne die Kosten für die Plane, wenn ein Quadratmeter 4 € kostet.

12 Berechne das Volumen und den Oberflächeninhalt der Körper (Maßangaben in cm).

a) 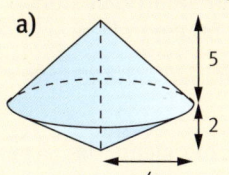   b)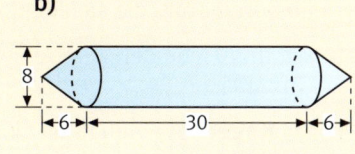

13 Berechne die Dachfläche und die Größe des Dachraums.

a) Pyramidendach 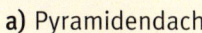   b) Kegeldach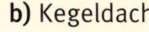

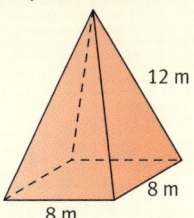 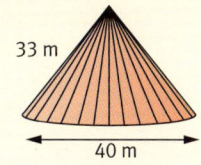

14 Eine kegelförmige Schultüte hat ein Volumen von 3,8 dm³.
   a) Berechne ihren Durchmesser, wenn sie 65 cm hoch ist.
   b) Eine „Jumbotüte" hat denselben Durchmesser, ist aber 10 cm höher. Berechne das Volumen dieser Schultüte.

15 Zeichne jeweils ein Schrägbild.
   a) Quadratische Pyramide mit a = 5 cm und h = 4,5 cm
   b) Quadratische Pyramide mit a = 4 cm und V = 28 cm³
   c) Kegel mit d = 5 cm und h = 6 cm

16 Übertrage die begonnenen Schrägbilder der beiden Pyramiden in dein Heft und vervollständige sie.

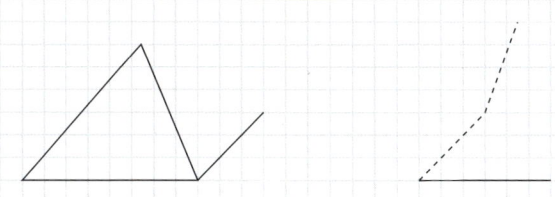

17 Ein Kirchturmdach hat die Form einer quadratischen Pyramide. Die Seiten des Quadrats sind 7,60 m lang, das Dach ist 14,40 m hoch.
   a) Erstelle ein Schrägbild der Pyramide. Achte auf einen passenden Maßstab.
   b) Berechne die Dachfläche.

Aufgaben für Lernpartner

Arbeitsschritte

1. Bearbeite die folgenden Aufgaben alleine.
2. Suche dir einen Partner und erkläre ihm deine Lösungen. Höre aufmerksam und gewissenhaft zu, wenn dein Partner dir seine Lösungen erklärt.
3. Korrigiere gegebenenfalls deine Antworten und benutze dazu eine andere Farbe.

Sind folgende Behauptungen **richtig** oder **falsch**? Begründe schriftlich.

18 Das Netz einer Pyramide hat so viele Dreiecksflächen wie das Vieleck der Grundfläche Seiten hat.

19 Die Seitenflächen einer Pyramide sind immer gleichseitige Dreiecke.

20 Die Mantelfläche eines Kegels ist immer gleich groß wie seine Grundfläche.

21 Die Oberfläche eines Kegels besteht aus zwei Kreisflächen.

22 Die Höhe einer Pyramide lässt sich mithilfe von rechtwinkligen Dreiecken berechnen.

23 Das Volumen einer Pyramide ist das Produkt aus der Grundfläche und Höhe der Pyramide.

24 Verdoppelt man die Höhe eines Kegels, dann verdoppelt sich auch sein Volumen.

25 Bei einem Schrägbild werden alle nach hinten verlaufenden Kanten um ein Drittel gekürzt und in einem Winkel von 45° gezeichnet.

Aufgabe	Ich kann ...	Hilfe
1, 18, 19, 20	Eigenschaften von Pyramiden beschreiben.	S. 114
2, 4, 18	Netze von Pyramiden und Kegeln zeichnen.	S. 114
3, 4, 5, 6, 7, 8, 9, 10, 11, 12, 13, 17, 21, 22	den Mantelflächen- und Oberflächeninhalt von Pyramiden und Kegeln berechnen.	S. 116
3, 5, 6, 7, 9, 10, 14, 22, 23, 24	das Volumen von Pyramiden und Kegeln berechnen.	S. 118
15, 16, 17, 25	Schrägbilder von Pyramiden und Kegeln skizzieren.	S. 120

S. 114

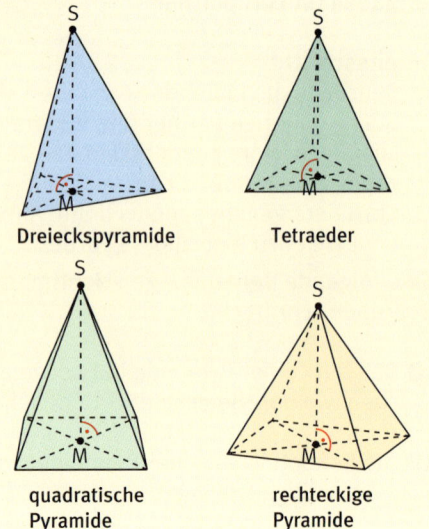

Eine **Pyramide** besteht im Allgemeinen aus einem Vieleck als Grundfläche. Die Mantelfläche besteht aus Dreiecken, die sich in einer Spitze treffen.

Wir unterscheiden gerade Pyramiden anhand ihrer Grundfläche.

Ein **Kegel** hat einen Kreis als Grundfläche. Die Mantelfläche ist ein Kreissektor.

S. 114

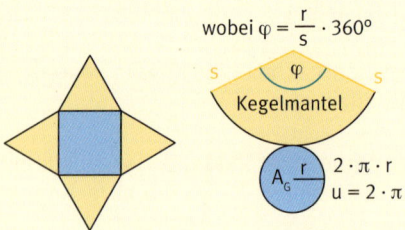

Beim **Netz** eines Körpers hängen alle Flächenstücke zusammen.
Bei der geraden Pyramide besteht die Mantelfläche aus gleichschenkligen Dreiecken.
Beim Kegel entspricht der Kreisumfang der Grundfläche der Länge des Kreisbogens der Mantelfläche.

S. 116
S. 118

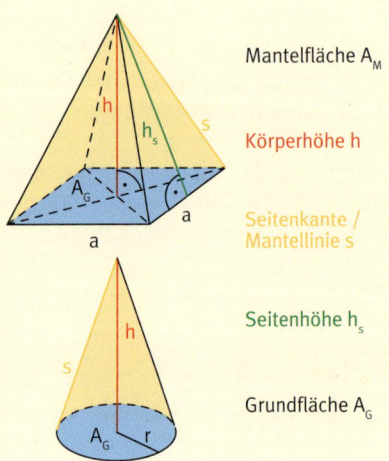

Die **Oberfläche** einer Pyramide und eines Kegels berechnet sich aus der **Summe aller Flächen des Körpers**.

$A_{O\ Pyramide} = A_{n\text{-Eck}} + n \cdot A_{Dreieck}$

$A_{O\ Kegel} = A_{Kreis} + A_{Kreismantel} = r^2 \cdot \pi + r \cdot s \cdot \pi = r \cdot \pi (r + s)$

Das **Volumen** einer Pyramide und eines Kegels berechnet sich jeweils:

$V = \frac{1}{3} \cdot A_G \cdot h$

Somit gilt beim Kegel mit $A_G = \pi \cdot r^2$:

$V = \frac{1}{3}\pi r^2 \cdot h$

S. 120

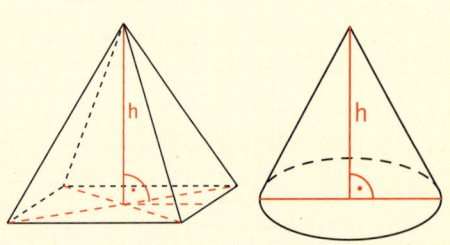

Ein **Schrägbild** ist eine schräge Projektion eines Körpers auf eine Ebene.

Nach hinten verlaufenden Kanten werden in der Länge halbiert und unter einem Winkel von 45° dargestellt.

Verdeckte Kanten werden gestrichelt gezeichnet.

6 Trigonometrie am rechtwinkligen Dreieck

Einstieg

Der Besitzer der Wohnanlage setzt auf erneuerbare Energien und möchte auf dem Hausdach Solarmodule zur Warmwasserbereitung montieren. Er hat sich für Solarmodule im Standardmaß 160 cm x 80 cm entschieden. Außerdem hat er herausgefunden, dass der optimale Neigungswinkel der Solarmodule gegenüber der Horizontalen 35° beträgt. Doch wie viele Reihen Solarzellen sollten sinnvollerweise aufgestellt werden?

- Fertige eine maßstabsgetreue Skizze eines aufgestellten Solarmoduls an wie in der gezeigten Skizze. Trage bekannte Größen ein.
- Bestimme mit Hilfe der Zeichnung den horizontalen Platzbedarf (Tiefe) und die Höhe eines Solarmoduls.
- Vergleicht eure Ergebnisse. Gibt es mehrere Möglichkeiten?
- Wie viele Reihen Solarzellen können aufgestellt werden, wenn die Maße des Hausdachs in der Breite 7 m und in der Länge 15 m betragen?
- Bewerte dein Ergebnis. Bedenke, dass zwischen den einzelnen Solarmodulen ein Abstand eingeplant werden sollte, damit sich die Zellen auch im Winter bei einer Sonneneinstrahlung unter einem Winkel von 20° nicht beschatten.

Ausblick

Am Ende dieses Kapitels hast du gelernt, ...
- Winkel und Seitenlängen in rechtwinkligen Dreiecken mithilfe von Sinus, Kosinus und Tangens zu berechnen.
- Die Winkelfunktionen Sinus, Kosinus und Tangens für praxisorientierte Aufgaben zu verwenden.

6.1 Sinus und Kosinus im rechtwinkligen Dreieck

- Zeichne mindestens drei rechtwinklige Dreiecke ABC mit γ = 90° und α = 37°.
- Begründe, dass die gezeichneten Dreiecke alle ähnlich zueinander sind.

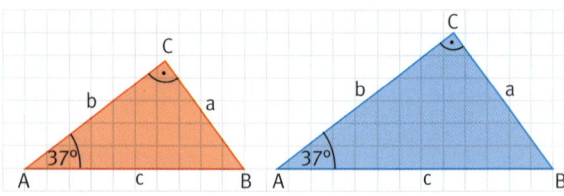

- Untersuche an den Dreiecken die Seitenverhältnisse $\frac{a}{c}$ $\left(\frac{b}{c}\right)$. Begründe Zusammenhänge, die du entdeckst.
- Zeichne zwei rechtwinklige Dreiecke ABC mit γ = 90° und α = 25° (α = 60°). Beschreibe, wie sich der Wert des Quotienten $\frac{a}{c}$ $\left(\frac{b}{c}\right)$ mit der Größe von α ändert (z. B. „Wenn α größer wird, dann wird der Quotient $\frac{a}{c}$ …").

Merkwissen

Bezeichnungen im rechtwinkligen Dreieck:

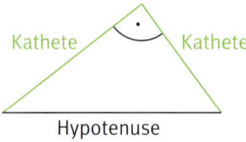

In einem rechtwinkligen Dreieck sind die Seitenverhältnisse eindeutig durch die Größe der beiden spitzen Winkel des Dreiecks festgelegt. Bezogen auf die spitzen Winkel des rechtwinkligen Dreiecks bezeichnet man diejenige **Kathete**, die dem **betrachteten Winkel gegenüber** liegt, als **Gegenkathete** und diejenige, die an dem Winkel **anliegt**, als **Ankathete**.

Beispiel für γ = 90°:

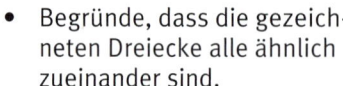

Das Verhältnis der Längen von **Gegenkathete zu Hypotenuse** eines spitzen Winkels α nennt man **Sinus** des Winkels α (kurz: **sin α**):

Sinus des Winkels = $\frac{\text{Gegenkathete des Winkels}}{\text{Hypotenuse}}$ Beispiel: $\sin α = \frac{a}{c}$; $\sin β = \frac{b}{c}$

sin α sprich:
„*Sinus von α*" oder „*Sinus α*"

Das Verhältnis der Längen von **Ankathete zu Hypotenuse** eines spitzen Winkels α nennt man **Kosinus** des Winkels α (kurz: **cos α**):

Kosinus des Winkels = $\frac{\text{Ankathete des Winkels}}{\text{Hypotenuse}}$ Beispiel: $\cos α = \frac{b}{c}$; $\cos β = \frac{a}{c}$

cos α sprich:
„*Kosinus von α*" oder „*Kosinus α*"

Beispiele

I Gib als Verhältnis der Seitenlängen an.

a) sin α b) sin β
c) cos α d) cos β

Lösung:
a) $\sin α = \frac{s}{u}$ b) $\sin β = \frac{t}{u}$
c) $\cos α = \frac{t}{u}$ d) $\cos β = \frac{s}{u}$

Verständnis

- Wie ändert sich der Wert des Sinus (Kosinus) eines Winkels, wenn sich bei ähnlichen Dreiecken die Länge aller Seiten verdoppelt, verdreifacht, …?
- Begründe: Der Sinuswert eines Winkels kann nie größer als 1 werden.

KAPITEL 6

AUFGABEN

1 Gib als Verhältnis der Seitenlängen an: sin α, sin β, cos α und cos β.

a) 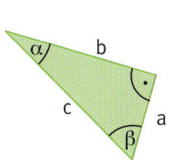   b) 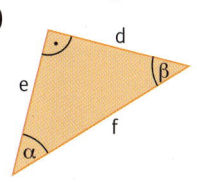   c) 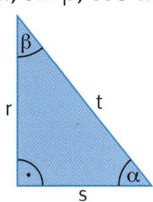   d)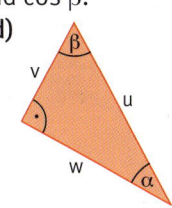

2

α	10°	20°	30°	40°	50°	60°	70°	80°
sin α	☐	☐	☐	☐	☐	☐	☐	☐
cos α	☐	☐	☐	☐	☐	☐	☐	☐

Taschenrechner:
Sinus: sin
Kosinus: cos

a) Übertrage die Tabelle und berechne die Werte mit dem Taschenrechner.
b) Beschreibe Zusammenhänge zwischen sin α und cos α.

3 Das Dreieck ABC hat einen rechten Winkel γ.
Berechne jeweils sin α, sin β, cos α und cos β. Runde auf zwei Dezimalen.
  a) a = 5,5 cm; b = 4,8 cm; c = 7,3 cm   b) a = 33 m; b = 56 m; c = 65 m

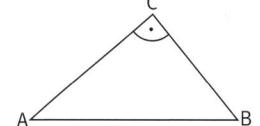

4 Stelle die Formeln für den Sinus und den Kosinus für das Dreieck ABC mit γ = 90° nach allen vorkommenden Seitenlängen um.

5 Berechne die gesuchte Seitenlänge im rechtwinkligen Dreieck ABC mit γ = 90° und c = 4,5 cm.
  a) α = 25°; a = ☐   b) β = 55°; a = ☐   c) α = 31°; b = ☐   d) β = 84°; b = ☐

6 a) Bei einem rechtwinkligen Dreieck mit γ = 90° sind die Hypotenuse c = 6,0 cm und der Winkel α = 65° gegeben. Timo berechnet die fehlenden Seitenlängen und Winkelgrößen.

Skizze:
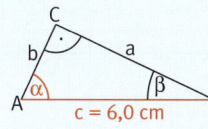

$\sin α = \frac{a}{c} \Rightarrow a = c \cdot \sin α \quad a = 6{,}0\,cm \cdot \sin 65° ≈ 5{,}4\,cm$

$\cos α = \frac{b}{c} \Rightarrow b = c \cdot \cos α \quad b = 6{,}0\,cm \cdot \cos 65° ≈ 2{,}5\,cm$

$\sin β = \frac{b}{c} \quad \sin β = \frac{2{,}5\,cm}{6{,}0\,cm} \Rightarrow β ≈ 25°$

Den Winkel kannst du mit der Taschenrechnerfunktion $\sin^{-1}$ bzw. $\cos^{-1}$ berechnen.

  ① Beschreibe sein Vorgehen.
  ② Finde eine Möglichkeit, wie Timo den Winkel β geschickter bestimmen kann.

b) Erstelle eine Skizze. Berechne die fehlenden Größen im bei C rechtwinkligen Dreieck ABC.
  ① a = 2,8 cm; c = 5,3 cm   ② b = 15,0 cm; c = 17,0 cm   ③ b = 4,0 cm; β = 45°

Lösungen zu 6 b):
28°; 32°; 45°; 58°; 62°;
4,0; 4,5; 5,7; 8,0

7 Berechne für ein Dreieck ABC die fehlenden Tabellenwerte in deinem Heft.

	a	b	c	α	β	γ
a)	5,3 cm	☐	☐	90°	55°	☐
b)	9,0 cm	10,2 cm	☐	☐	90°	☐
c)	5,5 cm	4,4 cm	☐	90°	☐	☐

Eine Skizze kann helfen.

6.2 Tangens im rechtwinkligen Dreieck

Erinnere dich:

$8\% = \frac{8}{100}$ bedeutet
8 *Höhenmeter* auf *100 m*
„in der Ebene".

Steigungen und Gefälle kommen in verschiedenen Situationen im Alltag vor. Sie werden in Prozent oder durch Winkelmaße angegeben.

Leichte Abfahrten haben ein Gefälle von 3° bis 15°.

Bei der Tour de France müssen die Radprofis teils 15 % Steigung bewältigen.

Gute Geländewagen schaffen Steigungen bis zu 100 %.

- Erkläre, was man unter einer Steigung in Grad bzw. in Prozent versteht.
- Zeichne passende Dreiecke und miss den zugehörigen Steigungswinkel.

Steigung	10 %	25 %	50 %	60 %	80 %
Winkel	☐	☐	☐	☐	☐

Merkwissen

Steigungsdreiecke an derselben Geraden sind alle zueinander ähnlich. Deshalb ist das **Verhältnis der Gegenkathete zur Ankathete** des Steigungswinkels α stets gleich:

Anstieg $m = \frac{4}{6} = \frac{2}{3} = ...$

In einem rechtwinkligen Dreieck bezeichnet man das Verhältnis der Längen von **Gegenkathete zu Ankathete** eines spitzen Winkels als **Tangens**, kurz **tan**:

Tangens des Winkels = $\frac{\text{Gegenkathete des Winkels}}{\text{Ankathete des Winkels}}$

Beispiel für γ = 90°:

$\tan\alpha = \frac{a}{b}$ $\tan\beta = \frac{b}{a}$

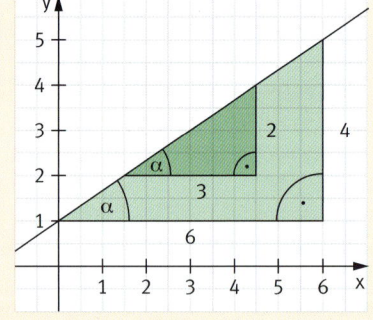
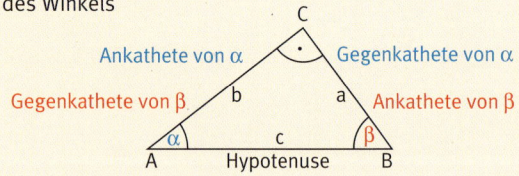

tan α sprich:
„Tangens von α" oder
„Tangens α"

Beispiele

Taschenrechner:

Tangens:

Den Winkel kannst du mit der Taschenrechnerfunktion $\tan^{-1}$ berechnen.

I Berechne α und β mit dem Taschenrechner.

Lösung:

$\tan\alpha = \frac{3{,}6\text{ cm}}{7{,}7\text{ cm}} = \frac{36}{77} \implies \alpha \approx 25°$

$\tan\beta = \frac{7{,}7\text{ cm}}{3{,}6\text{ cm}} = \frac{77}{36} \implies \beta \approx 65°$

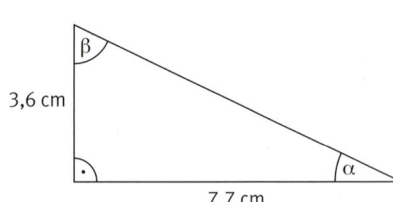

Verständnis

- Begründe, dass der Tangenswert eines Winkels größer als 1 werden kann.
- Erkläre, um welches Dreieck es sich handelt, wenn der Tangens den Wert 1 annimmt.

Kapitel 6

Aufgaben

1 Bestimme tan α, tan β, sin α, sin β, cos α und cos β für die Dreiecke.

a) 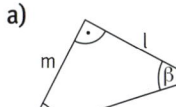   b) 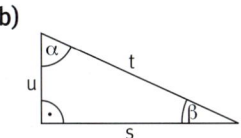   c) 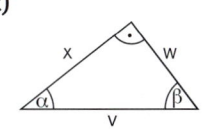   d)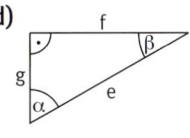

2 Berechne tan α und tan β für das Dreieck ABC mit γ = 90°. Runde auf zwei Stellen nach dem Komma.

a) a = 8,3 cm; b = 6,7 cm
b) a = 73 mm; b = 113 mm
c) a = 12,4 m; b = 19,8 m
d) a = 1,2 dm; b = 98 cm

Lösungen zu 2:
0,12; 0,63; 0,65; 0,81;
1,24; 1,55; 1,60; 8,17

3 Berechne α und β mit dem Taschenrechner.

a) 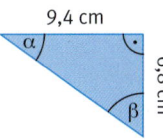   b) 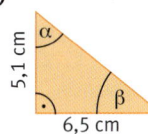   c) 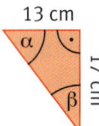   d)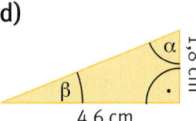

4 Stelle die Formeln für den Tangens eines rechtwinkligen Dreiecks ABC für jeden Winkel nach allen vorkommenden Seitenlängen um.

a) α = 90°   b) β = 90°   c) γ = 90°

5 Übertrage die Tabelle in dein Heft und berechne die fehlenden Werte.

	a	b	c	α	β	γ
a)		5,2 cm		30°	60°	
b)	1,9 cm	18,1 cm			90°	
c)			10,2 cm	90°		38°
d)	12,3 cm				90°	63°

Lösungen zu 5:
6°; 27°; 52°; 84°; 90°; 3,0;
6,0; 18,0; 16,6; 13,1; 24,1;
27,1

6 An eine Uferböschung, die geradlinig abfällt, wird ein Bootssteg gebaut. Zur Befestigung werden im Abstand von 1,3 m vier Pfähle in den Boden gerammt.

a) Bestimme mithilfe des Tangens die Länge der Pfähle, wenn sie jeweils 1 m tief im Boden stecken.

b) Findest du auch eine Berechnungsmöglichkeit, ohne den Tangens zu nutzen?

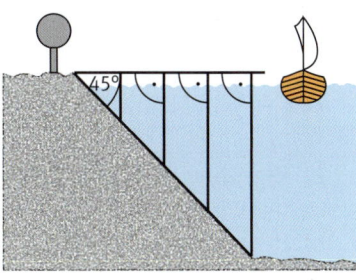

7

| 1 | α = 30°; γ = 90°; b = 6 cm |
| 2 | a = 5,6 cm; b = 9,0 cm; c = 10,6 cm |

a) Konstruiere das rechtwinklige Dreieck mit dem passenden Kongruenzsatz (Planfigur – Beschreibung – Zeichnung).

b) Berechne fehlende Seitenlängen und Winkelgrößen und überprüfe an der Konstruktionszeichnung.

Erinnere dich:
Kongruenzsätze SSS,
WSW, SWS

6.3 Sinus, Kosinus und Tangens im Alltag

AUFGABEN

1. Zur Messung der Breite eines Flusses zieht man eine Standlinie von A nach B so, dass bei B durch Peilung ein rechter Winkel entsteht. Berechne die Flussbreite für die angegebenen Maße.

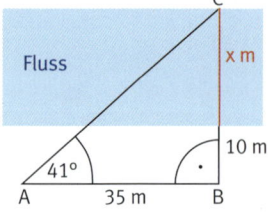

2. Eine elfsprossige Leiter (Sprossenabstand 30 cm) lehnt an einer Wand. Die Enden der Leiter sind jeweils 45 cm von den äußeren Sprossen entfernt.

   a) Bestimme die Leiterlänge.

   b) Berechne den Winkel, den die Leiter mit der Wand einschließt, wenn sie unten 1,5 m von der Wand entfernt steht.

   c) Berechne, in welcher Höhe die Leiter an der Wand lehnt.

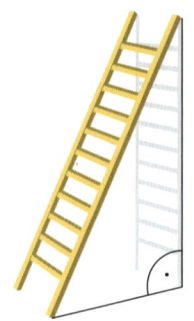

3. Ein Schiff fährt auf einem See von Abach über Bibertal nach Costein und auf dem gleichen Weg wieder zurück. Berechne die insgesamt zurückgelegte Strecke.

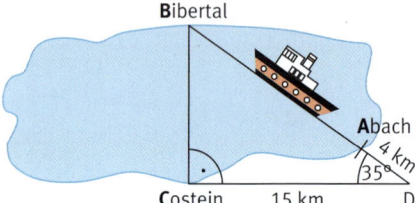

4. Herr Graf installiert in seiner Decke einen Halogenstrahler, der einen Abstrahlwinkel α von 36° (12°) hat. Wie groß ist der Durchmesser der beleuchteten Bodenfläche?

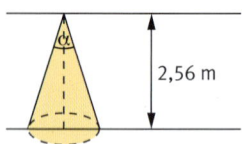

5. In den Alpen haben viele Passstraßen starke Steigungen, angegeben ist im Folgenden jeweils die maximale Steigung. Berechne den Steigungswinkel eines Straßenabschnitts mit der angegebenen Steigung und zeichne ein zugehöriges Steigungsdreieck.

   a) 8 % (Fernpass)   b) 12 % (Achenpass)

   c) 15 % (Hahntennjoch)   d) 22 % (Monte Zoncolan)

Lösungen zu 6:
8,7 %; 15,8 %; 100 %; 173,2 %

6. Berechne die Steigung in Prozent, wenn der Steigungswinkel eines Berghangs die Größe 5° (9°, 45°, 60°) hat. Zeichne jeweils ein zugehöriges Steigungsdreieck.

7. Ein Ballon steht 55 m über der Erde. Vom Ballon aus werden die Spitze eines Turmes sowie sein Fußpunkt anvisiert (Winkel gegenüber der Waagrechten).

   a) Berechne die horizontale Entfernung des Ballons von der Turmspitze.

   b) Bestimme die Turmhöhe.

8. Eine Seilbahn hat zwei unterschiedlich steile Abschnitte.

   a) Berechne die Steigungswinkel α und β.

   b) Bestimme den gesamten Höhenunterschied von der Tal- zur Bergstation.

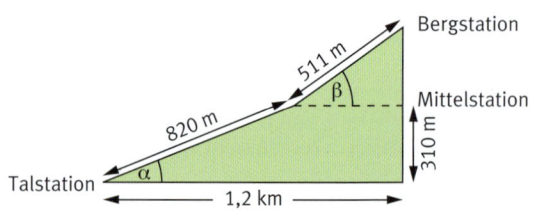

9 Berechne die Höhe h des Zirkuszeltes.

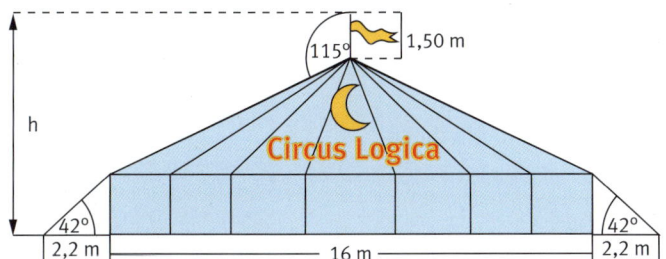

10 Ein Verkehrsflugzeug startet und überfliegt nach kurzer Zeit einen 20 km entfernten Fluss. Berechne seine Flughöhe, wenn der durchschnittliche Steigungswinkel 6° beträgt.

11 In einem Wasserkraftwerk ist die Rohrleitung zur Turbine 348 m lang. Die horizontale Entfernung zwischen Wasserspeicher und Turbine beträgt 285 m.
   a) Berechne den Steigungswinkel.
   b) Welchen Höhenunterschied überwindet die Leitung? Gib die Steigung in Prozent an.

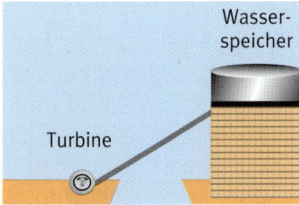

12 Von einem 65 m hohen Leuchtturm erblickt man ein Motorboot unter einem Tiefenwinkel von α = 4°. Berechne die Entfernung des Motorboots vom Leuchtturm.

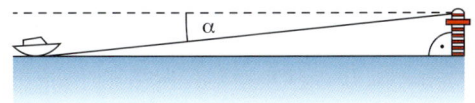

13 Der Hindenburgdamm verbindet die Nordseeinsel Sylt mit dem Festland. Der Querschnitt durch den Damm ist ein gleichschenkliges Trapez. Berechne die Dammhöhe und überprüfe das Ergebnis durch eine maßstabsgenaue Zeichnung.

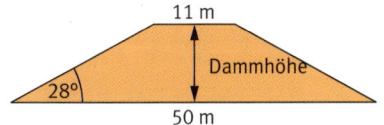

14 Der Schatten einer Kletterwand ist 17 m lang, während die Sonne unter einem Winkel von 53° über sie zur Erde strahlt.
   a) Berechne die Höhe der Kletterwand.
   b) Bestimme den Winkel, unter dem die Sonnenstrahlen auf die Erde treffen, wenn der Schatten der Kletterwand 20 m lang ist.

15 In Mayrhofen in Tirol befindet sich die Skipiste „Harakiri", die laut Betreiber steilste Piste Österreichs. Fährt man ein bestimmtes Teilstück, so überwindet man auf einer Abfahrtsstrecke von 150 m Länge einen Höhenunterschied von 92 m. Berechne den Anstiegswinkel α und gib diese Steigung in Prozent an.

16 Aus Quadern mit den Maßen 15 cm, 100 cm und 50 cm wird eine Treppe so gebaut, dass die Fläche der unteren Stufe zur Hälfte von der oberen verdeckt wird. Bestimme, welche Neigungswinkel der Treppe möglich sind. Beurteile die Lösungen hinsichtlich ihrer Alltagstauglichkeit.

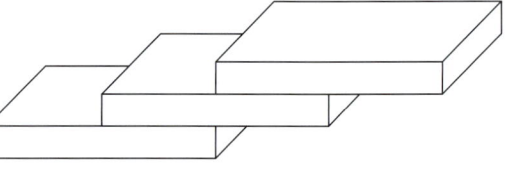

17 Der Skilift in Ernstthal am Rennsteig überwindet einen Höhenunterschied von 113,6 m und hat eine durchschnittliche Steigung von 22,4 %. Berechne die Länge der Strecke, die man mit dem Lift zurücklegt.

18 Für das abgebildete Hinweisschild sind genau zwei der Aussagen A bis E wahr.

    A Der Steigungswinkel beträgt 45°.
    B Auf 100 m Fahrstrecke überwindet man einen Höhenunterschied von 50 m.
    C Der Steigungswinkel ist kleiner als 30°.
    D Auf 100 m waagrechter Entfernung überwindet man einen Höhenunterschied von 50 m.
    E Der Steigungswinkel beträgt 50°.

ACHTUNG! 50 % Steigung

Gib die beiden wahren Aussagen an.

19 Bei dem abgebildeten Kettenkarussell schließen bei maximaler Geschwindigkeit die Ketten mit der Horizontalen a einen Winkel von 40° ein. Die Kette und der Sitz S sind zusammen 3,90 m lang. Im Stillstand befindet sich der Sitz 60 cm über dem Karussellboden b.
Berechne, in welcher Höhe über dem Karussellboden b sich der Sitz S bei maximaler Geschwindigkeit befindet.

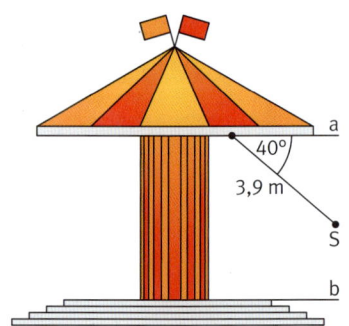

Kapitel 6

Vertiefung

Die trigonometrischen Funktionen

Das London Eye ist mit einer Höhe von 135 m das größte Riesenrad Europas. Für eine Umdrehung braucht es etwa 30 min. Die Abbildung zeigt den „Höhengraph" einer Gondel während eines Durchlaufs.

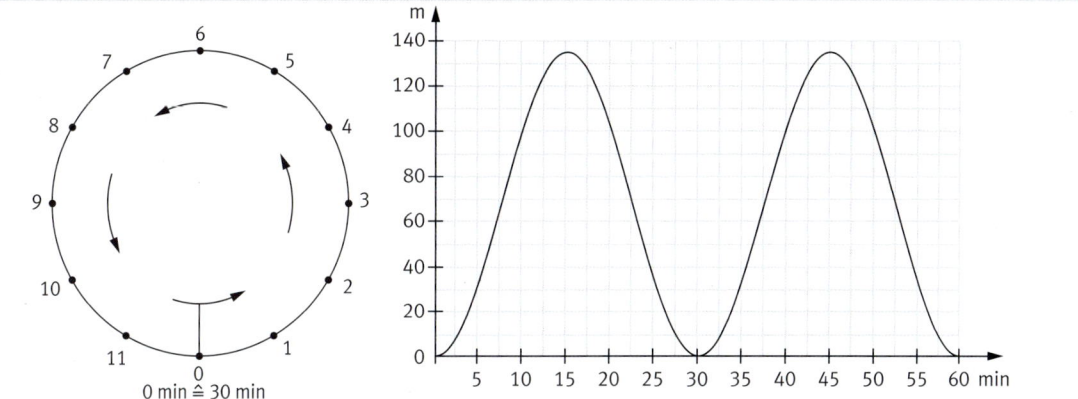

- Erkläre den Höhengraphen. Übertrage ihn dazu in dein Heft und markiere die 12 Punkte der Abbildung am Graphen.

Zur Vereinfachung betrachten wir nun einen Kreis mit dem **Radius 1 LE** (Längeneinheit), der im Koordinatensystem um den Ursprung gezeichnet wird. Diesen Kreis bezeichnet man als **Einheitskreis**. P ist ein beliebiger Punkt auf der Kreislinie.

Betrachtet man nun die **Bewegung dieses Punktes P auf der Kreislinie**, kann man jedem Drehwinkel α gegenüber der positiven x-Achse eindeutig eine y-Koordinate bzw. x-Koordinate des Bildpunktes auf dem Einheitskreis zuordnen. Jedem **Winkelmaß** α ist dabei ein Sinuswert $y = \sin \alpha$ bzw. Kosinuswert $x = \cos \alpha$ zugeordnet.

Diese Zuordnung heißt Sinus- bzw. Kosinusfunktion.

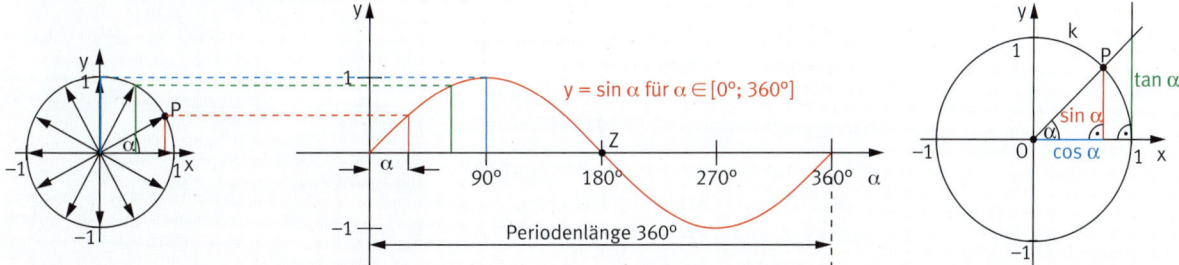

Funktionen, bei denen sich Funktionswerte in immer gleichen Abständen wiederholen, nennt man **periodische Funktionen**. Den kürzesten Abstand zwischen den Wiederholungen nennt man **Periodenlänge**.

- Erkläre den Verlauf des Graphen von $\sin \alpha$ mithilfe eines Punktes auf dem Einheitskreis.
- Zeichne den Graphen der Sinusfunktion. Erstelle dazu zunächst eine Wertetabelle von 0° bis 360°. Überprüfe die Werte auch mit dem Einheitskreis.
- Begründe die Aussage: Der Verlauf des Höhengraphens gleicht einer Sinusfunktion. Berücksichtige bei deiner Argumentation auch die Periodizität.
- Zeichne ebenso den Graphen zu $y = \cos \alpha$ und beschreibe dessen Eigenschaften. Du kannst auch ein dynamisches Geometrieprogramm verwenden. Welche Zusammenhänge erkennst du zum Graphen von $y = \sin \alpha$?

6.4 Vermischte Aufgaben

1 Konstruiere ein Dreieck ABC mit a = 3,5 cm, b = 7,5 cm und γ = 90°. Beschrifte es mit den Fachbegriffen Ankathete, Gegenkathete und Hypotenuse für die Winkel α und β.

2

α	10°	20°	30°	40°	50°	60°	70°	80°	90°
sin α									
cos α									
tan α									

a) Übertrage die Tabelle und berechne die Werte mit dem Taschenrechner.
b) Beschreibe Zusammenhänge zwischen sin α, cos α und tan α.

3 Stelle x in Abhängigkeit von a und α dar.

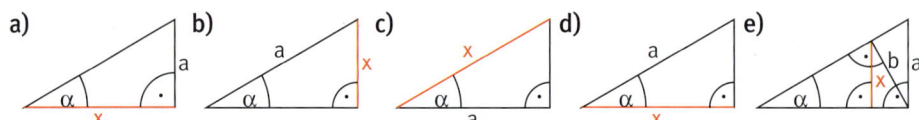

4 Berechne mithilfe des Taschenrechners die fehlenden Seitenlängen und Winkelmaße im rechtwinkligen Dreieck ABC. Runde auf eine Nachkommastelle.

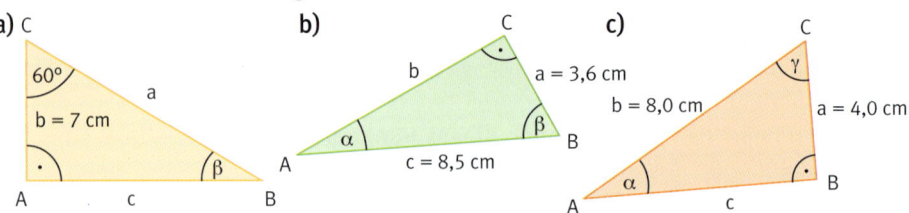

5 Geländefahrzeuge werden miteinander verglichen.

a) Bestimme den Steigungswinkel, den Fahrzeuge mit folgender Steigfähigkeit überwinden können.
   ① 54 %   ② 60 %   ③ 90 %

b) Berechne die Steigung in Prozent für die folgenden Steigungswinkel.
   ① 30°   ② 35°   ③ 58°

6 Berechne die fehlenden Werte für ein Dreieck ABC.

	a	b	c	α	β	γ
a)			113 mm	55°	35°	
b)		7,7 dm		42°	90°	
c)		36,7 m		19°		71°
d)	11,8 cm		9,6 cm	90°		

7 Bestimme die Größe von α. Zeichne dazu ein passendes rechtwinkliges Dreieck.

a) sin α = 0,6   b) cos α = 0,8   c) tan α = 3,0   d) sin α = 0,5
e) cos α = 0,4   f) tan α = 2,0   g) cos α = 0,5   h) tan α = 4,5

8 Konstruiere das Dreieck (Planfigur – Zeichnung – Beschreibung). Überprüfe anschließend die Konstruktion mithilfe einer Rechnung.

Nutze für die Konstruktion den Satz des Thales

a) b = 4,4 cm; c = 7,3 cm; γ = 90° b) a = 1,2 dm; b = 0,7 cm; α = 90°
c) a = 9,8 cm; c = 4,9 cm; α = 90° d) a = 6,5 cm; b = 3,4 cm; γ = 90°

9 Konstruiere das Dreieck. Berechne anschließend fehlende Längen und Winkel. Überprüfe zeichnerisch.

a) a = 8 cm; α = 28°; β = 62° b) a = 5,7 cm; α = 90°; β = 36°

10 Berechne die Steigungswinkel der zugehörigen Gerade im Koordinatensystem. Zeichne die Gerade und überprüfe durch Messung.

a) y = 2,5x + 3,6
b) 5y = x + 5
c) y = $\frac{3}{4}$x − 1,2

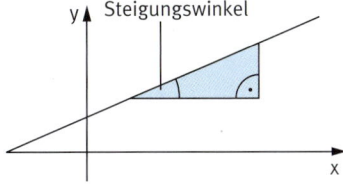

11 Ein 2,40 m langes Brett steht im Lager einer Schreinerei schräg an einer Wand. Das Brett hat zum Boden einen Winkel von 81°.
a) Berechne den Abstand des Brettes am Boden zur Wand.
b) Bestimme die Höhe, in der das Brett die Wand berührt.

12 Ein gleichseitiges Dreieck hat eine Höhe von 8 cm. Bestimme die Seitenlängen.

13 Ein gleichschenkliges Dreieck hat eine Basis von 7,5 cm Länge und einen Flächeninhalt von 22,5 cm². Bestimme die Länge der Schenkel und die Größe der Innenwinkel.

Zu 12 und 13: Fertige jeweils Skizzen an und zeichne die Höhe der Dreiecke ein. Überlege dann, wo du die bekannten Zusammenhänge zu rechtwinkligen Dreiecken anwenden kannst.

14

① 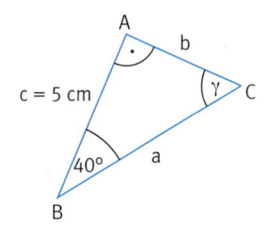 ② 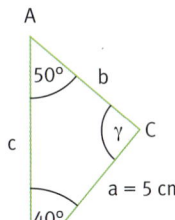 ③ 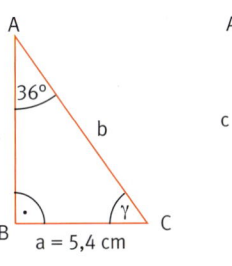 ④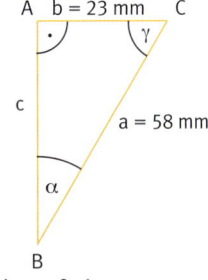

a) Berechne die fehlenden Seitenlängen und Winkelmaße. Runde auf eine Nachkommastelle.
b) Gib zu jeder Rechnung aus a) eine alternative Lösungsmöglichkeit an.

15 Die Grundfläche einer 12 m hohen, geraden Pyramide ist ein Rechteck mit den Seitenlängen 10 m und 14 m.
a) Zeichne ein Schrägbild der Pyramide im Maßstab 1 : 200.
b) Berechne die Größe der Neigungswinkel der Seitenkanten (Seitenflächen) gegen die Grundfläche.

6.4 Vermischte Aufgaben

16 Sabrina will die Höhe der Türme des Bamberger Doms gegenüber dem Domplatz bestimmen. Sie hat eine genau 50 m lange Drachenschnur dabei. Den Winkel zum Dom misst sie mit einem Winkelmesser.

a) Berechne die eingezeichnete Höhe des Doms.

b) Berechne den Winkel, unter dem Sabrina den Domturm aus einer Entfernung von 100 m sehen würde.

c) Wie weit ist Sabrina vom Dom entfernt, wenn sie die Spitze des Turms unter einem Winkel von 70° sieht?

17 Um die Breite $\overline{AB}$ eines Flusses zu bestimmen, wird eine Hilfsstrecke [AC] festgelegt und vermessen. Mit einem Theodolit (Gerät zur Messung von Winkelmaßen) werden vom Standpunkt S aus die Winkel in Richtung A und B gemessen.

a) Ermittle die Breite $\overline{AB}$ des Flusses für $\overline{AC}$ = 8,5 m.

b) Bestimme die Breite des Flusses, wenn $\overline{CS}$ = 60 m ist.

Skizze nicht maßstäblich

18 Familie Müller plant zur Unterstützung der Warmwasserbereitung die Installation von Sonnenkollektoren auf dem Dach ihrer Garage.
Als Faustregel gilt:
Aufstellwinkel = Breitengrad + 10°.
Der Aufstellwinkel ist der Winkel zwischen Sonnenkollektor und der Waagrechten.
Das Garagendach von Familie Müller hat eine Neigung von 47 %. Ihr Wohnort liegt auf dem 51. Breitengrad (51° nördlicher Breite).
Berechne den Winkel α, den die Kollektoren mit dem Garagendach bilden.

19

Die Pilatusbahn in der Schweiz auf einer 1200 m langen Steigungsstrecke bewältigt einen Höhenunterschied von 518,5 m.

a) Bestimme den Steigungswinkel in diesem Streckenabschnitt. Runde auf eine Dezimale. Gib die Steigung auch in Prozent an.

b) Die Hochriesbahn in den Chiemgauer Alpen überwindet auf einer 1,7 km langen Strecke einen Höhenunterschied von 626 m. Vergleiche mit der Pilatusbahn.

Lernsituation

Kapitel 6

Die Slackline

SITUATIONSBESCHREIBUNG

Die Schülermitverwaltung hat die Genehmigung zur attraktiveren Gestaltung des Schulgeländes erhalten. Eines der Vorhaben ist das Anbringen einer Slackline im Pausenbereich.
Du hast deine Mithilfe bei der Umgestaltung zugesagt und nun das Anbringen der Slackline übernommen. Da einige Mitschüler noch wenig Übung haben, soll die Slackline so niedrig wie möglich über der Wiese verlaufen. Zur Vorbereitung hast du dir einige Notizen gemacht.

- Die Slackline wird an zwei Bäumen in 6 m Abstand befestigt.
- Bei Belastung dehnt sich die Slackline um 1%.
- Man nimmt an, dass die Dehnung durch die Vorspannung bei der Berechnung vernachlässigbar ist.

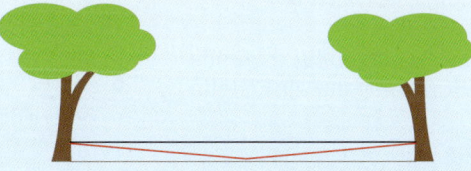

In welcher Höhe muss die Slackline befestigt werden, damit sie bei der Belastung durch einen Mitschüler gerade nicht den Boden berührt? Treffe deine Entscheidung mithilfe folgender Teilschritte.

HANDLUNGSAUFTRÄGE

1. Übertrage die dargestellte Situation in eine Skizze. Berücksichtige dabei nur die für deine Berechnung relevanten Details. Wähle einen geeigneten Maßstab.
2. Kennzeichne in deinem Dreieck die gesuchte Größe.
3. Was hat die Problemstellung mit den bisher erlernten Inhalten zu tun? Erläutere kurz.
4. Überlege, welche beiden weiteren Seitenlängen du für deine Berechnungen brauchst und kennzeichne diese. Berechne anschließend die gesuchte Größe. Ein spezielles Detail musst du voraussetzen. Welches?
5. Berechne nun die Höhe, in der du die Slackline am Baum befestigst.
6. Beschrifte die Skizze mit den Begriffen „Gegenkathete", „Ankathete" und „Hypotenuse".
7. Bestimme den Winkel zwischen der belasteten und der unbelasteten Slackline.
8. Wenn zwei Personen auf der Slackline stehen, dehnt sie sich um 2 %. Bestimme genauso den Winkel und die Höhe, in der die Slackline am Baum befestigt werden müsste.

6.5 Das kann ich!

Überprüfe deine Fähigkeiten und Kenntnisse. Bearbeite dazu die folgenden Aufgaben und bewerte anschließend deine Lösungen mit einem Smiley.

☺	😐	☹
Das kann ich!	Das kann ich fast!	Das kann ich noch nicht!

Hinweise zum Nacharbeiten findest du auf der folgenden Seite. Die Lösungen stehen im Anhang.

Aufgaben zur Einzelarbeit

1. Das Dreieck ABC hat einen rechten Winkel bei γ. Berechne sin α und cos α für folgende Seitenlängen. Runde gegebenenfalls auf zwei Dezimalen.
   a) a = 5,6 cm; b = 9,0 cm; c = 10,6 cm
   b) a = 0,49 km; b = 1,68 km; c = 1,75 km

2. Berechne die fehlenden Seitenlängen für folgende rechtwinklige Dreiecke ABC. Runde auf eine Stelle nach dem Komma.
   a) β = 90°; γ = 48°; b = 8,8 cm
   b) α = 17°; β = 73°; a = 124,8 m
   c) α = 57°; γ = 90°; a = 1,3 km
   d) α = 90°; β = 42°; a = 78,5 mm

3. In einem Dreieck ABC ist γ = 90°. Berechne mit dem Taschenrechner die Winkel α und β. Runde auf eine Dezimale.
   a) tan α = 0,21 b) tan α = 5 c) sin α = 0,25
   d) sin α = 0,6 e) sin α = 0,32 f) sin β = 0,46
   g) tan β = 2,5 h) cos β = 0,7 i) tan β = 1

4. Stelle für das rechtwinklige Dreieck die Zusammenhänge für Sinus, Kosinus und Tangens bezüglich der Winkel α und β auf.
   a)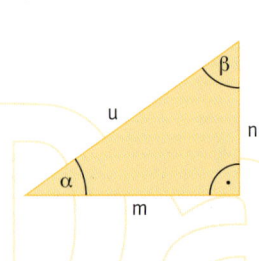
   b)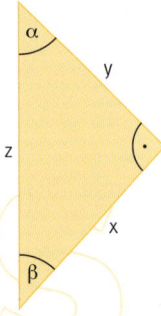

5. Bestimme die fehlenden Seitenlängen und Winkelmaße.
   a)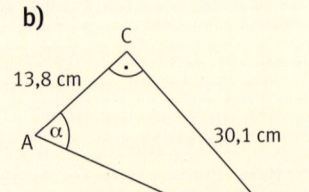
   b)
   c)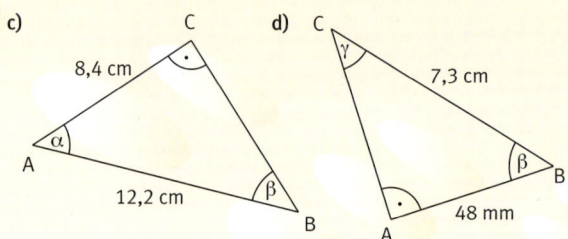
   d)

6. Berechne im Dreieck die Innenwinkelmaße sowie die Länge der rot markierten Strecke.
   a)
   b)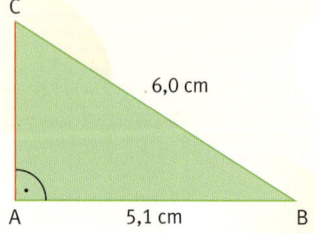
   $\overline{AC} = \overline{BC}$

7. Bestimme im rechtwinkligen Dreieck ABC (γ = 90°) den gesuchten Winkel mithilfe …
   ① der Innenwinkelsumme im Dreieck.
   ② der Zusammenhänge von Sinus und Kosinus.
   a) sin 17° = cos β b) sin α = cos 36°
   c) sin 56° = cos β d) sin 72° = cos β
   e) sin α = cos 42° f) sin α = cos 58°

8 Übertrage die Tabelle in dein Heft und bestimme die fehlenden Größen des rechtwinkligen Dreiecks ABC mit γ = 90°. Runde auf eine Nachkommastelle.

	a)	b)	c)
a			6,6 cm
b	3,6 cm		
c	6,0 cm	7,2 cm	
α		44,0°	
β			33,7°

9 Welche der Dreiecke ABC sind (im Rahmen der Messgenauigkeit) rechtwinklig? Gib den rechten Winkel an.
a) a = 1,7 m; c = 2,0 m; β = 45°
b) a = 5 cm; b = 4 cm; γ = 37°

10 Gegeben ist das Dreieck ABC mit b = 6,2 cm, α = 35° und c = 8,4 cm.
a) Konstruiere das Dreieck ABC.
b) Berechne die Seitenlänge a des Dreiecks ABC und überprüfe zeichnerisch.

11 Konstruiere das rechtwinklige Dreieck ABC. Überprüfe die Konstruktion durch eine Rechnung.
a) a = 3,4 cm; b = 4,8 cm; β = 55°
b) a = 6,9 cm; β = 42°; γ = 48°
c) a = 7,2 cm; c = 5,4 cm; α = 90°
d) c = 5,5 cm; a = 8,8 cm; α = 58°

12 Berechne den Steigungswinkel der zugehörigen Gerade.
a) y = 3,8x
b) y = −5,5x + 3

13 Bestimme die Steigung der Gerade, wenn ihr Steigungswinkel das Maß α hat.
a) α = 8,5°   b) α = 45°   c) α = 60°

14 Berechne das Volumen der quadratischen Pyramide.

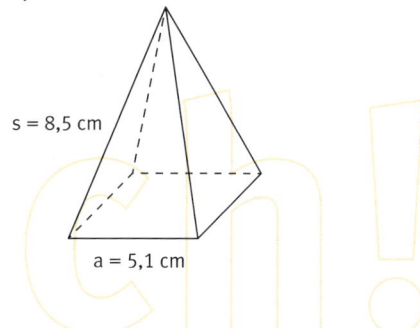

s = 8,5 cm
a = 5,1 cm

Aufgaben für Lernpartner

Arbeitsschritte
1 Bearbeite die folgenden Aufgaben alleine.
2 Suche dir einen Partner und erkläre ihm deine Lösungen. Höre aufmerksam und gewissenhaft zu, wenn dein Partner dir seine Lösungen erklärt.
3 Korrigiere gegebenenfalls deine Antworten und benutze dazu eine andere Farbe.

Sind folgende Behauptungen **richtig** oder **falsch**? Begründe schriftlich.

15 Der Sinus eines Winkels bezeichnet das Verhältnis von Gegenkathete zu Hypotenuse.

16 Der Kosinus eines Winkels bezeichnet das Verhältnis von Gegenkathete zu Hypotenuse.

17 Der Tangens eines Winkels bezeichnet das Verhältnis von Gegenkathete zu Ankathete.

18 Sinus, Kosinus und Tangens eines Winkels sind immer kleiner als 1.

19 Verdoppelt man die Längen aller Seiten in ähnlichen Dreiecken, verdoppeln sich auch Sinus, Kosinus und Tangens der Winkel.

20 Mit dem Sinus, Kosinus und Tangens können alle Maße in jedem beliebigen Dreieck bestimmt werden.

21 Frank behauptet: „Beträgt die Steigung im Gelände 100 %, geht es senkrecht nach oben."

22 Magdalena behauptet: „Wenn ich ein rechtwinkliges Dreieck habe, reichen mir doch die Kenntnisse über Winkelsummen und Pythagoras um alle Seitenlängen und Winkel zu berechnen.

Aufgabe	Ich kann ...	Hilfe
1, 2, 3, 4, 5, 6, 7, 8, 15, 16, 18, 19	mit Sinus und Kosinus im rechtwinkligen Dreieck Winkel und Seitenlängen berechnen.	S. 130
3, 4, 5, 8, 17, 18, 19	mit dem Tangens im rechtwinkligen Dreieck Winkel und Seitenlängen berechnen.	S. 132
6, 9, 10, 11, 12, 13, 14, 20, 21, 22	Problemstellungen zu rechtwinkligen Dreiecken mit Sinus, Kosinus und Tangens lösen.	S. 134

6.6 Auf einen Blick

S. 130

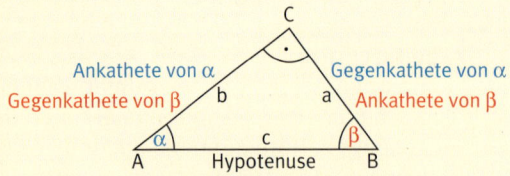

Bezogen auf die spitzen Winkel des rechtwinkligen Dreiecks bezeichnet man diejenige **Kathete**, die dem **betrachteten Winkel gegenüber** liegt, als **Gegenkathete** und diejenige, die an dem Winkel **anliegt**, als **Ankathete**.

S. 130

In einem rechtwinkligen Dreieck gilt:

- **Sinus** des Winkels =

  $$\frac{\text{Gegenkathete des Winkels}}{\text{Hypotenuse}}$$

  Mit den Bezeichnungen aus der Abbildung:

  $\sin \alpha = \frac{a}{c}$

  $\sin \beta = \frac{b}{c}$

In einem rechtwinkligen Dreieck sind die Seitenverhältnisse eindeutig durch die Maße der beiden spitzen Winkel des Dreiecks festgelegt.

Das Verhältnis der Längen von **Gegenkathete zu Hypotenuse** eines spitzen Winkels α nennt man **Sinus** des Winkels α (kurz: **sin α**).

- **Kosinus** des Winkels =

  $$\frac{\text{Ankathete des Winkels}}{\text{Hypotenuse}}$$

  Mit den Bezeichnungen aus der Abbildung:

  $\cos \alpha = \frac{b}{c}$

  $\cos \beta = \frac{a}{c}$

Das Verhältnis der Längen von **Ankathete zu Hypotenuse** eines spitzen Winkels α nennt man **Kosinus** des Winkels α (kurz: **cos α**).

S. 132

- **Tangens** des Winkels =

  $$\frac{\text{Gegenkathete des Winkels}}{\text{Ankathete des Winkels}}$$

  Mit den Bezeichnungen aus der Abbildung:

  $\tan \alpha = \frac{a}{b}$

  $\tan \beta = \frac{b}{a}$

Das Verhältnis der Längen von **Gegenkathete zu Ankathete** eines spitzen Winkels α nennt man **Tangens** des Winkels α (kurz: **tan α**).

S. 132

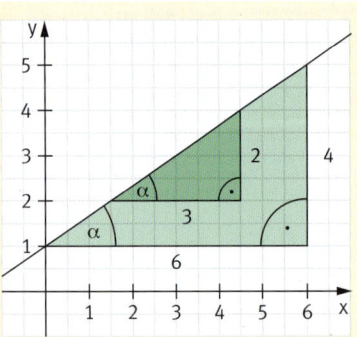

$y = \frac{2}{3}x + 1$

Steigungswinkel:
$\tan^{-1}\left(\frac{2}{3}\right)$
$= 33{,}69°$
$\tan^{-1}\left(\frac{4}{6}\right)$
$= 33{,}69°$

Steigungsdreiecke an derselben Geraden sind alle **zueinander ähnlich**.
Deshalb ist das Verhältnis der Gegenkathete zur Ankathete des Steigungswinkels α stets gleich.

7 Wachstum und Zerfall (WS 4)

Einstieg

- In der Medizin werden Bakterienkulturen in Schalen gezüchtet, um beispielsweise neue Medikamente zu entwickeln oder zu erproben. Dabei betrachtet man das Wachstum der Bakterien unter optimalen Vermehrungsbedingungen.
  Ein bestimmter Bakterienstamm vergrößert die von ihm bedeckte Fläche jeden Tag um 15 %. Zu Beginn einer Messung nehmen die Bakterien auf einer Petrischale eine Fläche von 0,2 cm² ein. Erstelle eine Wertetabelle für die ersten sieben Tage des Wachstums.
- Stelle den Zusammenhang zwischen Zeit und Flächeninhalt graphisch dar.
- Die Schale hat einen Durchmesser von 90 mm. Schätze den Zeitpunkt, an dem die Bakterienkultur die ganze Schale bedeckt.

Ausblick

Am Ende dieses Kapitels hast du gelernt, ...
- den Unterschied zwischen linearen Funktionen und Exponentialfunktionen zu erkennen und zu erklären.
- die Eigenschaften von Exponentialfunktionen zu beschreiben.
- Wachstums- und Abnahmeprozesse mit Hilfe von Exponentialfunktionen zu beschreiben und in Form von mathematischen Funktionen auszudrücken.

146 — 7.1 Lineares und exponentielles Wachstum (WS 4)

KAPITEL 7

Plitsch   Platsch

* O$: Ocean-Dollar

Im Land Oceanien gibt es zwei Ferienjobs zum Fischfang. Die Pinguine Plitsch und Platsch haben verschiedene Angebote angenommen:

Plitsch
6 Wochen Arbeit
Lohn für die 1. Woche: 10 O$*
Jede weitere Woche erhöht sich der Lohn um 4 O$*.

Platsch
6 Wochen Arbeit
Lohn für die 1. Woche: 2 O$*
In jeder Woche verdoppelt sich der Lohn.

- Lege eine Wertetabelle an und bestimme, wie viel Lohn jeder Pinguin in jeder Woche bekommt.
- Stelle den Verlauf der Löhne auch zeichnerisch in einem Koordinatensystem dar.
- Wer hat deiner Meinung nach das bessere Angebot zum Ferienjob angenommen? Begründe deine Antwort.

MERKWISSEN

Es lassen sich **verschiedene Wachstumsvorgänge** unterscheiden. Zwei wichtige Wachstumsvorgänge sind:

Graph einer Exponentialfunktion:
- $a > 1$: $y = 2 \cdot 3^x$

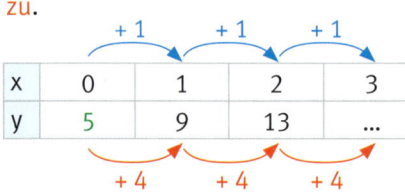

① lineares Wachstum	② exponentielles Wachstum
In gleichen Zeiträumen nehmen die Werte **um den gleichen Summanden** zu.	**In gleichen Zeiträumen** werden die Werte **mit dem gleichen Faktor vervielfacht**.

lineares Wachstum (+1 Schritte):

x	0	1	2	3
y	5	9	13	...

(+4 jeweils)

exponentielles Wachstum (+1 Schritte):

x	0	1	2	3
y	2	6	18	...

(·3 jeweils)

Die zugehörige Funktion ist eine **lineare Funktion**: $y = m \cdot x + t$.
Der **y-Achsenabschnitt t** ist somit der **Startwert zum Zeitpunkt 0**, die **Steigung m** gibt die **Änderung** während **einer Einheit** an.
Der Graph ist eine **Gerade**.

Die zugehörige Funktion ist eine **Exponentialfunktion**: $y = b \cdot a^x$.
b gibt den **Startwert zum Zeitpunkt 0** an, a den **Faktor der Vervielfachung** ($a > 1$) während **einer Einheit**.
Der Graph der Funktion ist eine immer **stärker ansteigende Kurve**.

Für **Wachstumsvorgänge** gilt: Auch **Zerfalls- oder Abnahmevorgänge** lassen sich mit linearem bzw. exponentiellem Wachstum beschreiben:

lineares Wachstum: m > 0
lineare Abnahme: m < 0

exponentielles Wachstum: a > 1
exponentielle Abnahme: 0 < a < 1

- $0 < a < 1$: $y = 2 \cdot \left(\frac{1}{3}\right)^x$

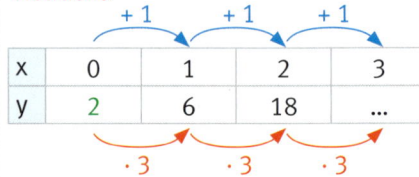

BEISPIELE

I Stelle eine Funktionsgleichung für das exponentielle Wachstum auf.

x	0,0	0,5	1,0	1,5
y	10,00	15,00	22,50	33,75

Lösung:

x	0,0	0,5	1,0	1,5
y	10,00	15,00	22,50	33,75

$y = 10 \cdot 2{,}25^x$

$\frac{22{,}50}{10{,}00} = 2{,}25$

Kapitel 7

II Anschaffungskosten von Wirtschaftsgütern können verteilt auf die Nutzungsdauer steuermindernd geltend gemacht werden. Dies wird als Abschreibung bezeichnet. Damit nicht jeder unterschiedlich den Abschreibungszeitraum festlegen kann, gibt ihn das Finanzamt vor.

In einem Betrieb wurde dieses Jahr im Januar eine Kreissäge für 2600,00 € angeschafft. Die Anschaffungskosten können gleichmäßig auf die Jahre der Nutzungsdauer (13 Jahre) abgeschrieben werden.
Bei betriebsinternen Kosten- und Leistungsrechnungen können eigene Annahmen getroffen werden. Die Firma entscheidet sich für eine degressive Abschreibung. Diese beträgt 20 % vom Restbuchwert des jeweiligen Vorjahres.

a) Erstelle eine Wertetabelle für den jeweiligen Restbuchwert nach der linearen bzw. degressiven Abschreibung für die ersten 7 Jahre. Runde geeignet.
b) Stelle die Verläufe der Abschreibungen in einem Koordinatensystem dar.
c) Stelle Funktionsgleichungen für beide Funktionen auf.

Lösung:

a) lineare Abschreibung:
Die jährliche Abschreibung beträgt:
$\frac{\text{Anschaffungswert €}}{\text{Nutzungsdauer (Jahre)}}$
$= \frac{2600\ €}{13\ \text{Jahre}} = \frac{200\ €}{\text{Jahr}}$

degressive Abschreibung von 20 %:
1. Jahr:
Abschreibung: $\frac{2600\ € \cdot 20}{100} = 520\ €$
Restwert: 2600 € − 520 € = 2080 €
Oder: 2600 € · 0,8 = 2080 €
...

Jahr	Restwert (€)
0	2600
1	2400
2	2200
3	2000
4	1800
5	1600
6	1400

(+1 jeweils, −200 jeweils)

Jahr	Restwert (€)
0	2600
1	2080
2	1664
3	≈ 1331
4	≈ 1065
5	852
6	≈ 682

(+1 jeweils, · 0,8 jeweils)

Lineare Abschreibung: der Wert vermindert sich jedes Jahr um den gleichen Betrag, der sich aus den Anschaffungskosten und der Nutzungsdauer berechnet.

Degressive Abschreibung: der Wert vermindert sich jedes Jahr um den gleichen Prozentsatz des jeweiligen Restbuchwertes des Vorjahres.

b)
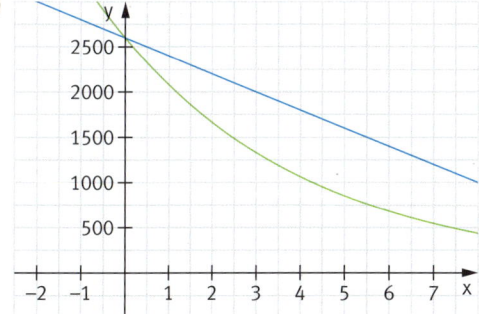

c) lineare Funktion:
y = −200x + 2600

Exponentialfunktion:
y = 2600 · 0,8^x

Verständnis

- Welches Wachstum verläuft langsamer: lineares oder exponentielles?
- Beschreibe den Verlauf des Graphen einer exponentiellen Funktion beim Wachstum (Zerfall) in Worten.

7.1 Lineares und exponentielles Wachstum (WS 4)

AUFGABEN

Teilweise kannst du den Funktionsgraphen nicht im gesamten Intervall zeichnen.

1 Stelle eine Wertetabelle im Intervall $-3 \leq x \leq 3$ mit Schrittweite 0,5 auf und zeichne den Graph der Funktion.

a) $y = 2^x$
b) $y = \frac{1}{8} \cdot 4^x$
c) $y = 2 \cdot 10^x$
d) $y = 0,5 \cdot 3^x$
e) $y = \left(\frac{1}{2}\right)^x$
f) $y = 0,5 \cdot \left(\frac{1}{4}\right)^x$
g) $y = 5 \cdot \left(\frac{1}{10}\right)^x$
h) $y = 3 \cdot \left(\frac{2}{3}\right)^x$

2 Stelle eine Funktionsgleichung für eine Exponentialfunktion der Form $y = b \cdot a^x$ auf.

a)
x	0	1	2
y	12	24	48

b)
x	0	1	2
y	3,00	7,50	18,75

c)
x	0	0,5	1,0
y	81	27	9

3 In einer Fabrik wurde eine Stanzmaschine für 150 000 € angeschafft, die …
- ① … nach den gesetzlichen Bestimmungen 13 Jahre lang linear abgeschrieben wird.
- ② … degressiv abgeschrieben wird. Dabei beträgt die Abschreibung jeweils 20 % vom Restbuchwert des jeweiligen Vorjahres.

a) Erstelle eine Wertetabelle für den jeweiligen Restbuchwert nach der linearen bzw. degressiven Abschreibung für die ersten 5 Jahre.

b) Stelle die Verläufe der Abschreibungen in einem Koordinatensystem dar.

c) Stelle Funktionsgleichungen für beide Funktionen auf.

4 Die Abbildung zeigt einen Ausschnitt aus dem Tarifblatt für eine Wasserversorgung.

a) Beurteile, nach welcher Art des Wachstums die Kosten steigen.

b) Gib jeweils eine Funktionsgleichung an, mit der man die Gesamtkosten pro Monat und pro Jahr bestimmen kann. Worin unterscheiden sich die Funktionsgleichungen?

> **Allgemeiner Tarif für die Wasserversorgung**
> - Der Wasserpreis beträgt 1,87 € pro m³ (cbm).
> - Grundpreis: Als monatlicher Teilbetrag des Jahresgrundpreises werden neben dem Wasserpreis für einen Hauswasserzähler 1,64 € erhoben.

Bei der Abrechnung werden Nachkommastellen vernachlässigt

c) Die Tabelle zeigt den aktuellen Zählerstand (unten) und den des Vorjahres (oben) an. Berechne die Gesamtkosten.

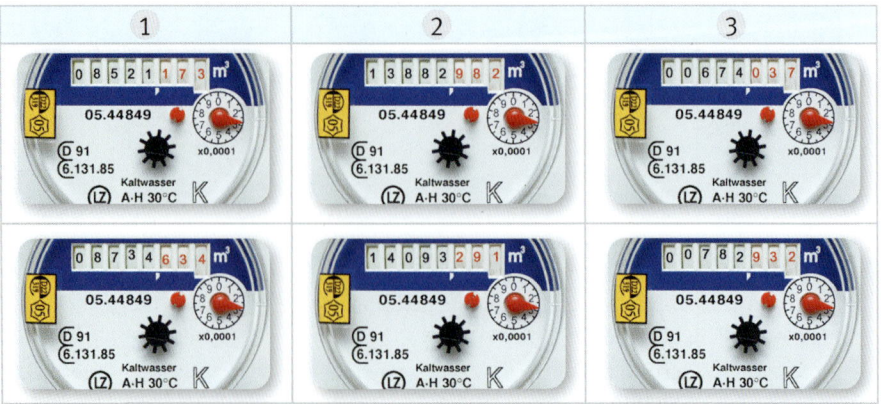

d) Wo findest du bei dir im Haus den Wasserzähler? Lies den Zählerstand ab und vergleiche ihn mit dem Zählerstand des Vorjahres. Frage dazu nach. Welche Funktionsgleichung legt der Anbieter zugrunde? Stelle die Ergebnisse deiner Klasse vor.

KAPITEL 7

5 Radioaktive Stoffe zerfallen im Laufe der Zeit, wodurch Strahlung frei wird.
Beim Edelgas Radon beispielsweise zerfällt täglich $\frac{1}{6}$ der noch vorhandenen Masse. Zu Beginn einer Messung sind m = 60 g Radon vorhanden.

a) Beurteile, ob der Zerfall linear oder exponentiell verläuft.
b) Bestimme die Restmasse nach 1, 2, ..., 6 Tagen. Zeichne den Graphen.
c) Bestimme eine Funktionsgleichung, die die Masse m des noch vorhandenen Gases in Abhängigkeit vom Tag x beschreibt.
d) Bestimme graphisch die Halbwertszeit.

*Bei radioaktiven Stoffen bezeichnet die **Halbwertszeit** den Zeitraum, in dem jeweils die **Hälfte an radioaktiver Substanz zerfallen** ist.*

6 Die Stadtwerke bieten ihren Kunden verschiedene Stromtarife an.

Tarif	Classic	Best Natur	Aqua 100
Grundpreis pro Jahr	69,90 €	78,00 €	85,00 €
Arbeitspreis pro kWh	23,2 ct	22,8 ct	22,4 ct

a) Beurteile, nach welcher Art des Wachstums die Kosten steigen.
b) Stelle eine Funktionsgleichung auf, mit der man für jeden Tarif die Gesamtkosten bestimmen kann. Wie lautet die zugehörige Zuordnung?
c) Lege eine Wertetabelle an und bestimme die Gesamtkosten pro Jahr für einen Verbrauch von 0 kWh, 200 kWh, 400 kWh, ..., 2000 kWh.
d) Zeichne die Graphen der drei Tarife in ein einziges Koordinatensystem.
e) Ab wann lohnt sich welcher Tarif? Erkläre mit den Ergebnissen aus c) und d).

Die Verbrauchspreise werden auch oft Arbeitspreise genannt.

Du kannst auch ein Tabellenprogramm nutzen.

7 Du weißt bereits, dass die Umkehrung des Potenzierens das Logarithmieren ist.

> Durch **Logarithmieren beider Seiten** einer Gleichung, bei der eine Variable im Exponenten auftaucht, lässt sich diese Gleichung lösen.
> Oftmals verwendet man hierfür den dekadischen Logarithmus.
> $4 \cdot 2^{3-2x} = 6$ | log
> $\Leftrightarrow \log(4 \cdot 2^{3-2x}) = \log 6$
> $\Leftrightarrow \log 4 + (3 - 2x) \cdot \log 2 = \log 6$ | $-\log 4$ | : $\log 2$
> $\Leftrightarrow 3 - 2x = \frac{\log 6 - \log 4}{\log 2}$ | -3 | $\cdot (-1)$
> $\Leftrightarrow 2x = 3 - \frac{\log 6 - \log 4}{\log 2}$ $\Leftrightarrow x \approx 1,21$ $\mathbb{L} = \{1,21\}$

*Erinnere dich:
Zusammenhänge:*

$a^n = c$, $\log_a c = n$
Exponent, Potenzwert, Basis

a) Erkläre die einzelnen Umformungsschritte im Beispiel.
b) Löse ebenso die Gleichung durch Logarithmieren.
   ① $3^x = 2$ ② $4^x = 0,8$ ③ $10^x = 3,7$ ④ $3^{-x} = 0,8$
   ⑤ $2^{2x+4} - 8 \cdot 4^x - 4 = 0$ ⑥ $2^{3x+5} - 2^{3x+3} - 2^{3x+1} = 152$
c) Zeige, dass jede Gleichung der Form $k \cdot a^{x+b} = c$ mit $c > 0$ und $k > 0$ sich wie folgt nach x auflösen lässt

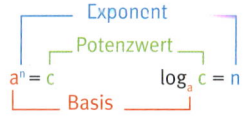

$$x = \frac{\lg c - \lg k}{\lg a} - b$$

8 a) Nach wie vielen Jahren hat sich die Bevölkerung der Erde bei gleichbleibendem Wachstum von 1,9 % pro Jahr verdoppelt?
b) Welche Wachstumsrate in Prozent hat die Bevölkerung in Lateinamerika pro Jahr, wenn sich ihre Einwohnerzahl in etwa 23 Jahren verdoppelt hat?

Lösungen zu 8: 36,83; 3,06

9 Der Holzbestand eines Waldes beträgt zu Beginn einer Messung 1 000 000 fm. Die Erfahrung zeigt, dass durch Holzwachstum dieser Wert jedes Jahr um 3 % zunimmt.
a) Bestimme den Bestand nach 30 Jahren graphisch und rechnerisch.
b) Nach wie vielen Jahren erwartet man, dass sich der Holzbestand verdoppelt hat?

*Die Einheit fm (Festmeter) ist ein Raummaß zur Vermessung runder Baumstämme.
1 fm entspricht 1 m³ bei Schichtung ohne Zwischenräume.*

7.2 Exponentialfunktionen und ihre Eigenschaften (WS 4)

Die meisten Menschen haben damals übrigens beides gemacht: Spende und Eiswasser.

Im Jahr 2014 wurde per Facebook eine ungewöhnliche Spendenaktion ins Leben gerufen: die Ice Bucket Challenge. Dabei konnte sich ein Nominierter entweder für eine Spende zur Bekämpfung von ALS, einer Nervenkrankheit, entscheiden oder sich einen Eimer mit Eiswasser über den Kopf schütten. Nachdem man eine der beiden Optionen ausgeführt hatte, nominierte man drei weitere Menschen, die wiederum vor die Wahl gestellt wurden: Spenden oder Eiswassereimer.

- Gehe davon aus, dass von einer Nominierung bis zur Benennung drei weiterer Personen ca. ein Tag vergeht. Ermittle die Anzahl der Menschen, die dann nach drei, fünf bzw. zehn Tagen nominiert wurden.
- Stelle die Zuordnung *Zeit in Tagen* ↦ *Nominierungen* in einem geeigneten Koordinatensystem dar.
- Ermittle eine zugehörige Funktionsgleichung.

Merkwissen

Die Graphen der Funktionen
f: y = a^x haben folgende Eigenschaften:

- f(0) = 1
- Definitionsbereich: x ∈ ℝ
- Wertebereich: y ∈ ℝ⁺
- Aus der Spiegelung des Graphen von f: y = a^x an der y-Achse entsteht der Graph der Exponentialfunktion
  g: y = $\frac{1}{a^x}$ = $\left(\frac{1}{a}\right)^x$ = a^{-x}.

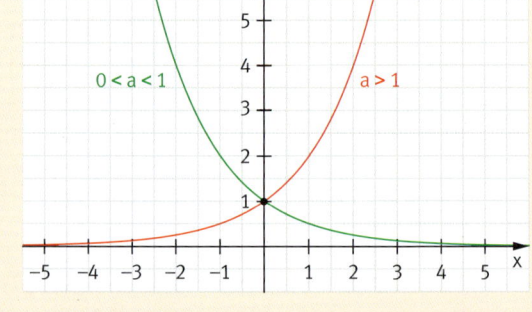

- Der Graph nähert sich der x-Achse an. Die x-Achse ist eine **waagrechte Asymptote**. Somit hat der Graph keine Nullstellen.
- Für a > 1 ist der Funktionsgraph **streng monoton steigend.**
  Für 0 < a < 1 ist der Funktionsgraph **streng monoton fallend**.

Der Graph einer Exponentialfunktion mit der Gleichung **h: y = b · a^x**
(a ∈ ℚ⁺; b, x ∈ ℝ; b ≠ 0) entsteht durch Streckung bzw. Stauchung des Graphen von f: y = a^x.
Ist b < 0, liegt eine Spiegelung an der x-Achse vor.
Es gilt: f(0) = b

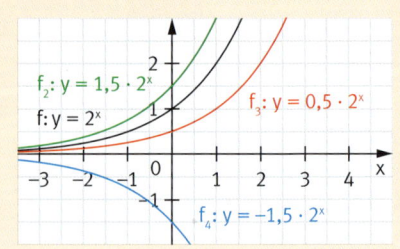

ℝ⁺ ist die Menge aller positiven reellen Zahlen.

Ein Graph nähert sich einer **Asymptote** an, ohne dass er sie berührt. Graph und Asymptote kommen sich „unendlich nahe".

Beispiele

I Gegeben sind die Exponentialfunktionen f_1: y = 3 · 3^x und f_2: y = 3 · $\left(\frac{1}{3}\right)^x$

a) Erstelle für jede der beiden Funktionen eine Wertetabelle. Dabei sei x ∈ [−2; +2] und Δx = 0,5. Runde die Werte auf eine Stelle nach dem Komma. Zeichne anschließend die Graphen in ein Koordinatensystem.

b) Bestimme jeweils die Wertemenge, Definitionsmenge und bestimme die Asymptote.

c) Untersuche die Funktionsgraphen auf Monotonie und Symmetrie.

Lösung:

a)

x	−2	−1,5	−1	−0,5	0	0,5	1	1,5	2
$f_1(x)$	0,3	0,6	1	1,7	3	5,2	9	15,6	27
$f_2(x)$	27	15,6	9	5,2	3	1,7	1	0,6	0,3

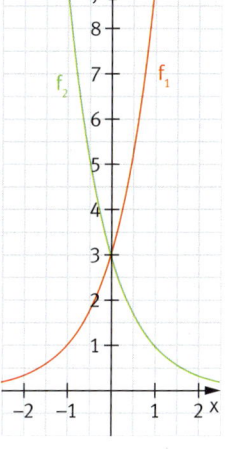

b) $\mathbb{W} = \mathbb{R}^+$, $\mathbb{D} = \mathbb{R}$. Die Asymptote ist die x-Achse.

c) Der Graph von f_1 ist streng monoton steigend. Der Graph von f_2 ist streng monoton fallend.
Die Graphen der einzelnen Funktionen weisen keine Symmetrieeigenschaften auf. Der Parameter a von f_2 entspricht dem Kehrwert des Parameters a von f_1 und umgekehrt. Der Graph von f_2 geht also aus dem Graph von f_1 durch Spiegelung hervor bzw. umgekehrt. Die beiden Graphen sind zueinander achsensymmetrisch. Die Symmetrieachse ist die y-Achse.

II Die Intensität des Lichts nimmt mit steigender Wassertiefe ab. Pro Meter wird das Licht um 40 % schwächer.
Die Lichtintensität an einer Wasseroberfläche soll 100 % betragen.

a) Gib eine Funktionsgleichung an, die die Lichtintensität in Abhängigkeit von der Wassertiefe beschreibt.
b) Zeichne den Graphen der Funktionsgleichung aus a) in ein geeignetes Koordinatensystem.

Lösung:

a) Nach 1 m Wassertiefe beträgt die Lichtintensität noch 60 % = 0,6. Nach 2 m Wassertiefe sinkt die Lichtintensität auf $0,6 \cdot 0,6 = 0,36 = 36\%$. Somit ergibt sich die Funktionsgleichung:
$f(x) = 0,6^x$

b)

Verständnis

- Begründe, dass die Graphen aller Exponentialfunktionen mit $y = b \cdot a^x$, $b > 0$, die y-Achse im Punkt $P(0|b)$ schneiden.
- Begründe, warum für Exponentialfunktionen der Form $y = b \cdot a^x$ der Parameter a nicht den Wert 1 annehmen darf.

Aufgaben

1
1. $y = 3^x$
2. $y = 5^x$
3. $y = 1,5^x$
4. $y = 10^x$
5. $y = \left(\frac{1}{3}\right)^x$
6. $y = \left(\frac{1}{4}\right)^x$
7. $y = \left(\frac{2}{5}\right)^x$
8. $y = 0,7^x$

a) Erstelle für die Exponentialfunktion jeweils eine Wertetabelle für $x \in [-3; 3]$ mit $\Delta x = 0,5$ und zeichne den Graphen. Runde geeignet.
b) Bestimme jeweils die Definitions- und Wertemenge und die Asymptoten.

7.2 Exponentialfunktionen und ihre Eigenschaften (WS 4)

2 a) Erstelle für jede Exponentialfunktion f: $y = b \cdot 2^x$ eine Wertetabelle für $x \in [-3; 3]$ mit $\Delta x = 0{,}5$ und zeichne den zugehörigen Graphen.

① $b = \frac{1}{2}$ ② $b = 0{,}4$ ③ $b = 0{,}8$ ④ $b = 1{,}1$

b) Gib für jede Exponentialfunktion aus a) die Definitions- und Wertemenge sowie die Asymptote an. Vergleiche die Graphen hinsichtlich Streckung bzw. Stauchung gegenüber der Grundfunktion g: $y = 2^x$.

3 Der Graph einer Exponentialfunktion $f(x) = a^x$ soll durch den Punkt P verlaufen. Bestimme die Funktionsgleichung.

> $f(x) = a^x$ $\quad$ P (3|125)
> $125 = a^3$
> $a = 125^{\frac{1}{3}} = \sqrt[3]{125} = 5$ $\quad$ $f(x) = 5^x$

a) P (2|4) **b)** P (2|0,04) **c)** P (3|7) **d)** P (4|0,0256)

4 a) Erstelle zu jeder Funktion eine Wertetabelle und zeichne den zugehörigen Graphen.

① $y = -2x + 7$ ② $y = 3^x$ ③ $y = \frac{2}{3}x - 1$ ④ $y = 2\left(\frac{1}{5}\right)^x$

b) Untersuche jeweils die Funktionen bzw. die Funktionsgraphen anhand ihrer Eigenschaften.

- Definitionsbereich
- Wertebereich
- Asymptoten
- Monotonie
- Nullstellen
- y-Achsenabschnitt

c) Die Graphen werden an der y-Achse (x-Achse) gespiegelt. Gib die Funktionsgleichung an. Welche Eigenschaften ändern sich, welche bleiben gleich? Erläutere.

5 Gegeben ist die Funktion f: $y = 0{,}5^x$.

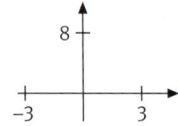

a) Bestimme y_p so, dass der Punkt P $(3|y_p)$ auf dem Graphen von f liegt.
b) Zeichne den Graphen von f und gib seine Eigenschaften an.
c) Löse mithilfe des Graphen die Gleichung $0{,}5^x = 7$ näherungsweise.
d) Löse die Gleichung rechnerisch.

6 a) Zeichne die Graphen der Funktionen $f_1: y = 2^x$ und $f_2: y = 4^x$ mithilfe einer Wertetabelle für $x \in [-2; 2]$ mit $\Delta x = 0{,}5$.

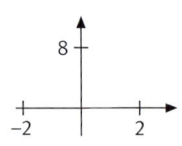

b) Auf jeder Parallelen zur x-Achse haben die Punkte $P_1 \in f_1$ und $P_2 \in f_2$ die gleichen Entfernungen voneinander wie der Punkt P_2 von der y-Achse.

① Überprüfe die Aussage an Beispielen.
② Begründe diesen Sachverhalt.

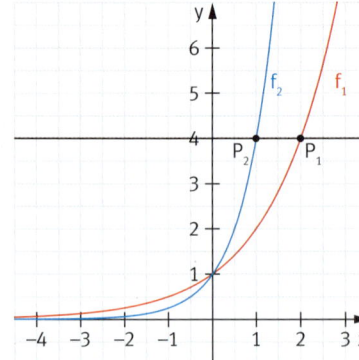

7 Gegeben ist die Funktion f mit $y = 1{,}5^x$.

a) Zeichne den Graphen der Funktion in ein Koordinatensystem.
b) Spiegele den Graphen von f an der y-Achse.
c) Ermittle die Funktionsgleichung des gespiegelten Graphens.
d) Gib die Eigenschaften der Funktionen an.

Kapitel 7

8 a) Erstelle für jede Funktion eine Wertetabelle für x ∈ [–5; 5] mit Δx = 1.

$f_1: y = 0{,}25 \cdot 0{,}5^x$ $f_2: y = 0{,}5 \cdot 0{,}5^x$ $f_3: y = 1 \cdot 0{,}5^x$

$f_4: y = 2 \cdot 0{,}5^x$ $f_5: y = 4 \cdot 0{,}5^x$

b) Vergleiche die Funktionswerte zu den Funktionen aus a). Beschreibe Zusammenhänge, die du erkennst.

Überprüfe die Zusammenhänge an weiteren Beispielen mit einem Computerprogramm.

9 Lukas hat gehört, dass man ein Blatt Papier nur 7 Mal falten kann – auf die Größe und Dicke des Papiers soll es dabei nicht ankommen.
a) Überprüfe die These durch Ausprobieren.
b) Gib eine Funktionsgleichung an, die folgende Zuordnung beschreibt:
Anzahl der Faltungen ⟼ Anzahl der Papierlagen.
c) Stelle die Funktionsgleichung aus b) in einem Koordinatensystem dar.

10 Der Erfinder des Schachspiels soll angeblich einem Kalifen ein ungewöhnliches Angebot gemacht haben: „Als Lohn für die Entwicklung meines Spieles möchte ich mit Reiskörnern bezahlt werden. Sieh dir dazu das Schachbrett genau an. Auf dem ersten Feld soll 1 Korn liegen, auf dem zweiten 2 Körner und auf dem darauffolgenden immer doppelt so viele wie auf dem Feld zuvor, so lange, bis auf diesem Weg alle Felder gefüllt sind." Auf welchem Feld liegen genug Körner, um …

*Daten eines Reiskorns:
Abmessungen:
5 mm × 1 mm × 1 mm
Masse m = 0,03 g*

a) zu einer Mahlzeit Reis (eine Portion) zu essen?
b) einen Menschen damit aufzuwiegen?
c) einen Lkw zu beladen?
d) eine Reiskette bis zum Mond zu legen?
e) die Erdkugel mit Reiskörnern zu übersähen?

11 In einem Fernsehquiz, bei dem einem Kandidaten maximal 10 Fragen gestellt werden, kann man zwischen zwei Optionen wählen. Bei einer falschen Antwort geht jeweils der ganze Gewinn verloren.

Option 1
Der Kandidat hat 100 € Startguthaben. Jede richtige Antwort verdoppelt das Guthaben.

Option 2
Jede richtige Antwort bringt 500 €.

a) Beschreibe die beiden Optionen jeweils durch eine Funktionsgleichung.
b) Für welche Option würdest du dich entscheiden? Begründe.

12 Eine Strecke von 1 m Länge wird fortlaufend halbiert.
a) Gib eine Gleichung der Form $y = a^x$ an, die diesen Vorgang beschreibt.
b) Bestimme, nach wie vielen Teilungen man zum ersten Mal eine Strecke von weniger als 1 mm Länge erhält.
c) Beschreibe, wie sich die Gleichung aus a) verändert, wenn die Strecke zu Beginn 2 m (4 m, 5 m, 8 m) lang ist.

7.3 Exponentialfunktionen im Alltag (WS 4)

1 Zahlreiche Aufgaben aus dem Alltag können durch Exponentialfunktionen modelliert werden.

Beispiel:
Die Fläche, die auf einem See von Seerosen bedeckt ist, verdoppelt sich jeden Monat. Der See ist zu Beginn der Betrachtung mit einer Fläche von 10 m² von Seerosen bedeckt.

Lösungsmöglichkeit:

1 Aufgabe aufmerksam lesen, wichtige Angaben herausfiltern und entscheiden, ob es sich um eine exponentielle Zunahme (Wachstum: a > 1) oder eine Abnahme (Zerfall: 0 < a < 1) handelt	**Verdoppelt sich** bedeutet: Die Fläche der Seerosen nimmt jeden Monat um das **2-fache** zu. $\Rightarrow$ Es handelt sich um exponentielles Wachstum mit a = 2.
2 Herausfinden, ob es einen Startwert gibt	Der See ist **zu Beginn** mit einer Fläche von **10 m²** mit Seerosen bedeckt. $\Rightarrow$ Startwert: b = 10 (m²)
3 Die betrachtete Anzahl der Zeitintervalle mit der Variablen x als Exponent belegen	... nimmt **jeden Monat** ... $\Rightarrow \Delta x$ = 1 Monat
4 Funktionsgleichung aufstellen, die die Situation modelliert	f: y = 10 · 2^x

a) Erkläre einem Partner mit eigenen Worten das obige Vorgehen.

b) Löse ebenso:
Ein 1000 m² großer Baggersee wird erweitert. Jede Woche vergrößern Bagger die Wasserfläche um 40 m². Eine schnell wachsende Algenart wird entdeckt, die zu Beginn eine Fläche von 4 m² einnimmt. Sie bereitet Sorge, denn sie verdoppelt jede Woche ihre Fläche.

   ① Stelle das Wachstum der Alge und die Vergrößerung der Wasserfläche durch den Bagger graphisch in einem geeigneten Koordinatensystem dar (x-Achse: 1 cm ≙ 1 Woche, y-Achse: 1 cm ≙ 200 m²).

   ② Bestimme die Funktionsgleichungen für die beiden Wachstumsvorgänge.

   ③ Bestimme graphisch, wann die Alge etwa den ganzen See bedeckt.

2 In der Medizin wird für bestimmte Untersuchungen das radioaktive Isotop Jod-131 verwendet. Die Masse des Isotops nimmt durch radioaktiven Zerfall pro Tag um 8,3 % ab.

a) Einem Patienten werden 15 mg Jod-131 verabreicht. Stelle für diesen Zusammenhang die Zerfallsgleichung auf.

b) Ermittle rechnerisch, wie viel Jod nach 10 Tagen (nach 20 Tagen) noch im Körper des Patienten vorhanden ist.

c) Stelle die noch vorhandene Masse Jod-131 in Abhängigkeit von der Zeit t für 0 bis 10 Tage in einem Koordinatensystem dar und lies daraus die Halbwertszeit des Isotops ab.

3 Der Holzbestand eines Waldstücks nimmt pro Jahr um etwa 3 % zu.
   a) Stelle für einen Anfangsbestand von $V_0 = 150\ m^3$ die Wachstumsgleichung auf. Dabei sei x die Zeit in Jahren und y der Holzbestand in m^3 nach x Jahren.
   b) Zeichne mithilfe einer Wertetabelle den Graphen der Funktion für x ∈ [0; 40] mit Δx = 5.
   (x-Achse: 1 cm ≙ 5 Jahre; y-Achse 1 cm ≙ 50 m^3).
   c) Schätze das Holzvolumen, das nach 35 Jahren in dem Waldstück vorhanden ist, mithilfe des Graphen aus b) ab.

4 Ein Unternehmen rechnet mit einem jährlichen Gewinnzuwachs von 8,5 % pro Jahr für die nächsten 5 Jahre. Der Gewinn in diesem Jahr beträgt 1 200 000 Euro.
   a) Stelle die Entwicklung des jährlichen Gewinns graphisch dar (1 cm entspricht 1 Mio. Euro). Erstelle dazu eine Wertetabelle.
   b) Erstelle eine Funktionsgleichung für die Entwicklung des jährlichen Unternehmensgewinns.
   c) Berechne, in wie viel Jahren der Gewinn erstmals über 2,5 Mio. Euro liegen wird, wenn man unterstellt, dass die Zuwachsrate bis dahin gleich bleibt.
   d) Führe Gründe auf, warum es fraglich ist, dass der Gewinn auf lange Sicht die gleichen Zuwachsraten aufweist.

5 In der Bundesrepublik Deutschland nimmt seit 2005 die Anzahl der zum Straßenverkehr zugelassenen PKW mit Benzinantrieb um durchschnittlich ca. 2,1 % pro Jahr ab. Am 1.1.2005 lag der Bestand bei 36 964 661 Fahrzeugen.

   a) Wie hoch war der Fahrzeugbestand zu Beginn des Jahres 2017?
   b) Wie wird der Bestand der Benzinfahrzeuge in diesem Jahr sein, wenn der Abwärtstrend bis dahin unverändert anhält?
   c) Im gleichen Zeitraum nahm der Bestand an zugelassenen Dieselfahrzeugen jährlich um ca. 4,5 % zu. Berechne den Fahrzeugbestand zu Beginn des Jahres 2014, wenn am 1.1.2005 9 071 611 Fahrzeuge zugelassen waren.
   d) Worin könnten die beiden gegenläufigen Entwicklungen ihre Ursache haben? Finde eine plausible Erklärung mit Hilfe einer Internetrecherche.

Alltag

Bierschaumzerfall (2 Personen)

Bierschaum zerfällt im Laufe der Zeit.
- Nimm eine Sorte Malzbier (Malzbier schäumt besonders gut) und fülle damit ein zylindrisches Glas so, dass recht viel Schaum entsteht. Untersuche dann den Zerfall des Bierschaumes. Vervollständige dazu die Tabelle im Heft.

Anteil des anfangs vorhandenen Schaums	1	$\frac{1}{2}$	$\frac{1}{4}$	$\frac{1}{8}$	...
Höhe des Bierschaums in cm					
Zeit in s					

- Stelle den Bierschaumzerfall graphisch dar. Bestimme eine Funktionsgleichung.

7.4 Vermischte Aufgaben (WS 4)

1 Gegeben sind die beiden Punkte P (0 | 2) und Q (1 | 6), welche beide auf dem Graphen einer Exponentialfunktion der Form $y = b \cdot a^x$ liegen.
   a) Ermittle die Funktionsgleichung. Überprüfe das Ergebnis zeichnerisch.
   b) Gib die Definitions- und Wertemenge und die Gleichung der Asymptote an.
   c) Bestimme die fehlenden Koordinaten der folgenden Punkte so, dass sie auf dem Graph der Exponentialfunktion liegen: R (2 | y), S (x | 162).

2 Gegeben sind die Gleichungen der Funktionen f_1 mit $y = -\frac{1}{2}x + 3$ und f_2 mit $y = \frac{1}{2} \cdot 2^x$.
   a) Zeichne die beiden Graphen mithilfe einer Wertetabelle für $x \in [-3; 4]$ in ein Koordinatensystem und lies die Koordinaten des Schnittpunkts ab.
   b) Bestätige die Koordinaten des Schnittpunkts aus a) rechnerisch.

Lösungen zu 3:
0,4; $\frac{1}{2}$; 2; 2; 3; 3; 3; 4

3 Der Graph der Funktion $y = b \cdot a^x$ verläuft durch die Punkte A und B. Bestimme die Parameter a und b.
   a) A (0 | 3)   B (1 | 1,2)   b) A (0 | 0,5)   B (1 | 2)
   c) A (2 | 12)   B (5 | 96)   d) A (1 | 6)   B (3 | 24)

4 Eine Kleinstadt hat heute 20 000 Einwohner. Die Bevölkerungszahl nimmt jährlich um 1,5 % zu.
   a) Gib eine Funktionsgleichung für das Wachstum der Bevölkerung an.
   b) Bestimme bei gleichem Wachstum die Einwohnerzahl in 20 Jahren.
   c) Nach wie vielen Jahren hat die Stadt erstmals mehr als 26 000 Einwohner?

5 Steffen Schlaumeier möchte verschiedene Exponentialfunktionen im I. Quadranten in einem möglichst großen Intervall zeichnen. Dazu trägt er die Graphen der folgenden Funktionen in ein kartesisches Koordinatensystem (1 LE ≙ 1 cm) auf einer Tapetenrolle (l = 10 m, b = 80 cm) ein.

$f_1: y = 0,2^x$ $f_2: y = 4,5^x$ $f_3: y = 10 \cdot 1,5^x$ $f_4: y = 0,2 \cdot 0,1^x$ $f_5: y = 10^x$

Ermittle mithilfe des Taschenrechners das jeweilige Wertepaar (x | y) mit dem größten y-Wert, das er in seinem Koordinatensystem darstellen kann, wenn beide Achsen direkt auf die Tapetenkante gezeichnet werden.

Die Einheit fm (Festmeter) ist ein Raummaß zur Vermessung runder Baumstämme.
1 fm entspricht 1 m³ bei Schichtung ohne Zwischenräume.

6 Der Holzbestand eines Waldes beträgt zu Beginn einer Messung 8000 fm. Die Erfahrung zeigt, dass durch Holzwachstum dieser Wert jedes Jahr um 3 % zunimmt.
   a) Wie viel fm Holz sind nach 10 Jahren vorhanden? Löse zeichnerisch und rechnerisch.
   b) Nach Ablauf von 10 Jahren werden 2000 fm Holz geschlagen. Wie lange dauert es, bis der Wald wieder den Holzbestand vor der Fällung erreicht hat? Schätze mithilfe einer Wertetabelle ab.

7 Ein Ferrari kostet neu ca. 250 000 €. Ein Auto verliert pro Jahr ca. 18 % an Wert.
   a) Berechne, wie viel der Ferrari nach einem Jahr (nach drei Jahren, nach fünf Jahren, nach zehn Jahren) wert ist.
   b) Wann ist der Ferrari nur noch 25 000 € wert?

Kapitel 7

8 In einem See nimmt die Intensität des Lichts mit jedem Meter Wassertiefe um 35 % ab. In einem anderen Gewässer nimmt die Lichtintensität je Meter um 42 % ab. Die Lichtintensität an der Wasseroberfläche sei jeweils 100 %.

a) Stelle für beide Gewässer die Gleichung für die Abnahme der Lichtintensität auf. Dabei sei y die Lichtintensität in % und x die Wassertiefe in m (x ∈ [0; 10], Δx = 1). Zeichne die zugehörigen Graphen in ein Koordinatensystem.

b) Bestimme graphisch, nach welcher Tiefe die Intensität für jedes Gewässer noch 80 % (10 %) des Ausgangswertes beträgt. Überprüfe rechnerisch.

c) Berechne auf vier Nachkommastellen genau, um wie viel Prozent die Lichtintensität in 20 m Tiefe abgenommen hat.

9 In der Nordsee sind Quallen zu einer Plage herangewachsen. An einer Meeresstelle befindet sich eine Quallenpopulation, die sich auf einen Bereich von 2 km² Ausmaß verteilt. Diese Quallenpopulation vermehrt sich und erweitert den beanspruchten Meeresbereich um 12 % wöchentlich.

a) Modelliere die Funktionsgleichung, die den Flächenzuwachs je Woche beschreibt.

b) Berechne die Größe der Fläche nach zwei (fünf) Wochen.

c) Ermittle rechnerisch, nach wieviel Wochen der Quallenschwarm 20 km² Meeresfläche in Anspruch nehmen wird.

10 Beim Röntgen müssen zum Schutz vor radioaktiver Strahlung Bleischürzen getragen werden. Pro Mikrometer Blei nimmt die Strahlungsintensität ca. 1 % ab.

Dichte von Blei: $11{,}3\,\frac{g}{cm^3}$

a) Berechne, ab welcher Dicke die Strahlungsintensität unter 10 % des ursprünglichen Strahlungswertes liegt.

b) Berechne die Masse des Bleianteils einer Bleischürze, wenn der Strahlenschutz 95 % beträgt und 0,20 m² der Körperoberfläche geschützt werden sollen.

11 In einer Gemeinde leben zur Zeit 5634 Einwohner. Die letzten sieben Jahre hatte die Gemeinde im Durchschnitt jährlich 3 % der Einwohner verloren.

a) Ermittle die Einwohnerzahl von vor 4 Jahren rechnerisch.

b) In wie viel Jahren wird die Einwohnerzahl erstmals weniger als 5400 betragen, wenn die Gemeinde ab dem nächsten Jahr durchschnittlich etwa 5 % der Einwohner jährlich verlieren wird?

c) In wie viel Jahren wird sich die Einwohnerzahl halbiert haben, wenn sich der Trend fortsetzt?

d) Wie viele Einwohner wird die Gemeinde in 20 Jahren bei gleichem Wachstum haben?

12 50 kg einer radioaktiven Substanz zerfallen, wobei die Entwicklung der Masse mithilfe der Gleichung $y = 50 \cdot 0{,}819^x$ beschrieben werden kann (x: Anzahl der Jahre; y: verbliebene Masse in kg).

a) Lege eine Wertetabelle an für x ≤ 10 mit Δx = 1. Zeichne den zugehörigen Graphen (x-Achse: 1 cm ≙ 1 Jahr, y-Achse: 1 cm ≙ 5 kg).

b) Berechne die nach 1 Jahr (nach 16 Jahren) vorhandene Masse.

c) Bestimme rechnerisch die Halbwertszeit der radioaktiven Substanz.

13 Auch in der Zinsrechnung kann man exponentielles Wachstum beobachten:

> Werden Zinsen am Ende eines Jahres nicht abgehoben, dann werden sie mitverzinst. Man spricht vom **Zinseszins**. Kapital nach n Jahren:
> $K(n) = K \cdot (1 + p\%)^n$ **(Zinseszinsformel)**
>
> **Beispiel:** Zinssatz 4 %; Kapital K
> - Kapital am Ende des 1. Jahres:
> $K(1) = K \cdot 1{,}04$ bzw. $K(1) = K \cdot 1{,}04^1$
> - Kapital am Ende des 2. Jahres:
> $K(2) = (K \cdot 1{,}04) \cdot 1{,}04$ bzw. $K(2) = K \cdot 1{,}04^2$
> - Kapital am Ende des 3. Jahres:
> $K(3) = (K \cdot 1{,}04 \cdot 1{,}04) \cdot 1{,}04$ bzw. $K(3) = K \cdot 1{,}04^3$

a) Erkläre, warum es sich hier um exponentielles Wachstum handelt.
b) Übertrage die Tabelle in dein Heft und berechne die fehlenden Werte.

	1	2	3	4
K	6000,00 €	3500,00 €	15 000,00 €	☐
p	3	☐	1,75	4,75
n	6 Jahre	8 Jahre	5 Jahre	5 Jahre
K (n)	☐	4100,81 €	☐	9458,70 €
Gleichung	☐	☐	☐	☐

14 Frau Kluge möchte 15 000 € anlegen. Die Bank macht ihr zwei Angebote. Vergleiche die beiden Anlageformen.

> Sparbrief mit Festzins für die gesamte Vertragslaufzeit:
> Laufzeit 4 Jahre, jährlicher Zinssatz 1,25 %

> Sparbrief mit jährlich wachsendem Zinssatz:
> Laufzeit 4 Jahre:
> Zinssatz 1. Jahr: 0,75 % p.a.
> Zinssatz 2. Jahr: 1,00 % p.a.
> Zinssatz 3. Jahr: 1,25 % p.a.
> Zinssatz 4. Jahr: 1,35 % p.a.

15 Herr Müller hat sein Fahrzeug bereits 4 Jahre in seinem Besitz. Als er es kaufte, kostete es 40 000 €. In den ersten Jahren verliert es jährlich etwa 20 % an Wert. Zum Zeitpunkt des Kaufes hatte er zudem noch 28 000 € Ersparnis, welche mit 1,25 % Zinsen jedes Jahr verzinst werden. Die jährlichen Zinszahlungen werden dem Sparkonto gut geschrieben und in den folgenden Jahren mit verzinst.

a) In welchem Jahr nach dem Kauf unterschreitet der Wert seines Fahrzeugs erstmals die 10 000 € Grenze?
b) Wie lange müsste Herr Müller insgesamt warten, wenn er allein von seinem Ersparten samt Zinsen wieder ein Auto in Höhe von 40 000 € kaufen wollte?
c) Löse graphisch: Nach wie viel Jahren ist der Wagen nur noch 25 % des ursprünglichen Preises wert?

Lernsituation

KAPITEL 7

Die Inflation

SITUATIONSBESCHREIBUNG

Dein Vater kommt am Nachmittag von der Arbeit nach Hause und findet im Korridor einen Stapel Briefe. Er öffnet einen Brief nach dem anderen und seufzt. Deine Mutter geht zu deinem Vater und während du in deinem Zimmer deine Hausaufgaben machst, bekommst du folgendes Gespräch vor deiner Zimmertür mit.

Mutter: Was hast du denn? Du hast schon einmal glücklicher drein geschaut.

Vater: Die Versicherung erhöht ihre Prämie schon wieder um 6 %, die Inspektion vom Auto ist schon wieder 60 € teurer als letztes Mal, und das Reisebüro hat mir ein Angebot für unseren Sommerurlaub auf Teneriffa gemacht. Vorletztes Jahr bezahlten wir zu Viert 'All Inclusive' für die Woche etwa 2 600 €. Dieses Mal soll der Spaß schon 3 256 € kosten. Wenn das mit der Teuerung so weiter geht, können wir uns bald so einen Urlaub nicht mehr leisten.

Mutter: Dabei ist die Inflationsrate doch im Moment recht gering, im Radio haben sie gesagt, dass sie zwischen 1992 und 2014 durchschnittlich bei etwa 1,6 % pro Jahr lag. Ich versteh trotzdem nicht, dass vieles dann so extrem teurer wird.

Vater: 1,6 % hören sich jetzt nicht besonders viel an, aber betrachte das mal über die Jahre hinweg, da kommt doch einiges zusammen.

Nachdenklich durch das Gespräch geworden entschließt du dich, etwas mehr über die erwähnte Inflation herauszufinden.

HANDLUNGSAUFTRÄGE

1. Informiere dich im Internet darüber, was man allgemein unter Inflation und Teuerungsrate versteht. Fasse deine Erkenntnisse stichpunktartig zusammen.
2. Welche Folgen hat eine hohe Inflationsrate (z. B. jährlich 5%) für
   1. Sparer, wenn sich der Zinssatz auf ihre Spareinlage von 0,1% p.a. nicht ändert?
   2. Kreditnehmer, die ein Baudarlehen mit einem festen Zinssatz über 2,25 % p.a. über eine lange Laufzeit (z. B. 15 Jahre) vereinbart haben?
   3. Arbeitnehmer, deren Gehälter nicht in gleichem Maße steigen, dass ein Inflationsausgleich erzielt wird?
3. Berechne für ein Produkt, das im Jahr 2002 11,99 € gekostet hat, den Preis im aktuellen Jahr, wenn die durchschnittliche Inflationsrate angenommen wird.
4. Finde Gründe, warum manche Produktpreise wie zum Beispiel Urlaubsreisen stärker als die Inflationsrate steigen, und warum Elektronikartikel wie Fernseher oder Smartphones eines bestimmten Modells entgegen der Inflationsrate im Lauf der Zeit oft sogar billiger statt teurer werden.
5. Stelle deine Ergebnisse in einer Präsentation zusammen.

7.5 Das kann ich! (WS 4)

Überprüfe deine Fähigkeiten und Kenntnisse. Bearbeite dazu die folgenden Aufgaben und bewerte anschließend deine Lösungen mit einem Smiley.

☺	😐	☹
Das kann ich!	Das kann ich fast!	Das kann ich noch nicht!

Hinweise zum Nacharbeiten findest du auf der folgenden Seite. Die Lösungen stehen im Anhang.

Aufgaben zur Einzelarbeit

1. a) Zeichne die Graphen zu f_1 mit $y = 1{,}75^x$ und f_2 mit $y = \left(\frac{4}{7}\right)^x$ für $x \in [-5; 5]$ in ein Koordinatensystem ein.
   b) Gib die Definitions- und Wertemenge sowie die die Gleichung der Asymptote an.
   c) Vergleiche beide Graphen hinsichtlich Monotonie und Symmetrie.

2. Gegeben ist in die Funktion f mit $y = 2{,}5 \cdot 2^x$.
   a) Zeichne den Graphen der Funktion für $x \in [-5; 5]$ in ein Koordinatensystem.
   b) Gib die Eigenschaften der Funktion an.
   c) Spiegle den Graphen an der y-Achse und gib die Funktionsgleichung des Bildgraphen an.

3. Erstelle eine Wertetabelle und zeichne den Graph der Funktion in einem geeigneten Intervall.
   a) $y = 2^x$ b) $y = \left(\frac{3}{2}\right)^x$
   c) $y = \frac{2{,}5^x}{2}$ d) $y = 0{,}1 \cdot 4^x$

4. Erstelle eine Wertetabelle und zeichne den Graph der Funktion in einem geeigneten Intervall.
   a) $y = \left(\frac{1}{2}\right)^x$ b) $y = \left(\frac{1}{5}\right)^x$
   c) $y = \left(\frac{2}{3}\right)^x$ d) $y = \left(\frac{1}{10}\right)^x$

5. Bestimme die Gleichungen der Funktion $y = a^x$, wenn der Punkt P auf dem Graphen liegt.
   a) P (3 | 8) b) P (0 | 1)
   c) P $\left(4 \mid \frac{1}{16}\right)$ d) P (2 | 0,49)

6. Gib für die Graphen folgender Funktionen die Koordinaten der Schnittpunkte mit der y-Achse an.
   a) $y = 0{,}3 \cdot 7^x$ b) $y = 13 \cdot 7^x$
   c) $y = \frac{1}{3} \cdot \left(\frac{2}{7}\right)^x$ d) $y = 5 \cdot 3{,}2^x$
   e) $y = 0{,}3 \cdot 4^x$ f) $y = \frac{3}{5} \cdot 3^x$

7. Der Graph einer Exponentialfunktion der Form $f(x) = a^x$ verläuft durch den Punkt P. Bestimme a.
   a) P (5 | 1024) b) P $(0{,}5 \mid \sqrt{2})$

8. Gib an, ob es sich um lineares oder exponentielles Wachstum (Abnahme) handelt. Begründe.
   a) Max steckt monatlich 5 € in sein Sparschwein.
   b) Eine Angestellte erhält jährlich eine Gehaltserhöhung von 5 %.
   c) Eine Kerze brennt in fünf Minuten 1 cm ab.
   d) In einem Unternehmen gehen die Umsätze pro Jahr um 3 % zurück.
   e) Ein Riesenbambus wächst unter guten Bedingungen bis zu 70 cm pro Tag.
   f) Der Handel mit Bambus boomt. Jedes Jahr steigt der Bambuspreis um ca. 5 %.

9. **AKTION**

   Smartphone für 0,- €

Tarif	Grundgebühr (pro Monat)	alle Netze (pro MB)
FUN	19,99 €	0,50 €
SUN	9,99 €	0,80 €

   a) Stelle eine Funktionsgleichung für jeden Tarif auf.
   b) Zeichne die Graphen der Tarife in ein Koordinatensystem.
   c) Vergleiche die Tarife miteinander. Wann lohnt sich welcher Tarif?

10. Tritium hat eine Halbwertszeit von 10 Tagen.
    a) Berechne, wie viel mg Tritium von 20 mg nach 20 (30, 40, ...) Tagen noch vorhanden sind.
    b) Stelle den Zerfall von Tritium graphisch dar.
    c) Bestimme so genau wie möglich den täglichen Abbau von Tritium in Prozent.

11. Eine spezielle Alge verdoppelt ihren Bestand innerhalb von 12 Stunden.
    a) Wann befinden sich mehr als 1 Million Algen im Teich, wenn sich zu Beginn 50 Algen im Gewässer befinden?
    b) Gib eine Funktionsgleichung an, die diese Situation beschreibt.
    c) Erkläre, das Wachstum von Algen in einem Teich nur zeitweise als exponentiell angenommen werden kann.

12 In Nigeria leben 177,5 Millionen Menschen und die Bevölkerung steigt jährlich um 2,5 %. Die USA sind mit 317,7 Millionen Menschen bevölkerungsreicher, die Anzahl wächst aber nur mit einer Wachstumsrate von 0,4 %.
Berechne, nach wie vielen Jahren in beiden Ländern die gleiche Anzahl an Menschen lebt, wenn sich die Wachstumsraten nicht ändern.

13 Gib für die folgenden Wachstumsprozesse (Abnahmeprozesse) eine Funktionsgleichung an.

	Anfangswert b	Änderung pro Zeiteinheit
a)	200 g	12 %
b)	5000 €	3,5 %
c)	20 cm	1,5 %
d)	3 kg	20 %

14 Ordne den Graphen eine Funktionsgleichung zu.

a)

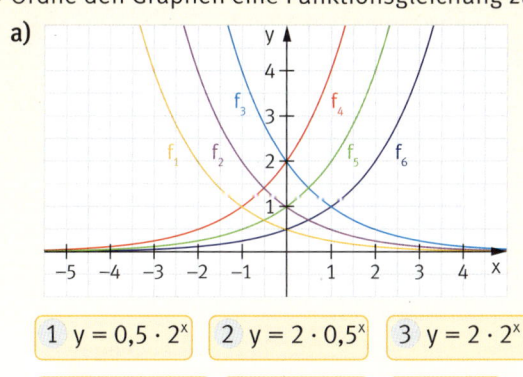

| 1 $y = 0,5 \cdot 2^x$ | 2 $y = 2 \cdot 0,5^x$ | 3 $y = 2 \cdot 2^x$ |
| 4 $y = 0,5 \cdot 0,5^x$ | 5 $y = 0,5^x$ | 6 $y = 2^x$ |

b)

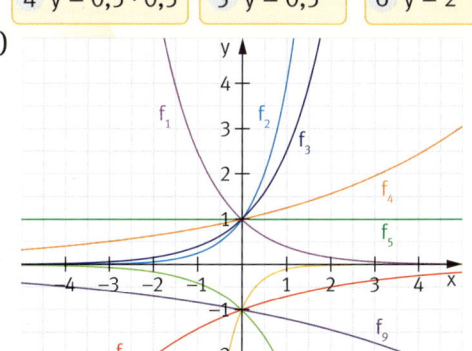

1 $y = 1,25^x$	2 $y = 0,4^x$	3 $y = -0,7^x$
4 $y = 1^x$	5 $y = -0,1^x$	6 $y = -1,2^x$
7 $y = 4^x$	8 $y = 2,5^x$	9 $y = -2,5^x$

Aufgaben für Lernpartner

Arbeitsschritte
1 Bearbeite die folgenden Aufgaben alleine.
2 Suche dir einen Partner und erkläre ihm deine Lösungen. Höre aufmerksam und gewissenhaft zu, wenn dein Partner dir seine Lösungen erklärt.
3 Korrigiere gegebenenfalls deine Antworten und benutze dazu eine andere Farbe.

Sind folgende Behauptungen **richtig** oder **falsch**? Begründe schriftlich.

15 Wachstumsprozesse sind entweder linear oder exponentiell.

16 Stellt man die Gleichung $a^x = c$ um, so erhält man die Gleichung: $\log_c a = x$.

17 Die Gleichung $\log_2 0 = x$ hat keine Lösung.

18 Der Graph einer Exponentialfunktion hat immer einen Schnittpunkt mit der y-Achse.

19 Der Funktionsgraph zu $f(x) = 2^x$ besitzt keine Nullstelle und keine waagrechte Asymptote.

20 Exponentialfunktionen haben genau eine Nullstelle.

21 Die Funktion mit $y = 2 \cdot 1^x$ ist eine spezielle Exponentialfunktion.

22 Exponentielles Wachstum bedeutet, dass sich ein Wert in gleichen Zeiteinheiten um jeweils denselben Faktor vervielfacht.

23 Jede Exponentialfunktion mit der Gleichung $y = a^x$ mit $a > 0$ und $a \neq 1$ verläuft durch den Punkt P (0 | 1).

Aufgabe	Ich kann …	Hilfe
8; 15	lineares und exponentielles Wachstum unterscheiden.	S. 146
16; 17	mit dem Logarithmus umgehen.	S. 149
1; 2; 3; 4; 5; 6; 7; 14; 18; 19; 20; 21; 22; 23	Exponentialfunktionen anhand ihrer Eigenschaften beschreiben und die zugehörigen Funktionsgraphen zeichnen.	S. 150
8; 9; 10; 11; 12; 13	Wachstums- und Abnahmeprozesse modellieren.	S. 154

7.6 Auf einen Blick (WS 4)

S. 146

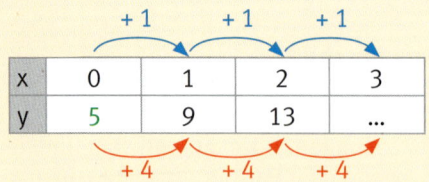

Beim **linearen Wachstum** werden in gleichen Zeiträumen die Werte um den gleichen Summanden verändert.
Die zugehörige Funktion ist die lineare Funktion:
$y = m \cdot x + t$ mit $m > 0$
Auch **Abnahmevorgänge** lassen sich mit linearen Funktionen beschreiben. Es gilt: $m < 0$.

S. 146

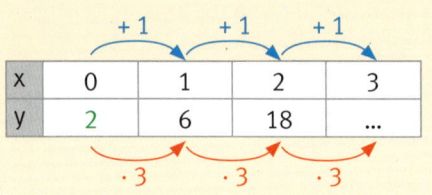

Beim **exponentiellen Wachstum** werden in gleichen Zeiträumen die Werte mit dem gleichen Faktor a ($a > 0$, $a \neq 1$) vervielfacht.
Die zugehörige Funktion ist eine Exponentialfunktion: $y = b \cdot a^x$ mit $a > 1$.
b gibt den Startwert zum Zeitpunkt 0 an.
Auch **Zerfalls- oder Abnahmevorgänge** lassen sich mit Exponentialfunktionen beschreiben.
Es gilt: $0 < a < 1$.

S. 149

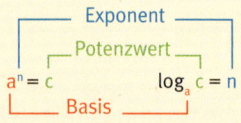

Eine **Umkehrung des Potenzierens** ist das **Logarithmieren**. Der Exponent in der Gleichung $a^n = c$ heißt **Logarithmus von c zur Basis a** ($a, c, n \in \mathbb{R}$; $a, c > 0$; $a \neq 1$).

S. 150

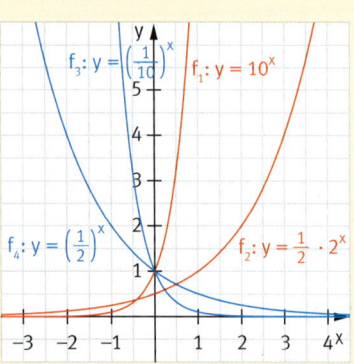

Eine Funktion der Form $y = b \cdot a^x$ mit $b \in \mathbb{R}^+$ und $a \in \mathbb{R}^+ \setminus \{1\}$ beschreibt eine **Exponentialfunktion**.
Je nach Wert von a unterscheidet man steigende ($a > 1$) und fallende ($0 < a < 1$) Funktionsgraphen.
Eigenschaften:
- $\mathbb{D} = \mathbb{R}$; $\mathbb{W} = \mathbb{R}^+$
- Alle Graphen gehen durch $P(0 \mid b)$.

Für $b \neq 1$ werden die Graphen der jeweiligen Grundfunktion $y = a^x$ mit dem Faktor b gestaucht oder gestreckt.

S. 154

Verdoppelt sich bedeutet: Die Fläche der Seerosen nimmt jeden Monat um das **2-fache** zu. ⟹ Es handelt sich um exponentielles Wachstum mit $a = 2$.
Der See ist **zu Beginn** mit einer Fläche von **10 m²** mit Seerosen bedeckt. ⟹ Startwert: $b = 10$ (m²)
... nimmt **jeden Monat** ... ⟹ $\Delta x = 1$ Monat
$f: y = 10 \cdot 2^x$

Vorgehensweise bei Alltagsaufgaben:

1	Aufgabe aufmerksam lesen, wichtige Angaben herausfiltern und entscheiden, ob es sich um eine exponentielle Zunahme (Wachstum: $a > 1$) oder eine Abnahme (Zerfall: $0 < a < 1$) handelt
2	Herausfinden, ob es einen Startwert gibt
3	Die betrachtete Anzahl der Zeitintervalle mit der Variablen x als Exponent belegen
4	Funktionsgleichung aufstellen, die die Situation modelliert

8 Einstufige Zufallsexperimente

EINSTIEG

- Wie groß ist die Wahrscheinlichkeit, mit einem Spielwürfel eine 6 zu würfeln?
- Würfle hintereinander möglichst oft mit einem Würfel. Bestätigt sich deine Vermutung?
- Wie lassen sich die Ergebnisse des Würfelwurfs mithilfe von Kennzahlen beschreiben und darstellen?

Am Ende dieses Kapitels hast du gelernt, ...
- was ein Zufallsexperiment ist und wie du dieses beschreiben kannst.
- wie du Wahrscheinlichkeiten im Alltag beschreiben kannst.
- auf welche Weise man aus den wiederholten Ergebnissen eines Zufallsexperiments eine Wahrscheinlichkeit schätzen kann.
- was man unter einer Laplace-Wahrscheinlichkeit versteht und wie man sie bestimmen kann.

8.1 Zufallsexperimente beschreiben

Mittwoch 18.50 Uhr. Im Fernsehen wird die Ziehung der Lottozahlen ausgestrahlt. Dabei werden zufällig 6 der 49 weißen, nummerierten Kugeln gezogen. Diese 6 Zahlen sind die „Gewinnzahlen" der laufenden Woche. Je mehr „Richtige" ein Lottospieler auf seinem Lottoschein angekreuzt hat, desto größer ist sein Gewinn.

- Gib fünf verschiedene Möglichkeiten für die 6 Gewinnzahlen an.
- Was bedeutet es, dass die Gewinnzahlen „zufällig" entstehen? Erkläre genau.
- Welche Gewinnzahlen werden wohl nächste Woche gezogen? Begründe.

Merkwissen

Ein Experiment, dessen Ausgang bzw. Ergebnis zufällig ist, heißt **Zufallsexperiment oder Zufallsversuch**, wenn folgendes gilt:

1. Die Durchführung erfolgt nach genauen Regeln und ist beliebig wiederholbar.
2. Alle möglichen Ergebnisse des Experiments sind vorab bekannt.
3. Es müssen mindestens zwei verschiedene Ergebnisse möglich sein.

Alle möglichen Ergebnisse zusammen bilden die **Ergebnismenge** Ω. Ein bestimmter Teil aller möglichen Ergebnisse, für den man sich interessiert, wird **Ereignis** genannt. Ein Ereignis kann **sicher**, **möglich** oder **unmöglich** sein.

Sicheres Ereignis: Enthält die komplette Ergebnismenge Ω
Unmögliches Ereignis: Enthält kein Ergebnis der Ergebnismenge

Wenn ein Ereignis sicher ist, so enthält es alle möglichen Ausgänge des Versuchs. Ist ein Ereignis unmöglich, so enthält es kein einziges Ergebnis der Ergebnismenge.

Beispiele

I Das nebenstehende Glücksrad wird einmal gedreht.
   a) Welche Ergebnisse sind möglich? Bestimme die Ergebnismenge Ω in Mengenschreibweise.
   b) Welche Ergebnisse passen zu folgenden Ereignissen? Schreibe in Mengenschreibweise. Notiere ob das Ereignis möglich, unmöglich oder sicher ist.
      A: „Die Zahl ist gerade."
      B: „Die Zahl ist durch 3 teilbar."
      C: „Die Zahl ist größer als 10."
      D: „Die Zahl liegt zwischen 0 und 15."
   c) Auf welches Ereignis würdest du eher wetten? Begründe deine Antwort.
      F: „Die Zahl ist gerade."
      G: „Die Zahl ist kleiner als 5."

Lösung:

Will man ein Ereignis aufzählen, dann nutzt man die Mengenschreibweise {…}.

a) Ergebnismenge Ω = {1; 2; 3; 4; 5; 6; 7; 8; 9; 10}

b) A = {2; 4; 6; 8; 10}, mögliches Ereignis B = {3; 6; 9}, mögliches Ereignis
   C = $\emptyset$, unmögliches Ereignis D = {1; 2; …; 9; 10}, sicheres Ereignis

c) Die Felder zu jeder Zahl sind gleich groß, also kann man damit rechnen, dass jede Zahl in etwa gleich häufig vorkommt. Also muss man nur die Anzahl der möglichen Ergebnisse mit den beiden Ereignissen vergleichen:
   Zum Ereignis F gehören 5 Ergebnisse: 2, 4, 6, 8 und 10.
   Zum Ereignis G gehören nur 4 Ergebnisse: 1, 2, 3 und 4.
   Also würde man eher auf F wetten, weil dort mehr Ergebnisse möglich sind.

Kapitel 8

Verständnis

- Finde mindestens drei Beispiele für Zufallsversuche in deiner Umwelt.
- Richtig oder falsch? Beim „blinden" Ziehen einer Spielkarte aus einem Kartenspiel handelt es sich um einen Zufallsversuch. Begründe.
- Simones Würfel hat auf allen sechs Seiten eine Eins. Begründe, warum das Werfen dieses Würfels kein Zufallsversuch ist.

Aufgaben

1 Handelt es sich um einen Zufallsversuch? Begründe. Gib mögliche Ergebnisse an.
   a) Ein Würfel wird 1-mal (2-mal) geworfen.   b) Der Schiedsrichter pfeift „Foul".
   c) Moritz dreht an einem Glücksrad.   d) Jenna wirft eine Münze.
   e) Selma springt vom Fünfmeterbrett.   f) Martin löste eine Matheaufgabe.
   g) Jaqueline zieht ein Los auf der Kirmes.   h) Herr Vettel fährt Auto.

2 Bestimme zu folgenden Zufallsexperimenten die Ergebnismenge Ω.

a)
Augensumme beim gleichzeitigen Werfen mit zwei Würfeln

b)
Einmaliges Ziehen einer Kugel aus der abgebildeten Urne

c)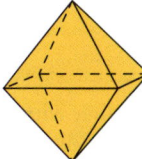
Würfeln mit einem Körper mit acht gleich großen Flächen (Ziffern 1 bis 8)

3 a) Übertrage die Tabelle ins Heft und fülle sie aus, indem du für die angegebenen Ereignisse jeweils die möglichen Ergebnisse bestimmst.
   b) Formuliere mehrere Ereignisse, die einen sicheren (einen unmöglichen) Ausgang erwarten lassen.

Ereignis	Ergebnisse
Zahl ist kleiner als 4.	
Zahl ist ungerade.	
Zahl ist größer als 5.	
Zahl ist größer als 0.	
Zahl ist eine Primzahl.	
Zahl ist durch 5 teilbar.	

So könnte ein Glücksrad aussehen:

4 Ein Spielwürfel wird zweimal geworfen. Anschließend wird aus den Augenzahlen eine möglichst große zweistellige Zahl gebildet.
   a) Bestimme und notiere die Ergebnismenge Ω.
   b) Notiere die folgenden Ereignisse in Mengenschreibweise.
      A: „Die Zahl ist gerade."   B: „Die Zahl ist ungerade."
      C: „Die Zahl ist durch 3 teilbar."   D: „Die Zahl ist kleiner als 50."
      E: „Die Zahl ist eine Quadratzahl."   F: „Die Zahl ist größer als 15."

5 Bastle ein Glücksrad. Du benötigst eine runde Pappscheibe und eine Nadel.
   a) Überlege dir mindestens drei verschiedene Zufallsversuche, die du mit deinem Glücksrad durchführen kannst.
   b) Führe deine Zufallsversuche aus a) jeweils zehnmal durch und notiere die Ergebnisse jeweils in einer Häufigkeitstabelle.
   c) Finde verschiedene Ereignisse und gib die zugehörige relative Häufigkeit an.

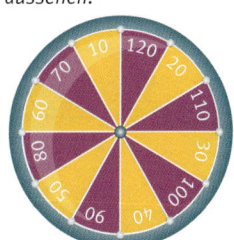

*Erinnere dich:
Die tatsächliche Anzahl, wie oft ein Ergebnis vorkommt, bezeichnet man als **absolute Häufigkeit H**. Den Anteil, den ein Ergebnis in Bezug auf alle Ergebnisse hat, nennt man **relative Häufigkeit h**.*

8.2 Das Gesetz der großen Zahlen

Hast du schon einmal mit Schraubverschlüssen gewürfelt? Wenn sie an der Seite recht gerade sind, lassen sich drei Positionen unterscheiden.

oben (o) unten (u) Seite (S)

- Besorge dir zehn gleichartige Verschlüsse (z. B. von Milchtüten oder Getränkeflaschen). Würfle wiederholt mit den Verschlüssen und vervollständige die Tabelle.

Anzahl geworfener Verschlüsse	absolute Häufigkeit H			relative Häufigkeit h		
	H (o)	H (u)	H (S)	h (o)	h (u)	h (S)
10						
50						
100						
500						
...						

- Beschreibe, wie sich die absoluten und relativen Häufigkeiten in Abhängigkeit von der Anzahl der Würfe verändern.

Merkwissen

Führt man einen Zufallsversuch wiederholt durch, so verändert sich die relative Häufigkeit eines Ergebnisses. Mit zunehmender Anzahl an Durchführungen werden die Schwankungen jedoch immer kleiner, die **relative Häufigkeit stabilisiert sich**. Diese Tatsache wird auch das **Gesetz der großen Zahlen** genannt.

Die relative Häufigkeit, die sich nach vielen Durchführungen kaum noch ändert, ist ein guter **Schätzwert für die Wahrscheinlichkeit**, mit der man die Ergebnisse eines Zufallsexperiments erwartet.

Die Wahrscheinlichkeit wird auch mit dem Buchstaben P gekennzeichnet.
Es gilt also: **P(A) ≈ h(A)** für ein Ereignis A und große Versuchsanzahlen.

Große Zahlen bedeuten hier, dass ein Zufallsversuch 5000- oder 10 000-mal durchgeführt wird. Wobei auch durchaus noch höhere Zahlen denkbar sind, je nachdem wie genau die geschätzte Wahrscheinlichkeit sein soll.

Beispiele

I Eine Reißzwecke wird in vier Durchgängen je 1000-mal geworfen. Bestimme einen Schätzwert für die Wahrscheinlichkeit, dass die Reißzwecke auf dem Kopf landet.

Durchgang	1	2	3	4
Anzahl Kopf	356	372	365	362

Lösungsmöglichkeiten:

1 relative Häufigkeit als Mittelwert aller Würfe:

$$\overline{x} = \frac{356 + 372 + 365 + 362}{4000} = \frac{1455}{4000} \approx 0{,}364 = 36{,}4\,\%$$

2 Mittelwert der relativen Häufigkeiten der einzelnen Durchgänge:

$$\overline{x} = \frac{0{,}356 + 0{,}372 + 0{,}365 + 0{,}362}{4} = \frac{1{,}455}{4} \approx 0{,}364 = 36{,}4\,\%$$

Man kann erwarten, dass in ca. 36 % der Fälle die Reißzwecke auf dem Kopf landet.

Verständnis

- Stimmt das? Egal wie häufig man ein Zufallsexperiment bei verschiedenen Durchgängen durchführt, kann man immer den Mittelwert der relativen Häufigkeiten als Schätzwert für die Wahrscheinlichkeit verwenden.
- Begründe, warum die Lösungsmöglichkeiten in Beispiel I gleichwertig sind.

Aufgaben

1 Eine Spielkarte wird 10-mal nacheinander in die Luft geworfen. Sie landet 7-mal auf der Vorderseite und 3-mal auf der Rückseite. Nelson ist sich sicher: „Die Wahrscheinlichkeit, dass die Spielkarte auf der Vorderseite landet, beläuft sich auf 70 %." Was meinst du dazu? Begründe deine Meinung.

2 Wirf eine Reißzwecke auf einen harten Untergrund. Ermittle für die Lagen Kopf und Seite (siehe Beispiel I) einen Schätzwert für die Wahrscheinlichkeit, indem du in fünf Durchgängen jeweils 200 Lagen von Reißzwecken bestimmst.

Statt eine Reißzwecke 200-mal zu werfen, kann man beispielsweise auch zehn Reißzwecken 20-mal werfen.

3 Telefonnummern bestehen aus verschiedenen Ziffern. Die Tabelle zeigt die absoluten Häufigkeiten der Ziffern auf den Seiten einer Telefonbuchapp.

Ziffer	0	1	2	3	4	5	6	7	8	9
S. 34	354	276	451	289	313	462	243	178	254	327
S. 187	267	189	312	251	281	361	176	189	243	278
S. 342	317	229	395	321	276	385	207	165	265	332

a) Bestimme die relativen Häufigkeiten der Ziffern auf den einzelnen Seiten.
b) Bestimme einen Schätzwert für die Wahrscheinlichkeit der einzelnen Ziffern der Telefonnummern.

4 In deutschen Texten treten die Buchstaben mit unterschiedlichen Häufigkeiten auf.
a) Nimm eine beliebige Buchseite aus diesem Schulbuch und bestimme die Anzahl der einzelnen Buchstaben. Übertrage dazu die Tabelle in dein Heft und vervollständige sie.

Buchstabe	a	b	c	d	e	f	g	...	x	y	z
H („Buchstabe")	☐	☐	☐	☐	☐	☐	☐		☐	☐	☐
h („Buchstabe")	☐	☐	☐	☐	☐	☐	☐		☐	☐	☐

b) Führe die Untersuchung an einer weiteren Seite durch. Bestimme mit deinen Ergebnissen einen Schätzwert für die Wahrscheinlichkeiten des Auftretens der einzelnen Buchstaben.

Du kannst auch mit einem Partner zusammen arbeiten.

5 Beim Spieleabend läuft gerade eine Runde „Mensch-ärgere-dich-nicht". Beschreibe, wie Rudi herausfinden könnte, ob Coras Glückswürfel gezinkt ist.

Bei einem gezinkten Spielwürfel erhält man manche Augenzahlen mit größerer Wahrscheinlichkeit als andere.

Das gibt's doch nicht, du würfelst schon wieder einen Sechser!

Jetzt weißt du, warum ich nur meinen pinkfarbenen Glückswürfel benutze.

8.3 Laplace-Wahrscheinlichkeit

Ein Tetraeder ist eine dreiseitige Pyramide aus lauter gleichseitigen Dreiecken.

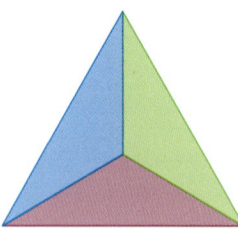

Bastle einen Tetraeder und male die Begrenzungsflächen in den Farben Rot, Blau, Grün und Violett an. Mit dem Tetraeder soll gewürfelt werden. Diejenige Farbe gilt als gewürfelt, mit der die untere, nicht sichtbare Fläche angemalt wurde.

- Überlege zunächst: In wie viel Prozent aller Fälle erwartest du Rot bzw. Blau? Begründe deine Antwort.
- Überprüfe deine Vermutungen, indem du mit dem Tetraeder 1000-mal würfelst. Stimmen die relativen Häufigkeiten mit deinen Erwartungen überein?
- Kannst du mit deinen Überlegungen auch einen Schätzwert für die Wahrscheinlichkeiten eines Spielwürfels angeben, ohne mit ihm zu würfeln?

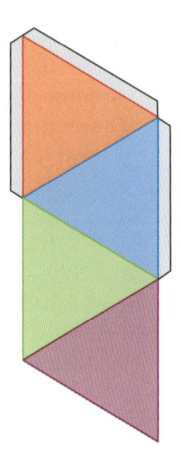

*Pierre Simon **Laplace** (1749 – 1827) war ein französischer Physiker und Mathematiker. Zufallsgeräte wie Münzen, Würfel, etc., bei denen jedes Ergebnis gleich wahrscheinlich ist, nennt man auch Laplace-Münzen, Laplace-Würfel, etc.*

Merkwissen

Bei manchen Zufallsexperimenten kann aufgrund theoretischer Überlegungen (z. B. Symmetriebetrachtungen) davon ausgegangen werden, dass **alle möglichen Ergebnisse gleich wahrscheinlich sind**.
Gibt es n mögliche Ergebnisse (n = 2, 3, 4, …), dann ist die Wahrscheinlichkeit für jedes einzelne Ergebnis $\frac{1}{n}$. Man spricht von einer **Laplace-Wahrscheinlichkeit**.

Beispiel:
Bei einem Farbwürfel mit den Farben Rot, Gelb, Grün, Blau, Weiß und Schwarz beträgt die Wahrscheinlichkeit für das Ergebnis Grün $\frac{1}{6}$.

Werden mehrere Ergebnisse zu einem **Ereignis A** zusammengefasst, so berechnet man dessen Wahrscheinlichkeit, indem man die Anzahl **der für das Ereignis A günstigen Ergebnisse durch die Anzahl aller möglichen Ergebnisse** des Zufallsversuchs dividiert: $P(A) = \frac{\text{Anzahl der für A günstigen Ergebnisse}}{\text{Anzahl aller möglichen Ergebnisse}}$.

Beispiel: Würfeln mit einem normalen Würfel
A: „ungerade Zahl"   A = {1; 3; 5} $P(A) = \frac{3}{6} = \frac{1}{2} = 0{,}5 = 50\,\%$
Ω = {1; 2; 3; 4; 5; 6}

Die Wahrscheinlichkeit wird mit P (engl. probability) abgekürzt.

Beispiele

Zahle 50 ct und drehe das Rad zweimal. Ist die Summe durch 3 teilbar, so winkt ein toller Preis.

I a) Ist das Zufallsexperiment in der Randspalte ein Laplace-Experiment? Begründe.
   b) Bestimme mithilfe einer Tabelle die Wahrscheinlichkeit, einen Preis zu erhalten.

Lösung:
a) Das Drehen am Glücksrad ist ein Laplace-Experiment, weil alle Zahlen gleich wahrscheinlich sind. Das Bilden der Summe ist aber kein Laplace-Experiment, da es nicht für alle Summenwerte gleich viele Möglichkeiten gibt (siehe b).

b)
1 + 1 = 2	2 + 1 = 3	3 + 1 = 4	4 + 1 = 5	5 + 1 = 6
1 + 2 = 3	2 + 2 = 4	3 + 2 = 5	4 + 2 = 6	5 + 2 = 7
1 + 3 = 4	2 + 3 = 5	3 + 3 = 6	4 + 3 = 7	5 + 3 = 8
1 + 4 = 5	2 + 4 = 6	3 + 4 = 7	4 + 4 = 8	5 + 4 = 9
1 + 5 = 6	2 + 5 = 7	3 + 5 = 8	4 + 5 = 9	5 + 5 = 10

Durch 3 teilbar sind 9 von 25 möglichen Ergebnissen, also $P(E) = \frac{9}{25}$.

Kapitel 8

Verständnis

Entscheide, ob die Aussagen richtig oder falsch sind. Begründe.
- Wenn beim Münzwurf dreimal hintereinander Wappen kam, ist es keine Laplace-Münze.
- Wenn du einen Laplace-Würfel 60 000-mal wirfst, erhältst du jede Augenzahl ungefähr 10 000-mal.

Aufgaben

1 Ein Würfel wird einmal geworfen. Ermittle die Wahrscheinlichkeit folgender Ereignisse. Die Augenzahl ist …
   1 gerade.   2 durch 2 oder 5 teilbar.   3 keine Primzahl.   4 größer als 6.

2 Typische Spielgeräte für Laplace-Zufallsexperimente sind beispielsweise:

  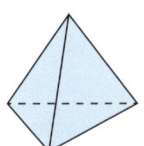 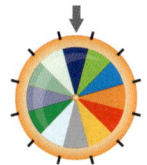 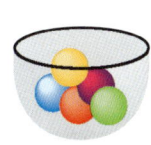

Münze   Würfel   Tetraeder   Glücksrad   Urne

In der Mathematik werden Gefäße mit unterscheidbaren Kugeln „Urne" genannt.

Ordne die Wahrscheinlichkeiten der Ergebnisse den Spielgeräten zu.

$\frac{1}{6}$ $\frac{1}{12}$ $\frac{1}{2}$ $\frac{1}{5}$ $\frac{1}{4}$

3 Gib die Wahrscheinlichkeiten folgender Ereignisse an.
   a) Mit einem Tetraeder (Ziffern 1–4) wird eine gerade Zahl gewürfelt.
   b) Das abgebildete Glücksrad bleibt auf gelb stehen.
   c) Beim Ziehen einer Kugel aus der abgebildeten Urne wird keine graue Kugel gezogen.
   d) Mit einer Münze wird Wappen oder Zahl geworfen.

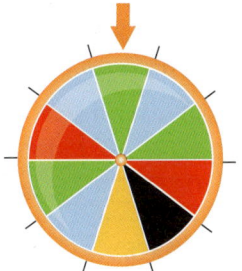

4 Für ein Gewinnspiel steht das abgebildete Glücksrad zur Verfügung.
   a) Gib die Wahrscheinlichkeiten für die einzelnen Farben an.
   b) Ermittle die Wahrscheinlichkeit, dass das Glücksrad auf blau oder rot steht.
   c) Wie groß ist die Wahrscheinlichkeit, nicht schwarz (nicht rot) zu erhalten?
   d) Mit welcher Wahrscheinlichkeit bekommst du weder gelb noch grün?

5 Ein Laplace-Würfel wird geworfen. Notiere zuerst das Ereignis in Mengenschreibweise und bestimme dann die Wahrscheinlichkeit, …
   a) die Zahl 4 zu würfeln.
   b) mindestens 3 zu würfeln.
   c) eine Primzahl zu würfeln.
   d) höchstens 5 zu würfeln.
   e) mindestens 6 zu würfeln.
   f) ein Vielfaches von 3 zu würfeln.
   g) Einen Teiler von 18 zu würfeln.
   h) mindestens eine 2 und höchstens eine 5 zu würfeln.

8.4 Wahrscheinlichkeiten im Alltag

Susi spielt mit ihren Freunden Mensch-ärgere-dich-nicht. Ihr gehören die gelben Figuren und sie ist mit dem Würfeln dran.

- Was muss Susi würfeln, damit sie eine der anderen Figuren werfen kann?
  Beschreibe in Worten und als Mengenschreibweise.
- Was ist das Gegenteil von „Susi kann eine der anderen Figuren werfen"?
  Beschreibe in Worten. Welche Ergebnisse gehören hierzu?
- Wie groß ist die Wahrscheinlichkeit, dass Susi niemanden werfen kann? Versuche zwei verschiedene Lösungswege zu finden.

Merkwissen

Zum Berechnen von Wahrscheinlichkeiten von Ereignissen mit sehr vielen Elementen ist es manchmal einfacher, die Wahrscheinlichkeit des Gegenereignisses zu berechnen und diese von 1 zu subtrahieren.

Alle Ergebnisse, die **nicht** zu einem **bestimmten Ereignis A gehören**, bilden zusammen das **Gegenereignis von A**. Man kürzt das Gegenereignis mit $\overline{A}$ ab.

Beispiel: Würfeln mit einem Spielwürfel
Ereignis A: „Augenzahl ist gerade." A = {2; 4; 6}
Gegenereignis $\overline{A}$: „Augenzahl ist *nicht* gerade." oder $\overline{A}$: „Augenzahl ist ungerade."
$\overline{A}$ = {1; 3; 5}

Die **Wahrscheinlichkeiten für ein Ereignis und sein Gegenereignis müssen zusammen 1 ergeben**, weil alle möglichen Ergebnisse eines Zufallsversuchs in einer der beiden Mengen enthalten sind:
$P(A) + P(\overline{A}) = 1$
Anders ausgedrückt: Die Wahrscheinlichkeit für das Gegenereignis ist
$P(\overline{A}) = 1 - P(A)$ bzw. in Prozent: $P(\overline{A}) = 100\% - P(A)$

Beispiele

*Beachte:
Das Gegenteil von **immer** ist **nicht immer**.
Das Gegenteil von **nie** ist **manchmal**.
Das Gegenteil von **mindestens 2-mal** ist **höchstens 1-mal**.
Das Gegenteil von **alle** ist **nicht alle**.*

Das Gegenteil von Regen ist nicht Sonnenschein.

Das Gegenteil von „nie schneien" ist nicht „immer schneien".

I Beschreibe zu jedem Ereignis das Gegenereignis in Worten.
a) A: „Am 3. Mai regnet es."
b) B: „Sonntags schlafe ich immer lang."
c) C: „An meinem Geburtstag schneit es nie."
d) D: „Ich gehe mindestens zweimal in der Woche zum Fußballtraining."
e) E: „Im letzten Schuljahr habe ich höchstens dreimal verschlafen."
f) F: „Alle Könige sind reich."

Lösung:
a) $\overline{A}$: „Am 3. Mai regnet es nicht."
b) $\overline{B}$: „Sonntags schlafe ich nicht immer lang."   oder:
   $\overline{B}$: „Manchmal schlafe ich am Sonntag nicht lang."
c) $\overline{C}$: „Manchmal schneit es an meinem Geburtstag."   oder:
   $\overline{C}$: „An meinem Geburtstag kann es schneien."
d) $\overline{D}$: „Ich gehe höchstens einmal in der Woche zum Fußballtraining."
e) $\overline{E}$: „Im letzten Schuljahr habe ich mindestens viermal verschlafen."   oder:
   $\overline{E}$: „Im letzten Schuljahr habe ich mehr als dreimal verschlafen."
f) $\overline{F}$: „Nicht alle Könige sind reich."   oder:
   $\overline{F}$: „Es gibt auch arme Könige."

Kapitel 8

Verständnis

- Wenn ein Ereignis sicher ist, dann ist das zugehörige Gegenereignis unmöglich. Stimmt das? Begründe.
- Sonja behauptet, das Gegenteil von „Heute haben wir in ganz Deutschland blauen Himmel." sei: „Heute gibt es in ganz Deutschland keinen blauen Himmel." Hat sie Recht? Begründe.

Aufgaben

1 Formuliere jeweils das Gegenereignis.
a) In unserer Straße parken heute nur rote Autos.
b) Mein Bruder bekommt mehr Taschengeld als ich.
c) In meiner Klasse hat niemand eine Brille.
d) Letzte Woche hat es mindestens dreimal gehagelt.
e) In den Sommerferien fahre ich mindestens zwei Wochen weg.
f) In unserer Schule gibt es mehr Jungen als Mädchen.
g) Ich habe genau einen blauen Buntstift.

2 Bei vielen Wetterberichten wird eine Wahrscheinlichkeit dafür angegeben, dass es am folgenden Tag regnet.

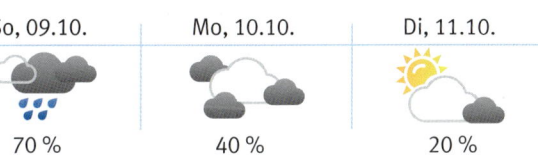

Niederschlagswahrscheinlichkeit

a) Welche Bedeutung haben die Angaben?
b) Alexander meint: „Dann mache ich am Montag einen Ausflug, denn mit einer Wahrscheinlichkeit von 60 % scheint die Sonne." Was meinst du? Begründe.

3 Nimm an, dass zu Beginn deiner nächsten Geschichtsstunde eine mündliche Kontrolle in deiner Klasse stattfindet. Betrachte folgende Ereignisse.
1 „Es wird ein Mädchen abgefragt."
2 „Es wird jemand abgefragt, der eine Brille trägt."
3 „Derjenige, der abgefragt wird, trägt Jeans."
4 „Es wird jemand mit langen Haaren abgefragt."
a) Bestimme die Wahrscheinlichkeiten der Ereignisse für deine Klasse.
b) Gib zu jedem der vier Ereignisse das Gegenereignis und dessen Wahrscheinlichkeit an.

4 Bei einem Fest werden zu den drei Glücksrädern Lose mit Nummern zwischen 111 und 888 verkauft. Um den Hauptgewinn zu ermitteln, dreht die Glücksfee alle drei Räder.

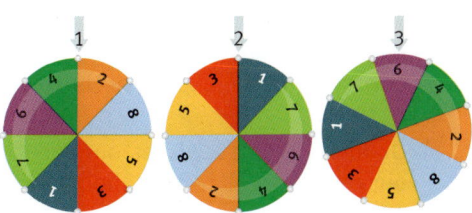

a) Mit welcher Wahrscheinlichkeit gewinnt die Nummer 217?
b) Mit welcher Wahrscheinlichkeit gewinnt ein Los mit einer geraden (ungeraden) Zahl als letzte Ziffer?
c) Als Trostpreis erhalten alle Lose, die mit der Endziffer des Hauptgewinns übereinstimmen, einen Bleistift. Mit welcher Wahrscheinlichkeit gewinnt man diesen?

8.5 Vermischte Aufgaben

1 Micha und Eva haben ein Glücksrad gebaut. Zum Testen haben sie das Rad wiederholt gedreht und die Ergebnisse in einer Strichliste festgehalten.

a) Handelt es sich um einen Zufallsversuch? Begründe.

b) Welche Wahrscheinlichkeiten erwartest du für die einzelnen Ziffern?

c) Micha behauptet: „Ganz klar, wir haben ein Laplace-Glücksrad." Was meint Micha damit? Hat er Recht?

2 Ordne den angegebenen Laplace-Wahrscheinlichkeiten das passende Zufallsgerät zu.

1 ≈ 8,3 %
2 ≈ 16,6 %
3 ≈ 33,3 %

Urne   Würfel   Glücksrad

3 Denke dir jeweils zwei Zufallsversuche aus, bei denen jedes mögliche Ergebnis mit der folgenden Wahrscheinlichkeit auftritt. Stelle den Versuch der Klasse vor.

a) 0,5   b) 5 %   c) $\frac{1}{5}$

4 In einer Lostrommel für ein Klassenfest befinden sich 50 von 1 bis 50 durchnummerierte Lose. Bei einem Gewinnspiel wird ein Los „blind" gezogen. Mit welcher Wahrscheinlichkeit zeigt das gezogene Los …

a) die Zahl 17?   b) eine gerade Zahl?   c) eine Primzahl?

d) eine Quadratzahl?   e) eine durch 9 teilbare Zahl?

5 Beim Spiel „Schiffe versenken" markiert jeder der beiden Spieler seine zehn Schiffe (ein Vierer, zwei Dreier, drei Zweier und vier Einer) auf einem quadratischen Spielfeld mit 100 Kästchen. Die Schiffe dürfen sich gegenseitig nicht berühren (auch nicht diagonal). Um ein Schiff zu treffen, muss man die Koordinaten eines Kästchens treffen (z. B. D8), auf dem ein Schiff steht.

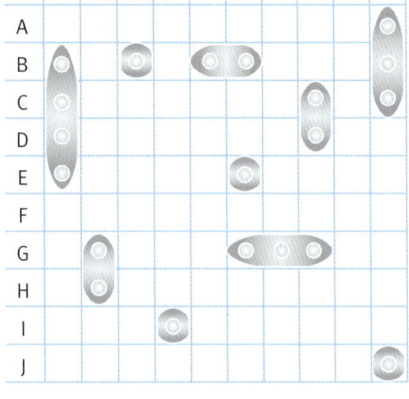

a) Wie wahrscheinlich ist es, gleich beim ersten Versuch ein gegnerisches Schiff zu treffen?

b) Du hast ein Feld erwischt, auf dem sich ein gegnerisches Schiff befindet. Wie gehst du weiter vor? Erkläre genau und begründe.

c) Isabella hat ihre Schiffe wie abgebildet markiert. Aron hat gleich beim ersten Mal den Einer auf E6 erwischt. Warum war das ein absoluter Glückstreffer?

d) Isabella hat schon 11-mal ins Wasser getroffen und 7 Felder mit Schiffen. Wie hoch ist ihre Trefferwahrscheinlichkeit beim nächsten Versuch, wenn sie vollkommen ohne Strategie vorgeht?

6 Gib die zugehörige Laplace-Wahrscheinlichkeit in Prozent an.
   a) Werfen eines Buchstabenwürfels mit den Buchstaben A, D, I, R, T und W
   b) Ziehen einer Socke aus einer Sockenschublade, in der ein Paar dunkelblaue und ein Paar schwarze Rechts-Links-Socken liegen
   c) Werfen eines Oktaeder-Würfels mit den Augenzahlen 1, 2, 3, 4, 5, 6, 7 und 8

7 Wie groß ist die Wahrscheinlichkeit, dass die erste Zahl beim Lotto „6 aus 49" eine gerade Zahl (eine Quadratzahl, eine Zahl mit zwei gleichen Ziffern) ist?

8

22.5.2011	26.5.2011
Reykjavik - Grimsvötn bricht aus	**Reykjavik – Es wird ruhiger**
Nachts erreichte die Eruptionssäule eine Höhe von 15 km und gegen Morgen waren es nur noch 10 km. Stärkere Explosionen trieben sie gelegentlich noch bis auf 15 km Höhe.	Die Aktivität ließ stark nach und es steigt nur noch wenig Dampf auf. Vulkanische Erdbeben wurden seit zwei Tagen nicht mehr registriert. Die Eruption ist somit für dieses Mal beendet, allerdings kann davon ausgegangen werden, dass der Grimsvötn in den nächsten 10 Jahren mit 75 %-iger Wahrscheinlichkeit wieder ausbricht.

Nimm zu folgenden Aussagen jeweils Stellung.
   a) „75 % von 10 Jahren sind 7,5 Jahre. Das heißt, der Grimsvötn wird in 7,5 Jahren wieder ausbrechen."
   b) „Eine 75 %-ige Wahrscheinlichkeit ist groß! Also wird der Grimsvötn in den nächsten 10 Jahren ganz sicher ausbrechen."
   c) „Ob der Grimsvötn tatsächlich ausbricht, weiß kein Mensch! Aber es ist dreimal so wahrscheinlich, dass es passiert, als dass es nicht passiert."

9 Für eine Meinungsumfrage soll in einem Dorf mit 180 Einwohnern ermittelt werden, wie viele Mädchen, Jungen, Frauen und Männer dort wohnen. Dazu werden willkürlich einige Bewohner erfasst. Wie viele Menschen jeder Kategorie leben wohl ungefähr in dem Dorf? Erläutere deine Überlegungen. Warum kannst du dir nicht völlig sicher sein?

	Anzahl
Mädchen	14
Jungen	16
Frauen	7
Männer	9

10 Paulina dreht an dem abgebildeten Glücksrad.
   a) In wie viel Prozent aller Drehungen erwartest du auf lange Sicht die einzelnen Farben?
   b) Zeichne in dein Heft jeweils ein Glücksrad mit den Farben Rot, Grün und Blau, das die folgende Bedingung erfüllt. Wie viele solcher Glücksräder gibt es? Auf lange Sicht gesehen erwartet man ...
      ① Rot genauso oft wie Blau.
      ② Grün genauso oft wie Blau und Rot zusammen.
      ③ Grün doppelt so oft wie Blau.

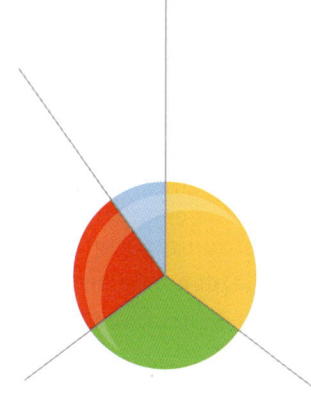

8.5 Vermischte Aufgaben

11 Maria würfelt zweimal mit einem Würfel, dessen Netz abgebildet ist, und multipliziert die Augenzahlen.

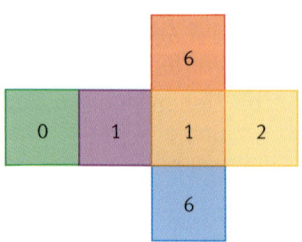

a) Gib ein unmögliches Ergebnis dieses Zufallsexperiments an.
b) Ermittle alle möglichen Ergebnisse.
c) Bestimme die Wahrscheinlichkeit für das Ergebnis 0 (Ergebnis 1).

12 Theoretisch kann man davon ausgehen, dass die Wahrscheinlichkeit, dass eine beliebig ausgewählte Person an einem bestimmten Tag Geburtstag hat, für jeden Tag des Jahres gleich groß ist. Bestimme unter dieser Annahme die Wahrscheinlichkeiten für die folgenden Ereignisse.

a) A: „Die Person hat am 5. Januar Geburtstag."
b) B: „Die Person hat im März Geburtstag."
c) C: „Die Person hat im Sommer Geburtstag."
d) D: „Die Person hat in der 1. Jahreshälfte Geburtstag."
e) E: „Die Person hat in der 1. Jahreshälfte Geburtstag, aber nicht im Sommer."
f) F: „Die Person hat in der ersten Jahreshälfte und im Sommer Geburtstag."
g) Formuliere selbst weitere Ereignisse. Bitte einen Mitschüler, die zugehörigen Wahrscheinlichkeiten zu bestimmen.

13 Beim Mensch-ärgere-Dich-nicht-Spiel hat Jenny die Vermutung, dass der Würfel gezinkt ist. Sie macht folgende Versuchsreihe:

Augenzahl	1	2	3	4	5	6
50 Würfe	7	8	11	9	6	9
150 Würfe	27	27	28	23	18	27
500 Würfe	98	79	85	82	75	81
1000 Würfe	202	168	164	170	164	132

a) Welche Wahrscheinlichkeiten wird Jenny für die einzelnen Augenzahlen bestimmen? Hat Sie mit ihrer Vermutung Recht?
b) Stelle die Entwicklung der relativen Häufigkeiten für die Augenzahl 3 (für alle Augenzahlen) grafisch dar. Du kannst ein Tabellenprogramm verwenden.

14 In einem Becher befinden sich vier Fruchtgummis: eine Zitrone, eine Banane, eine Himbeere und eine Ananas. Dejan hat das Zufallsexperiment „Ziehen eines Fruchtgummis" mehrmals durchgeführt. Den gezogenen Fruchtgummi hat er dabei stets in den Becher zurückgelegt. Das Balkendiagramm zeigt Dejans Ergebnisse.

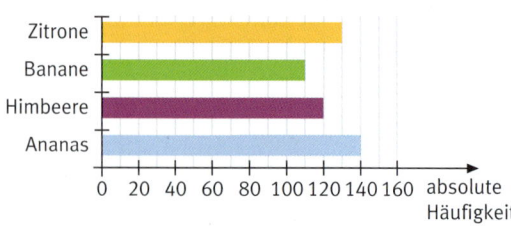

a) Wie oft hat Dejan das Zufallsexperiment insgesamt durchgeführt?
b) Gib die relativen Häufigkeiten der einzelnen Früchte an.
c) Welche Wahrscheinlichkeit kann für die einzelnen Früchte angenommen werden? Diskutiere verschiedene Möglichkeiten.

Lernsituation

Kapitel 8

Schere, Stein und Papier

SITUATIONSBESCHREIBUNG

Wie jedes Jahr seid ihr kurz vor der Abreise in euren großen Sommerurlaub. Leider hat nur einer der hinteren Sitzplätze eures Autos einen Bildschirm um dort Filme zu schauen. Immer wenn ihr kurz vor der Abreise seid, kommt dieselbe Diskussion zwischen dir und deinem Bruder darüber auf, wer nun zuerst auf dem Bildschirmplatz sitzen darf. Erfahrungsgemäß wird der Platz dann während der gesamten Fahrt insgesamt acht Mal gewechselt. Da eure Eltern absolut überhaupt keine Lust auf Diskussionen haben, lassen sie das Spiel „Schere Stein, Papier und Brunnen" mit insgesamt zehn Durchgängen entscheiden. Komischerweise gewinnt in den meisten Fällen dein Bruder. Dieses Mal willst du aber sicher gehen und eventuell deine Chancen erhöhen. Erledige das mithilfe folgender Arbeitsaufträge:

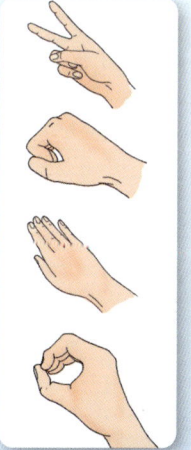 

HANDLUNGSAUFTRÄGE

1. Informiere dich über die Spielregeln des Spiels.
2. Bei diesem Spiel hat man angeblich bessere Gewinnchancen, wenn man niemals eine bestimmte von den vier Optionen spielt. Überprüfe die Behauptung mit einem Partner, indem einer niemals diese Option spielt und der andere sie in etwa 25% der Fälle spielt. Erstelle für jeden Durchgang eine Strichliste und ermittle so die absoluten und relativen Häufigkeiten der Gewinne und Verluste jedes Spielers. Was stellst du fest? Notiere.
3. Ist es klüger, diesen Test sehr oft mit deinem Partner durchzuführen? Was hat das ganze mit dem Gesetz der großen Zahlen zu tun?
4. Entscheide dich nun aufgrund deiner bisherigen Ergebnisse für eine Strategie.
5. Wie könnte man das Spiel fair gestalten? Schreibe auf. Tipp: Ihr könnt nun auch ein Turnier in der Klasse veranstalten, um zu sehen, wer der Meister dieses Spiels ist.

8.6 Das kann ich!

Überprüfe deine Fähigkeiten und Kenntnisse. Bearbeite dazu die folgenden Aufgaben und bewerte anschließend deine Lösungen mit einem Smiley.

☺	😐	☹
Das kann ich!	Das kann ich fast!	Das kann ich noch nicht!

Hinweise zum Nacharbeiten findest du auf der folgenden Seite. Die Lösungen stehen im Anhang.

Aufgaben zur Einzelarbeit

1 Handelt es sich um einen Zufallsversuch? Begründe.
   a) Annina fährt Fahrrad.
   b) Jona dreht an einem Glücksrad.
   c) Der einjährige Laurin wählt mit dem Telefon.
   d) Ein Spieler lässt einen Mitspieler blind eine Karte ziehen.

2 Wirft man den Schraubverschluss einer PET-Flasche in die Luft, so bleibt er nach der Landung auf einem harten Boden entweder auf der Seite oder mit der Fläche nach unten oder oben liegen. Beschreibe, wie man vorgehen kann, wenn man für jede der drei Positionen einen Schätzwert für die Wahrscheinlichkeit ermitteln will.

3 Beschreibe den Inhalt des Gesetzes der großen Zahlen an einem selbst gewählten Beispiel.

4 Vor langer Zeit lebte einmal ein strenger und gemeiner König. Zu seinem Geburtstag tat er kund, dass er alle Gefangenen freizulassen gedenke, die es schafften, aus einer Schatulle, die eine schwarze und eine weiße Kugel enthielt, eine Kugel herauszuziehen, deren Farbe der Gefangene zuvor richtig vorhergesagt hatte.
Gib einen Schätzwert dafür an, wie viele der 12 319 Gefangenen des Königs mithilfe dieses Spiels ungefähr freigekommen sind.

5 Sina würfelt mit einem Laplace-Würfel. Beschreibe das Ereignis in Worten und beurteile seinen Ausgang.
A = {1; 3; 5}
B = {2; 3; 4; 5; 6}
C = {2; 3; 5}   D = {1; 6}
E = {9}   F = {6}

6 Benny hält fünf Spielkarten verdeckt in der Hand, eine davon ist der „Schwarze Peter". Till muss eine Karte von Benny ziehen. Mit welcher Wahrscheinlichkeit zieht Till den „Schwarzen Peter"?

7 Michelle ist mit Würfeln an der Reihe. Sie hat die roten Spielfiguren. Gib die Wahrscheinlichkeit dafür an, dass Michelle das Spiel mit diesem Wurf beendet.

8 Schreibe zu folgenden Zufallsexperimenten die möglichen Ergebnisse auf. Gib zu jedem Ergebnis die zugehörige Wahrscheinlichkeit an. Entscheide jeweils, ob es sich um ein Laplace-Experiment handelt.
   a) Ziehen einer Kugel aus einer Urne, die 7 violette, 7 gelbe, 4 schwarze und 7 grüne Kugeln enthält
   b) Produkt der Augenzahlen beim gleichzeitigen Werfen von zwei Würfeln
   c) Augenzahlen beim Werfen eines roten und eines schwarzen Würfels

9 Nach der Ziehung der Lottozahlen 1; 5; 19; 25; 26; 49 werden sofort zwei neue Tipps angelegt.
Tipp 1: 1; 5; 20; 25; 40; 49
Tipp 2: 4; 10; 15; 22; 35; 45
Gib den Tipp an, der mit einer höheren Wahrscheinlichkeit gewinnt. Begründe.

10 Ein Würfel wird zweimal geworfen. Gib die Ergebnismenge Ω in Mengenschreibweise an.
   a) A: Ein Pasch wird geworfen.
   b) B: Es werden nur gerade Zahlen geworfen.
   c) C: Es werden nur Primzahlen geworfen.

11 Formuliere jeweils das Gegenereignis.
A: „Im August scheint jeden Tag die Sonne."
B: „Das nächste Kind, das in unserer Stadt zur Welt kommt, ist ein Mädchen."
C: „Heute wird Hiran in Geschichte abgefragt."
D: „Der Zins für den Kredit beträgt mindestens 4 %."
E: „Finn ist der Bruder von Lotte."
F: „Nesrin wird höchstens 1,65 m groß werden."

12 Lucy und Hank informieren sich im Internet, welche Lottozahlen bisher wie oft gezogen wurden: Am häufigsten war die Zahl 12 mit 358-mal dran, am seltensten die Zahl 16 mit 249-mal.

Bei der nächsten Ausspielung wird die Zahl 12 gezogen.

Bei der nächsten Ausspielung wird die Zahl 16 gezogen.

Was meinen die beiden? Was glaubst du? Wie würdest du die Aussagen bewerten?

13 Finde ein Beispiel deiner Wahl für:
a) Ein Laplace-Experiment
b) Ein sicheres Ereignis
c) Ein unmögliches Ereignis
Begründe deine Wahl.

Aufgaben für Lernpartner

Arbeitsschritte
1. Bearbeite die folgenden Aufgaben alleine.
2. Suche dir einen Partner und erkläre ihm deine Lösungen. Höre aufmerksam und gewissenhaft zu, wenn dein Partner dir seine Lösungen erklärt.
3. Korrigiere gegebenenfalls deine Antworten und benutze dazu eine andere Farbe.

Sind folgende Behauptungen **richtig** oder **falsch**? Begründe schriftlich.

14 Einen Zufallsversuch kann man beliebig oft durchführen.

15 Das Werfen eines Spielwürfels ist ein Zufallsexperiment.

16 Bei wiederholter Durchführung eines Zufallsversuchs stabilisiert sich die absolute Häufigkeit eines Ergebnisses mit wachsender Versuchszahl.

17 Wirft man eine Laplace-Münze 10 Millionen Mal, dann ist die Anzahl der Zahl-Würfe auf Hunderttausender gerundet höchstwahrscheinlich 5 Millionen.

18 Bei einem Mensch-ärgere-dich-nicht-Würfel fällt die 6 am seltensten.

19 Relative Häufigkeiten bei sehr oft durchgeführten Zufallsexperimenten sind Schätzwerte für die betreffenden Wahrscheinlichkeiten.

20 Wenn man bei einem Spielwürfel eine „1" würfeln möchte, kann es sein, dass dieses bei den ersten sechs Würfen nicht der Fall ist. Nach 60 Würfen sollte aber eine „1" schon fallen.

21 Wenn beim Münzwurf viermal hintereinander Wappen erscheint, so hat man eine gezinkte Münze verwendet.

22 Bei der Bewerbung um einen Praktikumsplatz handelt es sich um ein Laplace-Experiment.

23 Beim Lotto „6 aus 49" wird die Zahl 13 seltener gezogen als die Zahl 47.

24 Ist bei einem gezinkten Spielwürfel die Wahrscheinlichkeit für eine gerade Zahl 75 %, dann ist die Wahrscheinlichkeit, eine Eins zu würfeln, mit Sicherheit kleiner als 25 %.

25 Laplace-Wahrscheinlichkeiten lassen sich bei allen Zufallsexperimenten angeben.

26 Mit einem Laplace-Würfel ist es wahrscheinlicher, hintereinander die Zahlen 1, 2 und 3 (in dieser Reihenfolge) zu würfeln als drei Sechser.

27 Bei einem Spielwürfel ist das Gegenteil von „höchstens drei" stets „mindestens vier".

28 Das Gegenteil von „nie" ist „immer".

29 Das Gegenteil von „Maren ist in Timo verliebt" ist „Maren ist in Paul verliebt".

Aufgabe	Ich kann ...	Hilfe
1, 13, 14, 15, 16	Zufallsversuche beschreiben.	S. 164
2, 3, 4, 16, 17, 19, 20, 21, 24	das Gesetz der großen Zahlen anwenden.	S. 166
5, 6, 7, 9, 26	Laplace-Wahrscheinlichkeiten bestimmen.	S. 168
8, 9, 12, 18, 22, 23, 25	beurteilen, ob Laplace-Wahrscheinlichkeiten vorliegen.	S. 168
10, 11, 13, 27, 28, 29	Ereignisse und Gegenereignisse beschreiben.	S. 170

8.7 Auf einen Blick

S. 164

Mögliche Ergebnisse beim Würfeln:
1, 2, 3, 4, 5, 6
- Ereignis A: „Augenzahl gerade":
  Das Ereignis ist möglich.
  A = {2; 4; 6}
- Ereignis B: „Augenzahl 7":
  Das Ereignis ist unmöglich.
  B = ∅
- Ereignis C: „Augenzahl mindestens 1":
  Das Ereignis ist sicher.
  C = {1; 2; 3; 4; 5; 6}

Ein Versuch heißt **Zufallsversuch**, wenn gilt:
1. Die Durchführung erfolgt nach genau festgelegten Regeln und ist beliebig oft wiederholbar.
2. Mindestens zwei Ergebnisse sind möglich.
3. Das Ergebnis ist nicht vorhersagbar.

Als **Ereignis** wird der **Teil aller möglichen Ergebnisse** genannt, für die man sich genauer interessiert.

Ein Ereignis kann unmöglich, möglich oder sicher sein.

S. 166

Eine 1-€-Münze wird mehrmals geworfen.

Anzahl Würfe	H (W)	H (Z)	h (W)	h (Z)
10	7	3	70 %	30 %
100	42	58	42 %	58 %
1000	514	486	51 %	49 %
10 000	4955	5045	50 %	50 %

Die Wahrscheinlichkeit wird auch mit dem Buchstaben P gekennzeichnet.
Es gilt also: **P(A) ≈ h(A)** für ein Ereignis A und große Versuchsanzahlen.

Führt man ein Zufallsexperiment sehr oft durch, dann beobachtet man, dass sich die **relativen Häufigkeiten** bei wachsender Versuchszahl **stabilisieren**. Diese Tatsache wird auch als das **Gesetz der großen Zahlen** bezeichnet.

Die stabilisierten relativen Häufigkeiten sind ein guter **Schätzwert für die Wahrscheinlichkeit**, mit der man die Ergebnisse erwartet.

S. 168

Bei einem Farbwürfel mit den Farben Rot, Gelb, Grün, Blau, Weiß und Schwarz beträgt die Wahrscheinlichkeit für das Ergebnis Grün $\frac{1}{6}$.

Bei manchen Zufallsversuchen kann man aufgrund theoretischer Überlegungen davon ausgehen, dass **alle Ergebnisse gleich wahrscheinlich** sind.
Gibt es n mögliche Ergebnisse (n = 2, 3, 4, ...), dann ist die Wahrscheinlichkeit für jedes einzelne Ergebnis $\frac{1}{n}$.

Man spricht von einer **Laplace-Wahrscheinlichkeit**.

Werden mehrere Ergebnisse zu einem Ereignis A zusammengefasst, dann gilt:

$$P(A) = \frac{\text{Anzahl der für A günstigen Ergebnisse}}{\text{Anzahl aller möglichen Ergebnisse}}$$

S. 170

Würfeln mit einem Spielwürfel
Ereignis A: „Augenzahl ist gerade."
Gegenereignis $\overline{A}$: „Augenzahl ist ungerade."
oder: $\overline{A}$: „Augenzahl ist nicht gerade."

Alle Ergebnisse, die **nicht** zu einem **bestimmten Ereignis A gehören**, bilden zusammen das **Gegenereignis $\overline{A}$**.

Die **Wahrscheinlichkeiten für ein Ereignis und sein Gegenereignis müssen zusammen 1 ergeben**, weil alle möglichen Ergebnisse eines Zufallsversuchs in einer der beiden Mengen enthalten sind:

$$P(\overline{A}) = 1 - P(A) = 100\,\% - P(A)$$

Lösungen zum Grundwissen

1 a) −139 b) −10,4 c) −8,12
   d) −179 e) $688\frac{1}{4}$ f) $-2\frac{23}{28}$
   g) $-136\frac{23}{38}$

2 Multiplikationstabelle

·	$7\frac{3}{8}$	$-3\frac{5}{16}$	−4,625	4,75
$24\frac{1}{4}$	$178\frac{27}{32}$	$-80\frac{21}{64}$	$-112\frac{5}{32}$	$115\frac{3}{16}$
−78,125	$-576\frac{11}{64}$	$258\frac{101}{128}$	$361\frac{21}{64}$	$-371\frac{3}{32}$
0,25	$1\frac{27}{32}$	$-\frac{53}{64}$	$-1\frac{5}{32}$	$1\frac{3}{16}$
$-2\frac{3}{16}$	$-16\frac{17}{128}$	$7\frac{63}{256}$	$10\frac{15}{128}$	$-10\frac{25}{64}$

Additionstabelle

+	$7\frac{3}{8}$	$-3\frac{5}{16}$	−4,625	4,75
$24\frac{1}{4}$	31,625	20,9375	19,625	29
−78,125	−70,75	−81,4375	−82,75	−73,375
0,25	7,625	−3,0625	−4,375	5
$-2\frac{3}{16}$	5,1875	−5,5	−6,8125	2,5625

3 a) Punkt-vor-Strich: $-\frac{2}{143}$ b) Assoziativgesetz: 6,25
   c) Kommutativ- und Assoziativgesetz: 3
   d) Punkt-vor-Strich: $3\frac{9}{20}$
   e) Kommutativ- und Assoziativgesetz: 2,5

4 a) $-\left(\frac{2}{3}\right)^4 = -\frac{16}{81}$ b) $\left(-\frac{4}{7}\right)^3 = -\frac{64}{343}$
   c) $\left(\frac{1}{5}\right)^4 = \frac{1}{625}$ d) $\left(-\frac{0}{13}\right)^2 = 0$

5 a) $\left(\frac{4}{7}\right)^6 = \frac{4096}{117\,649}$ b) $1{,}7^3 = 4{,}913$
   c) $\left(-\frac{3}{4}\right)^5 = -\frac{243}{1024}$ d) $\left[\left(-\frac{2}{3}\right) \cdot (-18)\right]^4 = 12^4 = 20\,736$
   e) $[0{,}25 : (-0{,}25)]^5 = (-1)^5 = -1$
   f) $\left(-\frac{4}{5}\right)^6 \cdot \left(-\frac{4}{5}\right)^3 = \left(-\frac{4}{5}\right)^9 = -\frac{262\,144}{1\,953\,125} = -0{,}134217728$
   g) $0{,}4^9 \cdot 0{,}4^2 = 0{,}4^{11} = 0{,}00004194304$
   h) $\left(\frac{1}{9}\right)^{-3} = 9^3 = 729$ i) y^2 j) 0

6 a) $21x = -1$ b) $2\frac{5}{6}a = -5$
   $\mathbb{N}: \mathbb{L} = \emptyset, \mathbb{Z}: \mathbb{L} = \emptyset$ $\mathbb{N}: \mathbb{L} = \emptyset, \mathbb{Z}: \mathbb{L} = \emptyset$
   $\mathbb{R}: \mathbb{L} = \left\{-\frac{1}{21}\right\}$ $\mathbb{R}: \mathbb{L} = \left\{-1\frac{13}{17}\right\}$
   c) $c = -2$ d) $1 = x$
   $\mathbb{N}: \mathbb{L} = \emptyset, \mathbb{Z}: \mathbb{L} = \{-2\}$ $\mathbb{N}: \mathbb{L} = \{1\}, \mathbb{Z}: \mathbb{L} = \{1\}$
   $\mathbb{R}: \mathbb{L} = \{-2\}$ $\mathbb{R}: \mathbb{L} = \{1\}$

7 Die Situation wird durch folgende Gleichung beschrieben:
   $1200\,€ - 1200\,€ \cdot \frac{x}{100} = 800\,€ + 800\,€ \cdot \frac{x}{100} \Leftrightarrow x = 20$
   Der Preis des Teppichs beträgt $800\,€ \cdot 1{,}2 = 960\,€$.

8 a) I $y = 2x - 3$
       II $y = 0{,}6x - 0{,}2$ $\mathbb{L} = \{(2\,|\,1)\}$

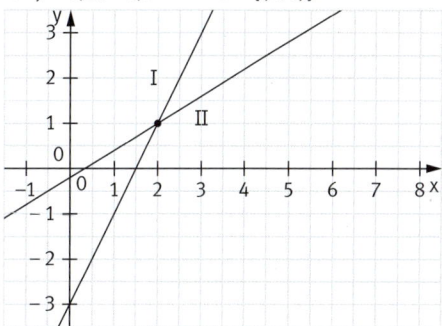

b) I $y = x - 3$
   II $y = x - 3$ $\mathbb{L} = \mathbb{R}$

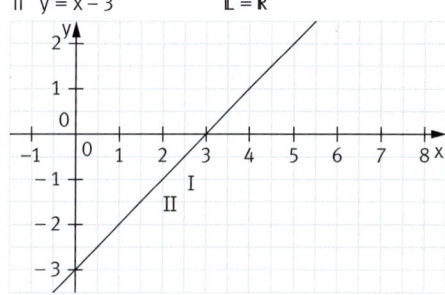

c) I $y = 0{,}5x - 1{,}5$
   II $y = 0{,}5x - \frac{10}{19}$ $\mathbb{L} = \emptyset$

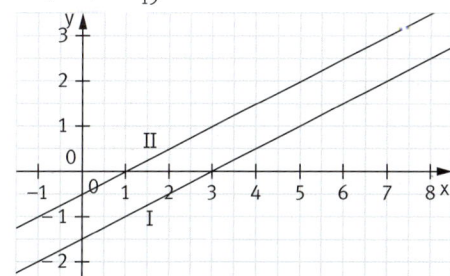

d) I $y = 0{,}7x + 1$
   II $y = -0{,}4x + 6{,}5$ $\mathbb{L} = \{(5\,|\,4{,}5)\}$

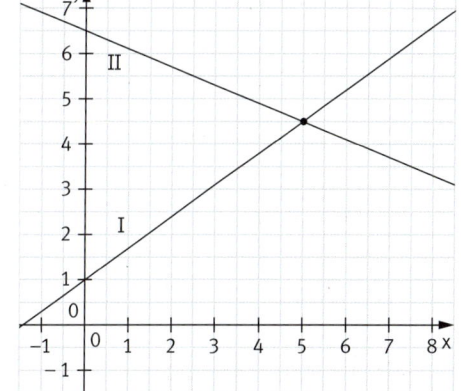

9 Es sind individuelle Lösungen möglich.

a) Einsetzungsverfahren
II x = 22,5 – 2y
II in I: 3y + 9 (22,5 – 2y) + 15 = 0
⇔ y = 14,5; x = –6,5 $\mathbb{L}$ = {(–6,5 | 14,5)}

b) Einsetzungsverfahren
I in II: 3y = 1,5 (5y – 27) – 4,5
⇔ y = 10; x = 23 $\mathbb{L}$ = {(23 | 10)}

c) Additionsverfahren
I + II 9x = –9
⇔ x = –1; y = –12 $\mathbb{L}$ = {(–1 | –12)}

d) Umformen ergibt:
I $y = -\frac{4}{7}x + 1$
II $y = -\frac{4}{7}x + 1$
Die beiden Geraden sind identisch. $\mathbb{L}$ = $\mathbb{R}$

10 x: Anzahl der Telefonminuten (pro Monat)
y: Gesamtkosten in € (pro Monat)
grüner Tarif: y = 10 + 0,03x
blauer Tarif: y = 8 + 0,09x
10 + 0,03x = 8 + 0,09x   ⇔ $x = 33\frac{1}{3}$
Falls sie wenig telefoniert (im Schnitt weniger als 33 Minuten im Monat), ist der blaue Tarif günstiger, sonst der grüne (wegen der niedrigeren Verbrauchskosten).

11 Die Terme $T_4(x)$ und $T_5(x)$ sind zu T(x) = 8x – 10 äquivalent.

12

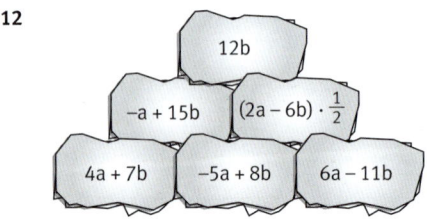

13 a)

x	1,5	2	3	6	9
y	2,25	3	4,5	9	13,5

b)

x	2	4	6	15	16
y	24	12	8	3,2	3

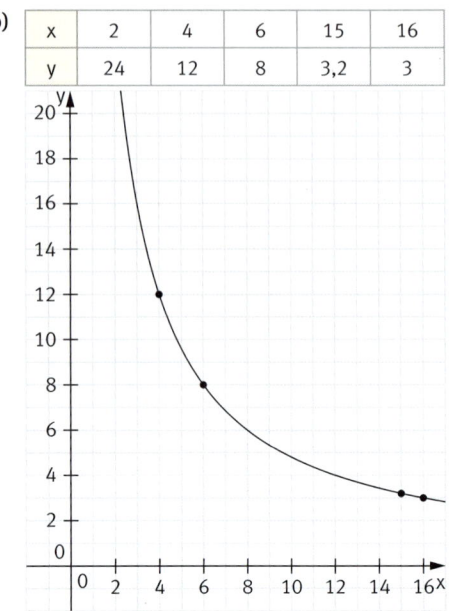

14 Zutaten für 21 Personen:
2625 g Pizzateigmischung   1575 ml Wasser
4200 g geschälte Tomaten   63 Scheiben Salami
525 g Pilze   735 g geriebener Käse
Anmerkung: In der Realität wird man vermutlich Vielfache von vier Portionen backen (z. B. 24 Portionen).

15 a) Hinweis: die y-Werte bei x = 7; 9; 11 sind gerundet.

x	1	2	3	4	5	6
y	48	24	16	12	9,6	8
x	7	8	9	10	11	12
y	6,9	6	5,3	4,8	4,4	4

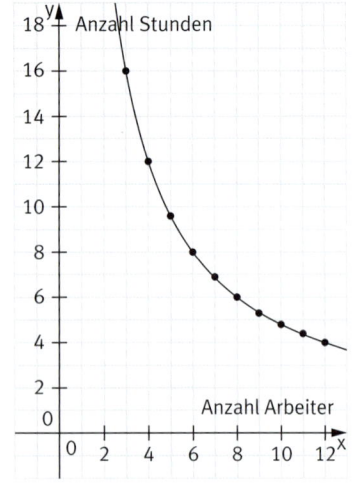

b) Damit die Arbeit in genau 5 Stunden fertig ist, sind 9,6 Arbeiter nötig. Dies ist jedoch nicht möglich, da die x-Werte (Anzahl der Arbeiter) nur Werte aus $\mathbb{N}$ annehmen können. Oder anders ausgedrückt: $\mathbb{D} = \mathbb{N}$. Also wären 10 Arbeiter in etwa 5 Stunden fertig. Die gewünschte Genauigkeit ist im realen Leben sicherlich nicht einzuhalten.

16 a) Sieht man von etwaigen Mengenrabatten ab, so ist die Zuordnung linear und sogar proportional.
b) Die Zuordnung ist nicht linear, denn die Badewanne wird nach oben hin weiter, sodass sich die Zunahme der Füllhöhe in jeweils gleichen Zeitabständen verlangsamt. Würde man einen Zylinder oder einen Quader befüllen, so läge eine proportionale Zuordnung vor.
c) Die Zuordnung ist linear, aber nicht proportional.

17 a) $y = 2x + 1$ b) $y = -1,5x + 2$ c) $y = -x$
d) $y = 2$ e) $y = \frac{1}{3}x - 1$

18 a) Die Aussage ist falsch, denn: $4 \neq \frac{3}{4} \cdot 3 = 2,25$.
b) Die Aussage ist falsch, denn die beiden Funktionsgraphen stellen zwei Geraden dar, die eine unterschiedliche Steigung besitzen.
c) Die Aussage ist wahr, denn für $x = 8$ ergibt sich als Funktionswert $y = 0$.

19 $t = -3$ gibt den y-Achsenabschnitt an: $P(0|-3)$ liegt auf der Gerade. Die Steigung ist $m = -2$, d. h. ein zweiter Punkt der Gerade befindet sich −1 Einheit in x-Richtung und 2 Einheiten in y-Richtung von P entfernt.

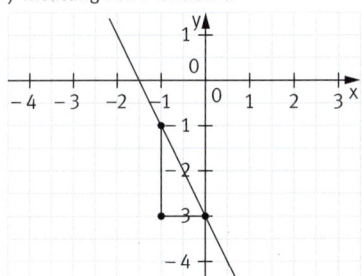

20

	a)	b)	c)
alter Preis	340 €	27,50 €	288 €
Erhöhung	12 %	4,4 %	6,5 %
neuer Preis	380,80 €	28,71 €	306,72 €

21 a) Herr Schlau hatte vorher 2560 € verdient.
b) Der Computer hatte vorher 950 € gekostet.
c) Das Kapital muss zum Zinssatz von 3,5 % angelegt werden.

22 a) $\beta = 180° - 33° - 76° = 71°$
b) $\alpha = \frac{180°}{9} = 20°$; $\beta = 5\alpha = 100°$; $\gamma = 3\alpha = 60°$

23 a)

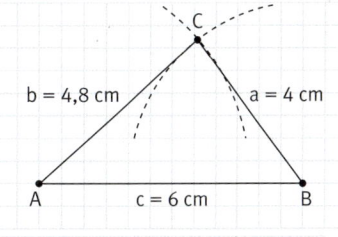

b)

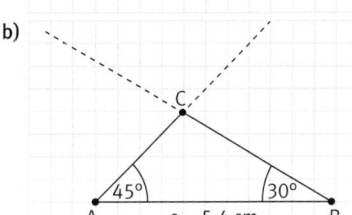

c)

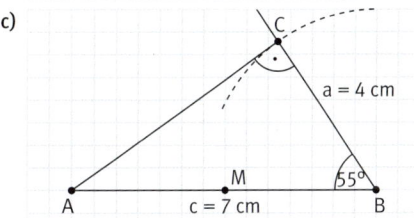

24 $\delta = 180° - 54° = 126°$
$\alpha = \gamma_1 = \frac{1}{2} \cdot (180° - 126°) = 27°$
$\beta = \gamma_2 = \frac{1}{2} \cdot (180° - 54°) = 63°$

25 Der Thaleskreis über [AB] schneidet den Kreis um B mit $r = a = 3$ cm in C.

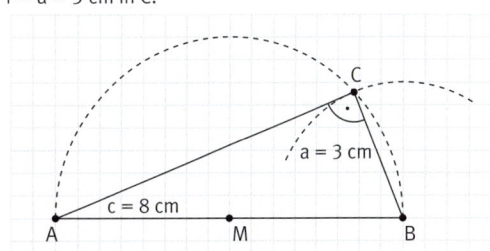

26 $A = 54$ cm$^2 = a \cdot b$ $u = 30$ cm $= 2a + 2b$
$\Rightarrow a = 9$ cm; $b = 6$ cm

27 $A = 33,8$ cm^2; $h_a = 5,2$ cm; $u = 26$ cm
$A = a \cdot h_a \Rightarrow a = 33,8$ cm$^2 : 5,2$ cm $= 6,5$ cm $\Big\} a = b$
$u = 2a + 2b \Rightarrow b = (26$ cm $- 13$ cm$) : 2 = 6,5$ cm
Das Parallelogramm ist eine Raute, da alle vier Seiten gleich lang sind.

28 $A = 19,2$ cm^2; $b = 4$ cm; $d = 5$ cm; $u = 21$ cm
$u = a + b + c + d$
$\Rightarrow a + c = 21$ cm $- 4$ cm $- 5$ cm $= 12$ cm
$A = 0,5 \cdot (a + c) \cdot h$
$\Rightarrow h = 2 \cdot 19,2$ cm$^2 : (12$ cm$) = 3,2$ cm
Die Höhe h beträgt 3,2 cm, die Längen der Grundseiten a und c betragen zusammen 12 cm.

29 Evas Lösung ist richtig, der Flächeninhalt beträgt 12 cm². Lars hat die Trapezfläche falsch ausgerechnet.
Lisas Ansatz des Kästchenauszählens ist im Prinzip richtig, allerdings hat sie bei der Umrechnung von Kästchen in Quadratzentimeter einen Fehler gemacht: 4 Kästchen entsprechen 1 cm².

30

	r	d = 2r	u = 3,14 · d	A = 3,14 · r²
a)	0,127 m	0,255 m	0,8 m	0,051 m²
b)	4 cm	8 cm	25,12 cm	50,24 cm²
c)	37,42 m	74,84 m	235 m	4396,81 m²
d)	1,6 dm	3,2 dm	10,05 dm	8,04 dm²

31 a) $u_{gesamt} = 2 \cdot u_{Kreis} + 4 \cdot d_{Kreis}$
      $= 2 \cdot 3{,}14 \cdot 8 \text{ cm} + 4 \cdot 8 \text{ cm} = 82{,}24 \text{ cm}$
   $A_{gesamt} = 2 \cdot A_{Kreis}$
      $= 2 \cdot 3{,}14 \cdot (4 \text{ cm})^2 = 100{,}48 \text{ cm}^2$

b) $u_{gesamt} = 2 \cdot u_{Kreis} + 2 \cdot d_{Kreis}$
      $= 2 \cdot 3{,}14 \cdot 5 \text{ dm} + 2 \cdot 5 \text{ dm} = 41{,}4 \text{ dm}$
   $A_{gesamt} = 2 \cdot A_{Kreis}$
      $= 2 \cdot 3{,}14 \cdot (2{,}5 \text{ dm})^2 = 39{,}25 \text{ dm}^2$

32 a) 1,877 dm³   b) 108 000 000 l   c) 79 002 000 cm³
   d) 20 600 ml   e) 60 005 mm³   f) 3650 hl

33

Volumen (nach Größe geordnet)	Behälter
5000 cm³ = 5 l	Gießkanne
1,3 hl = 130 l	Kühlschrank
340 dm³ = 340 l	Dachgepäckbox
800 l	Gartenteich

34

	a)	b)	c)
Länge	4 m	3,5 dm	4,2 dm
Breite	6 m	4,7 dm	50 cm
Höhe	1,5 m	60 cm	6,5 dm
Oberfläche	78 m²	131,3 dm²	1,616 m²
Volumen	36 m³	98,7 dm³	136,5 dm³

35 a) 240 cm³ – 72 cm³ = 168 cm³
   b) 1,125 m³ + 1,125 m³ = 2,25 m³

36 a) Lösungsmöglichkeit (verkleinerte Darstellung):

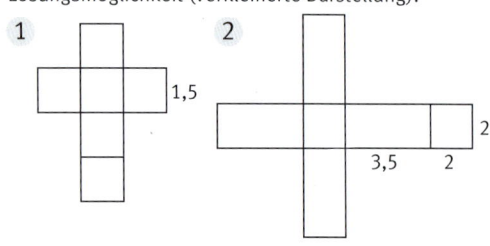

b) 1 Würfel: V = 1,5 cm · 1,5 cm · 1,5 cm = 3,375 cm³
      O = 6 · 1,5 cm · 1,5 cm = 13,5 cm²
   2 Quader: V = 2 cm · 2 cm · 3,5 cm = 14 cm³
      O = 2 · 2 cm · 2 cm + 4 · 2 cm · 3,5 cm
      = 36 cm²

Schrägbild eines Quaders mit den Kantenlägen 3,5 cm; 2 cm; 2 cm und eines Würfels mit der Kantenlänge 1,5 cm:

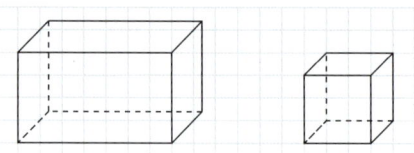

37 a) A_O = 35 cm · 25 cm + (35 cm + 25 cm + 43 cm) · 55 cm
      = 6540 cm²
   V = A_G · h = $\frac{1}{2}$ · 35 cm · 25 cm · 55 cm = 24 062,5 cm³

b) A_O = (50 cm + 15 cm) · 22 cm +
      (27 cm + 55 cm + 50 cm + 15 cm) · 64 cm
      = 10 838 cm²
   V = A_G · h = $\frac{1}{2}$ · 65 cm · 22 cm · 64 cm = 45 760 cm³

c) A_O = (2 · 17 cm + 8 cm + 8 cm) · 20 cm +
      (8 cm + 17 cm + 8 cm + 22 cm + 17 cm + 22 cm) · 13 cm
      = 2222 cm²
   V = A_G · h = (33 cm + 17 cm) : 2 · 20 cm · 13 cm
      = 6500 cm³

38

	a)	b)	c)
Radius r	6 cm	6,0 cm	30 cm
Zylinderhöhe h	8 cm	6 cm	30 mm
Grundflächeninhalt A_G	113,1 cm²	113,1 cm²	28,3 cm²
Mantelflächeninhalt A_M	301,6 cm²	226,2 cm²	56,5 cm²
Oberflächeninhalt $A_{O\,Zylinder}$	527,8 cm²	452,4 cm²	113,1 cm²
Volumen V	904,8 cm³	678,6 cm³	84,8 cm³

39 Augenzahl 1: $\frac{9}{50}$ = 0,18 = 18 %
   Augenzahl 2: $\frac{8}{50}$ = 0,16 = 16 %
   Augenzahl 3: $\frac{10}{50}$ = 0,2 = 20 %
   Augenzahl 4: $\frac{7}{50}$ = 0,14 = 14 %
   Augenzahl 5: $\frac{7}{50}$ = 0,14 = 14 %
   Augenzahl 6: $\frac{9}{50}$ = 0,18 = 18 %

40 a) $\bar{x} = \frac{16{,}26 \text{ m}}{10}$ = 1,626 m
   b) s = 1,87 m – 1,46 m = 0,41 m

41 Mögliche Datenreihe: {4; 6; 7; 8; 8}

Lösungen zu „Das kann ich!"

Lösungen zu „1.7 Das kann ich!" – Seite 30

1

	quadrierte Zahl	ausführliche Schreibweise	Ergebnis
a)	3^2	$3 \cdot 3$	9
b)	5^2	$5 \cdot 5$	25
c)	7^2	$7 \cdot 7$	49
d)	9^2	$9 \cdot 9$	81
e)	1^2	$1 \cdot 1$	1
f)	50^2	$50 \cdot 50$	2500
g)	$\left(\frac{1}{2}\right)^2$	$\frac{1}{2} \cdot \frac{1}{2}$	$\frac{1}{4}$
h)	$\left(\frac{4}{5}\right)^2$	$\frac{4}{5} \cdot \frac{4}{5}$	$\frac{16}{25}$
i)	$\left(\frac{2}{7}\right)^2$	$\frac{2}{7} \cdot \frac{2}{7}$	$\frac{4}{49}$

2 a)

1	2	3	**4**	5	6	7	8	**9**	10
11	12	13	14	15	**16**	17	18	19	20
21	22	23	24	**25**	26	27	28	29	30
31	32	33	34	35	**36**	37	38	39	40
41	42	43	44	45	46	47	48	**49**	50
51	52	53	54	55	56	57	58	59	60
61	62	63	**64**	65	66	67	68	69	70
71	72	73	74	75	76	77	78	79	80
81	82	83	84	85	86	87	88	89	90
91	92	93	94	95	96	97	98	99	**100**

b) Lösungsmöglichkeiten:
① Die Abstände werden stets größer.
② Zwischen den Quadratzahlen liegen zuerst 2 Zahlen, dann 4, dann 6, 8, 10, …
③ Von der 1. Quadratzahl muss man 3 Schritte bis zur 2. Quadratzahl gehen, zur nächsten 5 Schritte, dann 7, 9, 11, 13, …
Ursache: Wie man auf S. 16 im Einstieg erkennen konnte, entspricht die Zunahme bei ③ den zusätzlichen Plättchen bei einer quadratischen Anordnung.

c) 385

3 Kubikzahlen in Klammern
a) 4 (8) b) 36 (216) c) 100 (1000)
d) 144 (1728) e) 324 (5832) f) 625 (15 625)
g) 1600 (64 000) h) 3025 (166 375) i) 40 000 (8 000 000)
j) 62 500 (15 625 000)

4 3. Potenz in Klammern
a) ① 1; 100; 10 000 (1; 1000; 1 000 000)
   ② 4; 400; 40 000 (8; 8000; 8 000 000)
   ③ 144; 1,44; 0,0144 (1728; 1,728; 0,001728)
   ④ 25; 0,25; 0,0025 (125; 0,125; 0,000125)

b) Für jede Stelle, die das Komma einer Zahl nach rechts (links) verschoben wird, wird das Komma der quadrierten Zahl um zwei Stellen nach rechts (links) verschoben bzw. beim Potenzieren mit 3 um je 3 Stellen nach rechts (links).

5 a) 5; 9; 11; 12; 25; 100
b) 0,2; 0,4; $\frac{1}{2}$; 0,5; $\frac{6}{7}$; 0,03
c) 3; 5; 8; 10; 12

6 a) 1,73; 2,24; 2,45; 3,16; 7,07; 8,94; 10,54; 17,32
b) 0,10; 0,71; 1,58; 1,20; 4,20; 5,98; 0,71
c) 1,26; 1,39; 0,34; 2,82; 9,01

7 a) $\sqrt{6}$ cm ≈ 2,45 cm **b)** $\sqrt{20}$ cm ≈ 4,47 cm **c)** $\sqrt{30}$ cm ≈ 5,48 cm

6 cm² $\sqrt{6}$ cm   20 cm² $\sqrt{20}$ cm   30 cm² $\sqrt{30}$ cm

8 a) ① 2; 6,3245…; 20; 63,245…; 200; 632,45; 2000; 6324,5…
② 3; 9,4868…; 30; 94,868…; 300; 948,68…; 3000; 9486,8…
③ 1; 2,15443; 4,64158…; 10; 21,5443…; 46,4158…; 100; 215,433…
④ 2; 4,30886…; 9,28317…; 20; 43,0886; 92,8317…; 200; 430,886…

b) Multipliziert man die Zahl unter einer Quadratwurzel schrittweise mit 10, so verzehnfacht sich der Wert der Wurzel nach jeweils 2 Schritten, denn $\sqrt{100}$ = 10.
Multipliziert man die Zahl unter einer Kubikwurzel schrittweise mit 10, so verzehnfacht sich der Wert der Wurzel nach jeweils 3 Schritten, denn $\sqrt[3]{1000}$ = 10.

9

	Kantenlänge	Volumen	Oberfläche
a)	4 cm	64 cm³	96 cm²
b)	1,5 m	3,375 m³	13,5 m²
c)	9 cm	729 cm³	486 cm²
d)	7,5 m	$421\frac{7}{8}$ m³	337,5 m²
e)	8 mm	512 mm³	384 mm²
f)	4,5 m	91,125 m³	121,5 m²
g)	3,9 dm	59,319 dm³	91,26 dm²

Seite 31

10 a) ① $2^x = 256$; x = 8   ② $15^3 = x$; x = 3375
③ $10^x = 0,0000001$; x = –7   ④ $3^x = \frac{1}{9}$; x = –2

b) ① x = 7   ② x = –6 oder x = 6
③ x = 4   ④ x = –$\sqrt{11}$ oder x = $\sqrt{11}$

Lösungen zu „Das kann ich!"

11 a) $\sqrt{3 \cdot 8} = \sqrt{24}$; $\sqrt{3} + \sqrt{8}$; $\sqrt{\frac{3}{8}}$
b) $\sqrt{\frac{27}{18}} = \sqrt{\frac{3}{2}}$; $\sqrt{27} - \sqrt{18}$; $\sqrt{27 \cdot 18} = \sqrt{486}$
c) $\sqrt{99} - \sqrt{11}$; $\sqrt{99} + \sqrt{11}$; $\sqrt{\frac{99}{11}} = \sqrt{9} = 3$
d) $\sqrt{2,5 \cdot 4} = \sqrt{10}$; $\sqrt{2,5} + 2$; $\sqrt{2,5} - 2$

12 a) $5 \cdot \left(\sqrt{0,25} + \frac{3}{4}\right) = 6\frac{1}{4}$
b) $\sqrt{75 \cdot 4} \cdot \sqrt{3 \cdot 4} = \sqrt{300 \cdot 12} = \sqrt{3600} = 60$
c) $\sqrt{\frac{2(\sqrt{2})^2}{3 \cdot 12}} = \sqrt{\frac{4}{36}} = \sqrt{\frac{1}{9}} = \frac{1}{3}$

13 a) $\sqrt{2} \cdot \sqrt{25} = \sqrt{50}$ b) $\sqrt{49} \cdot \sqrt{4} = \sqrt{196}$
c) $\sqrt{20} \cdot \sqrt{5} = \sqrt{100}$ d) $\sqrt{432} : \sqrt{12} = 6$
$\sqrt{30} \cdot \sqrt{5} = \sqrt{150}$
e) $\frac{\sqrt{1083}}{\sqrt{3}} = 19$ f) $\sqrt{5} \cdot \sqrt{57,8} = 17$

14 a) $\sqrt{4} = 2$ rational; $\sqrt{6}$ irrational; $\sqrt{8}$ irrational; $\sqrt{100} = 10$ rational; $\sqrt{104}$ irrational; $\sqrt{400} = 20$ rational; $\sqrt{1000}$ irrational
b) 0 rational; 1 rational; $\sqrt{0} = 0$ rational; $\sqrt{1} = 1$ rational; $\frac{1}{3}$ rational; $\sqrt{\frac{1}{3}}$ irrational; $\frac{1}{9}$ rational; $\sqrt{\frac{1}{9}} = \frac{1}{3}$ rational; $\sqrt{\frac{12}{7}}$ irrational

15 Die Aussage ist richtig.

16 Die Aussage ist richtig.

17 Die Aussage ist falsch. Richtig ist: $\sqrt[3]{5^3} = 5$

18 Die Aussage ist falsch. Die Seitenlänge eines Quadrats kann man mithilfe der Quadratwurzel aus dem Flächeninhalt eines Quadrats bestimmen.

19 Die Aussage ist richtig.

20 Die Aussage ist falsch. Ein Quadrat mit dem Flächeninhalt 5 m² hat die Seitenlänge $\sqrt{5}$ m ≈ 2,24 m.

21 Die Aussage ist richtig. Der Flächeninhalt beträgt jeweils 12 cm².

22 Die Aussage ist falsch.
$\sqrt{100} + \sqrt{49} = 10 + 7 = 17$
$\sqrt{100 + 49} = \sqrt{149} \approx 12,21$

23 Die Aussage ist richtig.

24 Die Aussage ist richtig.

25 Die Aussage ist richtig.

26 Die Aussage ist falsch. Die Quadratwurzeln von Quadratzahlen beispielsweise sind rational. Beispiel: $\sqrt{4} = 2$.

27 Die Aussage ist nur richtig, wenn man die Quadratwurzeln von Quadratzahlen ausnimmt. Hierfür ist sie falsch, weil diese selbst eine natürliche Zahl ergeben.

28 Die Aussage ist falsch. Die Umkehroperation zum Wurzelziehen (Radizieren) ist das Potenzieren.

Lösungen zu „2.11 Das kann ich!" Seite 70

1 a) $4 \cdot (6x + 7y) = 24x + 28 \cdot y$
b) $\frac{1}{3}xy \cdot (-6xy + 15y) = -2x^2y^2 + 5xy^2$
c) $2,2a \cdot (4a - 3,1b) = 8,8a^2 - 6,82ab$
d) $2pq^2 \cdot (3,5p - 1,75q) = 7p^2q^2 - 3,5pq^3$
e) $3a \cdot (2b - 4a) = 6ab - 12a^2$

2

x	y					
	a)	b)	c)	d)	e)	f)
−5	37,5	3	−30	−56	$-32\frac{2}{3}$	22,44
−4	24	2,25	−20	−33	−24	13,44
−3	13,5	2	−12	−16	$-16\frac{2}{3}$	6,44
−2	6	2,25	−6	−5	$-10\frac{2}{3}$	1,44
−1	1,5	3	−2	0	−6	−1,56
0	0	4,25	0	−1	$-2\frac{2}{3}$	−2,56
1	1,5	6	0	−8	$-\frac{2}{3}$	−1,56
2	6	8,25	−2	−21	0	1,44
3	13,5	11	−6	−40	$-\frac{2}{3}$	6,44
4	24	14,25	−12	−65	$-2\frac{2}{3}$	13,44
5	37,5	18	−20	−96	−6	22,44

a) Die nach oben geöffnete Parabel ist gestreckt mit S (0|0) und $\mathbb{D} = \mathbb{R}$; $\mathbb{W} = \mathbb{R}$ mit y ≥ 0.
b) Die nach oben geöffnete Parabel ist gestaucht mit S (−3|2) und $\mathbb{D} = \mathbb{R}$; $\mathbb{W} = \mathbb{R}$ mit y ≥ 2.
c) Die nach unten geöffnete verschobene Normalparabel hat S (0,5|0,25) und $\mathbb{D} = \mathbb{R}$; $\mathbb{W} = \mathbb{R}$ mit y ≤ 0,25.
d) Die nach unten geöffnete Parabel ist gestreckt mit S $\left(-\frac{2}{3}\middle|\frac{1}{3}\right)$ und $\mathbb{D} = \mathbb{R}$; $\mathbb{W} = \mathbb{R}$ mit y ≤ $\frac{1}{3}$.
e) Die nach unten geöffnete Parabel ist gestaucht mit S (2|0) und $\mathbb{D} = \mathbb{R}$; $\mathbb{W} = \mathbb{R}$ mit y ≤ 0.
f) Die nach oben geöffnete verschobene Normalparabel hat den Scheitelpunkt S (0|−2,56) und $\mathbb{D} = \mathbb{R}$; $\mathbb{W} = \mathbb{R}$ mit y ≥ −2,56.

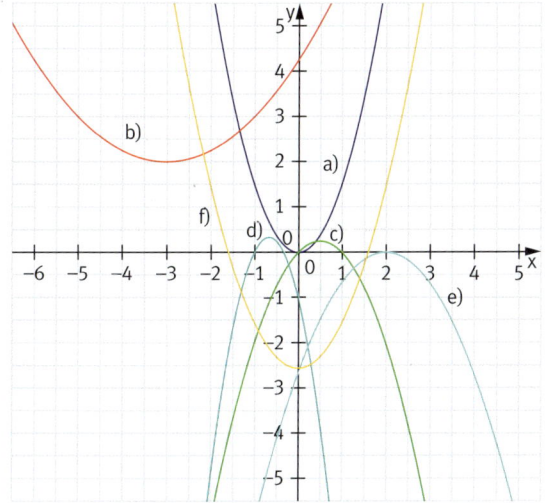

3 a) $1{,}69 \neq -1{,}3^2 = -1{,}69$
⟹ Der Punkt liegt nicht auf der Parabel.

b) $1 \neq 2 \cdot (-1)^2 + 5 \cdot (-1) = -3$
⟹ Der Punkt liegt nicht auf der Parabel.

c) $3 \neq -0{,}5 \cdot 1^2 - 2 \cdot 1 + 4 = 1{,}5$
⟹ Der Punkt liegt nicht auf der Parabel.

d) $2{,}5 = 1{,}5 \cdot (3-2)^2 + 1 = 2{,}5$
⟶ Der Punkt liegt auf der Parabel.

4 a) Es gilt: $p: y = ax^2 + bx + c$ bzw. $p: y = a(x - x_s)^2 + y_s$
$N(5|0) \in p \quad P(0|1) \in p$
$s: x = 2 \quad \Rightarrow p: y = a \cdot (x-2)^2 + y_s$

Einsetzen von $P(0|1)$ und $N(5|0)$ in $p: y = a \cdot (x-2)^2 + y_s$ ergibt:

I $\quad 1 = a \cdot (0-2)^2 + y_s \quad \Leftrightarrow y_s = 1 - 4a$
II $\quad 0 = a \cdot (5-2)^2 + y_s$
⟹ $0 = 9a + 1 - 4a$
⟺ $-1 = 5a$
⟺ $a = -0{,}2; \; y_s = 1{,}8$

Die Funktionsgleichung lautet: $p: y = -0{,}2(x-2)^2 + 1{,}8$

b) Wenn man nur die Symmetrieachse und die beiden Nullstellen kennt, kann man die Gleichung der quadratischen Funktion nicht eindeutig angeben, da man dabei nicht weiß, ob die Parabel nach oben oder nach unten geöffnet ist, wo auf der Symmetrieachse der Scheitelpunkt liegt und wie stark die zugehörige Parabel gestreckt oder gestaucht ist.

5 a) Es gilt: $p: y = ax^2 + bx + c$ bzw. $p: y = a(x - x_s)^2 + y_s$ mit $a = -1$ (da der Graph eine an der x-Achse gespiegelte Normalparabel ist), $x_s = -2$ (da $s: x = -2$ Symmetrieachse ist) und $P(2|-4) \in p$.
⟹ $p: y = -1(x+2)^2 + y_s$

$P(2|-4)$ in p einsetzen ergibt:
$-4 = -1(2+2)^2 + y_s$
⟺ $y_s = 12$
⟹ $p: y = -1(x+2)^2 + 12$

Für die allgemeine Form gilt: $p: y = -x^2 - 4x + 8$

b) Es gilt: $p: y = ax^2 + bx + c$ bzw. $p: y = a(x - x_s)^2 + y_s$ mit $a = 1$ (da p eine verschobene Normalparabel beschreibt) und $A(-5|3), B(2|10) \in p$.

$A(-5|3)$ und $B(2|10)$ in $p: y = (x - x_s)^2 + y_s$ einsetzen ergibt:

I $\quad 3 = (-5 - x_s)^2 + y_s$
II $\quad 10 = (2 - x_s)^2 + y_s$
⟹ $3 - 10 = (-5 - x_s)^2 - (2 - x_s)^2$
⟹ $-7 = 25 + 10x_s + x_s^2 - 4 + 4x_s - x_s^2$
⟺ $-2 = x_s; \; y_s = -6$
⟹ $p: y = (x+2)^2 - 6$

Für die allgemeine Form gilt: $p: y = x^2 + 4x - 2$

c) $P(-4{,}5|-134)$ und $Q(8{,}5|-420)$ in $p: y = ax^2 + bx - 3{,}5$ einsetzen ergibt:

I $\quad -134 = a(-4{,}5)^2 - 4{,}5b - 3{,}5 \Leftrightarrow b = 4{,}5a + 29$
II $\quad -420 = a(8{,}5)^2 + 8{,}5b - 3{,}5$
⟹ $-420 = 72{,}25a + 8{,}5(4{,}5a + 29) - 3{,}5$
⟺ $-663 = 110{,}5a \Leftrightarrow a = -6; \; b = 2$
⟹ $p: y = -6x^2 + 2x - 3{,}5$

d) $P(5|0), Q(0|5) \in p: y = -2{,}5(x - x_s)^2 + y_s$
$P(5|0)$ und $Q(0|5)$ in $p: y = -2{,}5(x - x_s)^2 + y_s$ einsetzen ergibt:

I $\quad 0 = -2{,}5(5 - x_s)^2 + y_s$
II $\quad 5 = -2{,}5(0 - x_s)^2 + y_s$
⟺ $5 = -2{,}5(0 - x_s)^2 + 2{,}5(5 - x_s)^2$
⟺ $5 - 62{,}5 - 25x_s$
⟺ $-57{,}5 = -25x_s \Leftrightarrow 2{,}3 = x_s; \; y_s = 18{,}225$
$p: y = -2{,}5(x - 2{,}3)^2 + 18{,}225$

Für die allgemeine Form gilt: $p: y = -2{,}5x^2 + 11{,}5x + 5$

6 Mögliches Vorgehen: Man liest die Koordinaten x_s und y_s des Scheitelpunkts S sowie eines weiteren Punktes P der Parabel ab und setzt die Koordinaten von P in die Scheitelpunktform ein:
$p: y = a(x - x_s)^2 + y_s$

a) $S(-2|-3)$ und $P(0|0)$ $\quad 0 = a(0+2)^2 - 3$
$a = 0{,}75$
⟹ $p: y = 0{,}75(x+2)^2 - 3$

b) $S(0|2)$ und $P(0{,}5|3)$ $\quad 3 = a(0{,}5-0)^2 + 2$
$a = 4$
⟹ $p: y = 4x^2 + 2$

c) $S(2|1)$ und $P(3|2)$ $\quad 2 = a(3-2)^2 + 1$
$a = 1$
⟹ $p: y = (x-2)^2 + 1$

d) $S(4|0)$ und $P(5|-1)$ $\quad -1 = a(5-4)^2 + 0$
$a = -1$
⟹ $p: y = -(x-4)^2$

7 a) $y = 0{,}5x^2 - 0{,}5x - 1$ $\qquad$ b) $y = 2x^2 - 14x + 26{,}5$
c) $y = -2{,}5x^2 + 2{,}5$ $\qquad$ d) $y = -x^2 - 2x + 3$

8 Allgemeine Koordinaten des Scheitelpunkts: S $(\frac{-b}{2a} | c - \frac{b^2}{4a})$

a) $a = 1$; $b = -2$; $c = -3$ $\Rightarrow$ S $(1 | -4)$
$\Rightarrow y = (x - 1)^2 - 4$
- nach oben geöffnete und nach rechts/unten verschobene Normalparabel
- Nullstellen: $x_1 = -1$; $x_2 = 3$
- y-Achsenabschnitt: P $(0 | -3)$
- Scheitelpunkt (Tiefpunkt): S $(1 | -4)$
- $D = \mathbb{R}$; $W = \mathbb{R}$ mit $y \geq -4$
- Monoton fallend für $x \leq 1$ und steigend für $x \geq 1$
- Achsensymmetrisch zu $x = 1$

b) $a = 1$; $b = 4$; $c = 3$ $\Rightarrow$ S $(-2 | -1)$
$\Rightarrow y = (x + 2)^2 - 1$
- nach oben geöffnete und nach links/unten verschobene Normalparabel
- Nullstellen: $x_1 = -3$; $x_2 = -1$
- y-Achsenabschnitt: P $(0 | 3)$
- Scheitelpunkt (Tiefpunkt): S $(-2 | -1)$
- $D = \mathbb{R}$; $W = \mathbb{R}$ mit $y \geq -1$
- Monoton fallend für $x \leq -2$ und steigend für $x \geq -2$
- Achsensymmetrisch zu $x = -2$

c) $a = 1$; $b = -4$ $\Rightarrow$ S $(2 | -4)$
$\Rightarrow y = (x - 2)^2 - 4$
- nach oben geöffnete und nach rechts/unten verschobene Normalparabel
- Nullstellen: $x_1 = 0$; $x_2 = 4$
- y-Achsenabschnitt: P $(0 | 0)$
- Scheitelpunkt (Tiefpunkt): S $(2 | -4)$
- $D = \mathbb{R}$; $W = \mathbb{R}$ mit $y \geq -4$
- Monoton fallend für $x \leq 2$ und steigend für $x \geq 2$
- Achsensymmetrisch zu $x = 2$

d) $a = 1$; $b = 6$; $c = 6{,}75$ $\Rightarrow$ S $(-3 | -2{,}25)$
$\Rightarrow y = (x + 3)^2 - 2{,}25$
- nach oben geöffnete und nach links/unten verschobene Normalparabel
- Nullstellen: $x_1 = -4{,}5$; $x_2 = -1{,}5$
- y-Achsenabschnitt: P $(0 | 6{,}75)$
- Scheitelpunkt (Tiefpunkt): S $(-3 | -2{,}25)$
- $D = \mathbb{R}$; $W = \mathbb{R}$ mit $y \geq -2{,}25$
- Monoton fallend für $x \leq -3$ und steigend für $x \geq -3$
- Achsensymmetrisch zu $x = -3$

Seite 71

9 a) $D > 0 \Rightarrow$ 2 Lösungen
$x_1 = -12$; $x_2 = 23$ $\mathbb{L} = \{-12; 23\}$

b) $D > 0 \Rightarrow$ 2 Lösungen
$x_1 = -11$; $x_2 = 15$ $\mathbb{L} = \{-11; 15\}$

c) $D < 0 \Rightarrow$ keine Lösung

d) $D > 0 \Rightarrow$ 2 Lösungen
$x_1 = -0{,}6$; $x_2 = 1{,}2$ $\mathbb{L} = \{-0{,}6; 1{,}2\}$

10 a) $x^2 = 3x - 2$

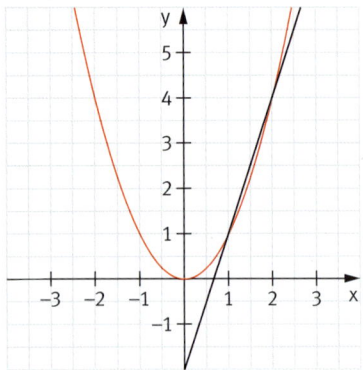

$\mathbb{L} = \{1; 2\}$

b) Umformung zu: $x^2 = 5x - 4$

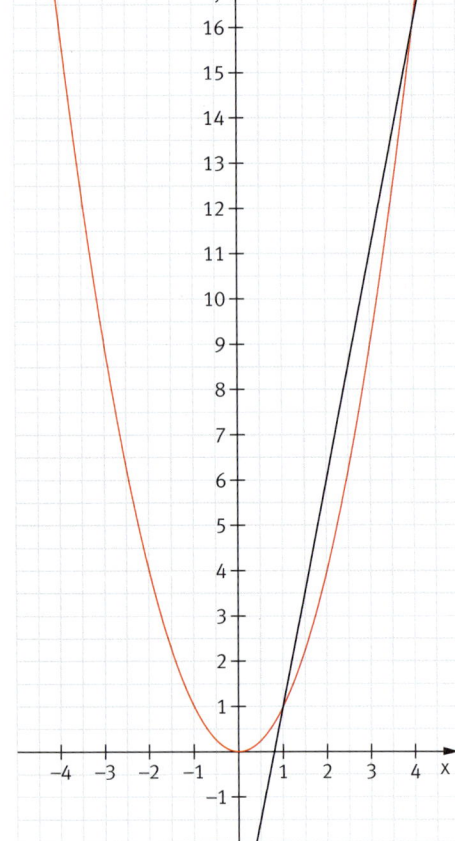

$\mathbb{L} = \{1; 4\}$

c) Umformung zu: $x^2 = -0,5x + 1,5$

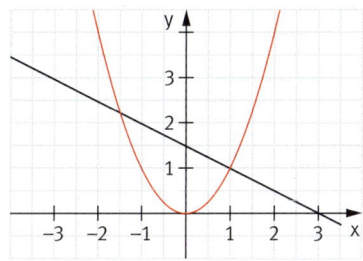

$\mathbb{L} = \{-1,5; 1\}$

d) Umformung zu: $x^2 = -2x + 3$

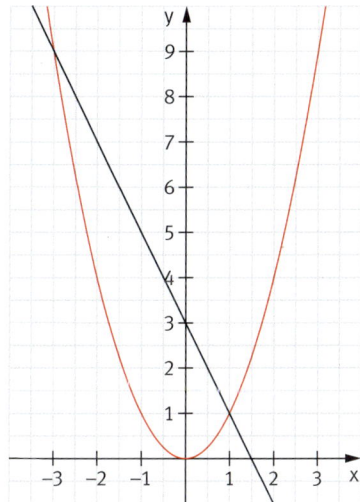

$\mathbb{L} = \{-3; 1\}$

11 a) $x^2 = -x + 2$
     $\mathbb{L} = \{-2; 1\}$

   b) $-x^2 + 3,5 = -2x + 3,5$
     $\mathbb{L} = \{0; 2\}$

12 Lösungsmöglichkeit:
    alle Angaben in cm bzw. cm²; $\mathbb{D} = \mathbb{Q}$ mit $x > 0$
    Flächeninhalt der Platte: $A = a^2$
    $A = 60^2 = 3600$
    Verschnitt: $0,125 \cdot 3600 = 450$
    Die Flächen sind $4 \cdot \frac{1}{2}x^2 = 2x^2$
    Bestimmung von x: $2x^2 = 450$
    $x^2 = 225$
    $x_1 = -15; x_2 = 15$ $-15 \notin \mathbb{D}$
    Es müssen gleichschenklig-rechtwinklige Dreiecke mit der Schenkellänge 15 cm abgeschnitten werden.

13 $\mathbb{D} = \mathbb{N}$
    a) $x^2 + 2x = 323$
       $x_1 = -19; x_2 = 17$ $-19 \notin \mathbb{D}$
       Die gesuchte natürliche Zahl ist 17.
    b) $x^2 + \frac{1}{2}x = 742,5$
       $x_1 = -27,5; x_2 = 27$ $-27,5 \notin \mathbb{D}$
       Die gesuchte natürliche Zahl ist 27.
    c) $x^2 + \frac{1}{10}x = 101$
       $x_1 = -10,1; x_2 = 10$ $-10,1 \notin \mathbb{D}$
       Die gesuchte natürliche Zahl ist 10.

   d) $x^2 - x = x$
      $x_1 = 0; x_2 = 2$ $0; 2 \in \mathbb{D}$
      Die gesuchten natürlichen Zahlen können 0 oder 2 sein.

14 Die Aussage ist richtig.

15 Die Aussage ist richtig. Die x-Koordinate des Scheitels entspricht dem Mittelwert der beiden Nullstellen.

16 Die Aussage ist nur für den speziellen Fall einer Normalparabel richtig, also wenn gilt: a = 1. Im allgemeinen ist die Aussage falsch, da sich aus dem Scheitelpunkt nicht ablesen lässt, ob es sich um eine nach oben (unten) geöffnete bzw. um eine gestreckte (gestauchte) Parabel handelt.

17 Die Aussage ist richtig. Jede quadratische Gleichung kann man durch die Division mit a in die Normalform bringen.

18 Die Aussage ist falsch. Alle quadratischen Gleichungen können graphisch gelöst werden. Die graphische Lösung kann jedoch ungenau sein.

19 Die Aussage ist richtig. Ist die Diskriminante negativ, schneidet der Graph der quadratischen Funktion die x-Achse nicht. Es gibt keine Lösung.

20 Die Aussage ist richtig. Der Parameter a wird deshalb auch Formvariable genannt.

21 Die Aussage ist richtig. Quadratische Gleichungen der Form $ax^2 + bx = 0$ können mithilfe des Ausklammerns des Faktors x und der Anwendung des Satzes vom Nullprodukt gelöst werden. Sie haben immer zwei Lösungen:
    $x_1 = 0$ und $x_2 = -\frac{b}{a}$

Lösungen zu „3.6 Das kann ich!" – Seite 92

1 14 cm : 7 = 2 cm. Die Teilstrecken sind 6 cm und 8 cm lang.

2 $\overline{AB} : \overline{CD} = 4 : 5$

3 a)

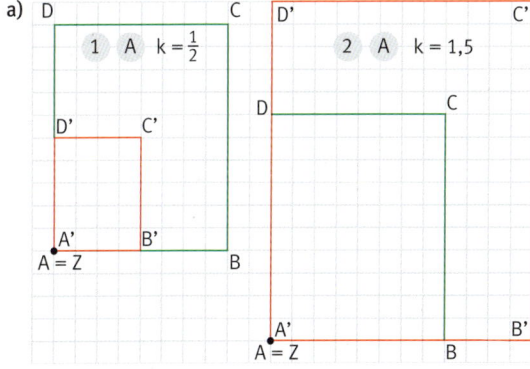

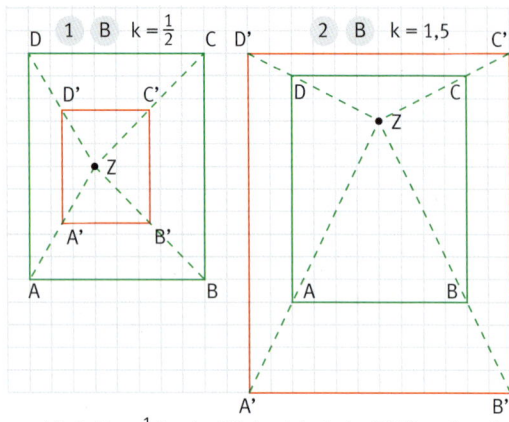

b) Bei $k = \frac{1}{2}$ ist der Flächeninhalt der Bildfigur jeweils $\frac{1}{4}$ des Flächeninhalts der Originalfigur.
Bei $k = 1{,}5 = \frac{3}{2}$ ist der Flächeninhalt der Bildfigur jeweils $2\frac{1}{4} = \frac{9}{4}$-mal so groß wie der Flächeninhalt der Originalfigur.
Es gilt: $A_{Bildfigur} = k^2 \cdot A_{Originalfigur}$

4 a)

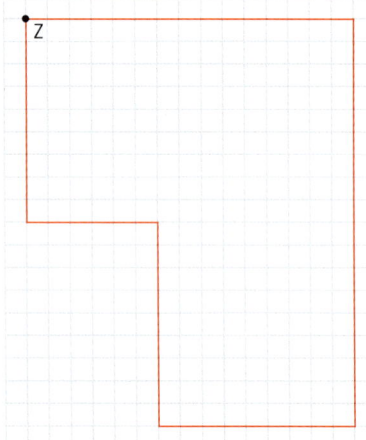

b)

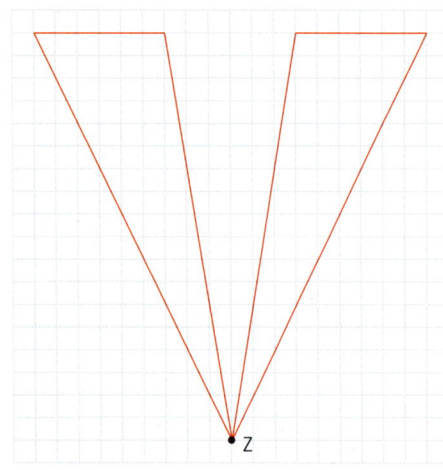

5 a) $u_{Originalfigur} = 130$ m $= 13\,000$ cm
Maßstab $52 : 13\,000 = 1 : 250$

b) $A_{Originalfigur} = 360\,000$ m² $= 3\,600\,000\,000$ cm²
$A_{Bildfigur} = k^2 \cdot A_{Originalfigur}$, d. h. 3 cm $\hat{=}$ 60 000 cm
Maßstab $3 : 60\,000 = 1 : 20\,000$

6 In Klammern steht jeweils die Verkleinerung.
a) $k = 3$ $\qquad (k = \frac{1}{3})$
b) $k = 2{,}5 = \frac{5}{2}$ $\quad (k = 0{,}4 = \frac{2}{5})$

7 Die Dreiecke A, C und E sind ähnlich zueinander.
Die Dreiecke B und F sind ähnlich zueinander.
Die Dreiecke D, G und H sind ähnlich zueinander.

8 a) Die Dreiecke sind nicht ähnlich zueinander, weil beispielsweise $\frac{c}{a} = \frac{7}{8}$ und $\frac{c'}{a'} = \frac{3}{4}$ nicht dieselben Verhältnisse bilden.
b) Die Dreiecke sind ähnlich zueinander, weil sie in der Größe entsprechender Winkel übereinstimmen.
c) Die Dreiecke sind ähnlich zueinander, weil sie im Verhältnis der entsprechenden Seiten übereinstimmen $\left(\frac{b}{c} = \frac{b'}{c'} = \frac{17}{37}\right)$ sowie der Größe des eingeschlossenen Winkels.
d) Die Dreiecke sind nicht ähnlich zueinander, weil beim Dreieck ABC der Winkel γ nicht der längeren Seite gegenüber liegt.
e) Es handelt sich um gleichseitige Dreiecke. Gleichseitige Dreiecke sind stets ähnlich zueinander, weil sie in der Größe aller Innenwinkel (jeweils 60°) übereinstimmen.

9 3 Teile

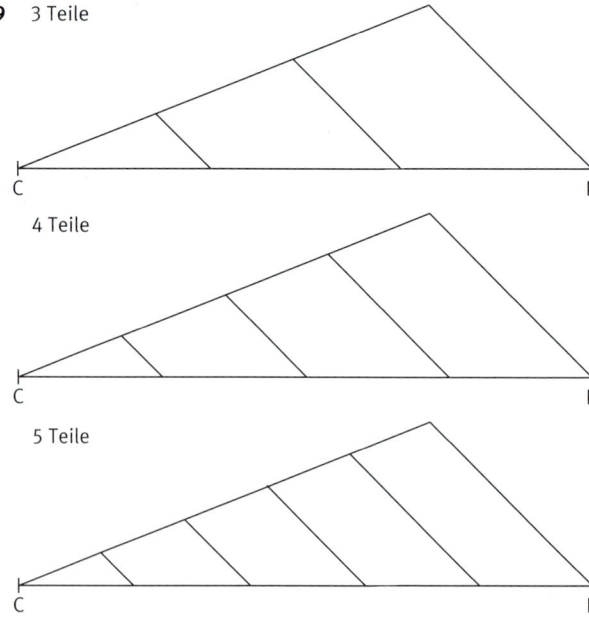

4 Teile

5 Teile

Seite 93

10 Lösungsmöglichkeiten:
$\frac{m}{n} = \frac{s}{t}$ $\qquad$ $\frac{m+n}{m} = \frac{s+t}{s}$
$\frac{x}{y} = \frac{m}{m+n}$ $\qquad$ $\frac{x}{y} = \frac{s}{s+t}$

11 $\frac{x}{6,4 \text{ cm}} = \frac{3,0 \text{ cm}}{4,0 \text{ cm}}$ $\Rightarrow x = 4,8$ cm
$\frac{y}{3,6 \text{ cm}} = \frac{4,0 \text{ cm}}{3,0 \text{ cm}}$ $\Rightarrow y = 4,8$ cm

12 $\frac{6,5}{4,9} = \frac{65}{49} \approx 1,33$ $\qquad$ $\frac{7,8}{5,9} = \frac{78}{59} \approx 1,32$
Es handelt sich nicht um eine Strahlensatzfigur, weil die Verhältnisse entsprechender Abschnitte auf den beiden Geraden ungleich sind. Das bedeutet, dass die Geraden a und b, die die beiden Strahlen schneiden, nicht parallel sind.

13 $\frac{h}{1,5} = \frac{20,4 + 1,8}{1,8}$ $\quad$ h = 18,5
Der Turm ist 18,5 m hoch.

14 Die Aussage ist falsch. Die Streckenlängen werden zwar verdoppelt, nicht jedoch die Winkelgrößen. Diese bleiben gleich.

15 Die Aussage ist richtig.

16 Die Aussage ist richtig.

17 Die Aussage ist richtig. Die Dreiecke sind sogar kongruent, also sind sie auch ähnlich zueinander.

18 Die Aussage ist falsch. Zwei Dreiecke sind ähnlich, wenn sie in der Größe zweier Winkel (und damit der Größe aller Innenwinkel) übereinstimmen. Wäre die Aussage richtig, dann wären ja beispielsweise alle rechtwinkligen Dreiecke ähnlich zueinander, was offensichtlich nicht der Fall ist.

19 Die Aussage ist falsch. Die beiden weiteren Geraden müssen parallel zueinander liegen, damit die Strahlensätze angewendet werden können.

20 Die Aussage ist richtig. Die Strahlensätze kann man (unter den entsprechenden Voraussetzungen) hierfür oft anwenden.

Lösungen zu „4.5 Das kann ich!" Seite 110

1 a) $c = \sqrt{a^2 + b^2} \approx 10,3$ cm
  b) $a = \sqrt{c^2 - b^2} \approx 7,48$ cm
  c) $c = \sqrt{a^2 + b^2} \approx 9,18$ cm (da b = 8 cm)
  d) $b = \sqrt{c^2 - a^2} \approx 31,62$ cm (da a = 12,5 cm)

2 a) Hypotenusenlänge 6 cm und Kathetenlänge 5,1 cm:
$a^2 = (6 \text{ cm})^2 - (5,1 \text{ cm})^2$ $\Rightarrow a \approx 3,16$ cm
  b) Hypotenusenlänge 2,8 cm und Kathetenlänge 4,2 cm : 2 = 2,1 cm:
$a^2 = (2,8 \text{ cm})^2 - (2,1 \text{ cm})^2$ $\Rightarrow a \approx 1,85$ cm
  c) Kathetenlängen 4 m und 26 m : 2 = 13 m:
$a^2 = (4 \text{ m})^2 + (13 \text{ m})^2$ $\Rightarrow a \approx 13,6$ m

3 a) $a^2 + b^2 = (6 \text{ cm})^2 + (5 \text{ cm})^2 = 61 \text{ cm}^2$
$\neq c^2 = (8 \text{ cm})^2 = 64 \text{ cm}^2$
$\Rightarrow$ Das Dreieck ist nicht rechtwinklig.
  b) $a^2 + b^2 = (5,5 \text{ dm})^2 + (4,8 \text{ dm})^2 = 53,29 \text{ dm}^2$
$= c^2 = (7,3 \text{ dm})^2 = 53,29 \text{ dm}^2$
$\Rightarrow$ Das Dreieck ist rechtwinklig.
  c) $a^2 + c^2 = (4 \text{ cm})^2 + (3 \text{ cm})^2 = 25 \text{ cm}^2$
$= b^2 = (5 \text{ cm})^2 = 25 \text{ cm}^2$
$\Rightarrow$ Das Dreieck ist rechtwinklig.
  d) $a^2 + c^2 = (12 \text{ m})^2 + (5 \text{ m})^2 = 169 \text{ m}^2$
$= b^2 = (13 \text{ m})^2 = 169 \text{ m}^2$
$\Rightarrow$ Das Dreieck ist rechtwinklig.

4 Satz des Pythagoras: $a^2 = c^2 - b^2$ $\Rightarrow a \approx 7,48$ cm
Kathetensatz: $b^2 = qc \Rightarrow q \approx 2,78$ cm
und $p = c - q \approx 6,22$ cm
Höhensatz: $h_c^2 = pq \Rightarrow h_c \approx 4,16$ cm

5 a) Höhe x im gleichseitigen Dreieck mit Seitenlänge s = 6 cm:
$x = \sqrt{6^2 - 3^2}$ cm $\approx 5,20$ cm
  b) Kathete x im rechtwinkligen Dreieck mit Hypotenusenlänge 8 m und Kathetenlänge 2,5 m:
$x = \sqrt{8^2 - 2,5^2}$ m $\approx 7,60$ m
  c) Höhe x im gleichschenklig-rechtwinkligen Dreieck mit p = q = 7 mm:
$x = \sqrt{7 \cdot 7}$ mm = 7 mm

6 Es gilt: $e = \sqrt{a^2 + b^2}$
  a) $e = \sqrt{5,6^2 + 4,3^2}$ dm $\approx 7,06$ dm
  b) $e = \sqrt{7,4^2 + 6,5^2}$ cm $\approx 9,85$ cm
  c) $e = \sqrt{18^2 + 9^2}$ cm $\approx 20,12$ cm

7 a) $c = q + p = \overline{AB}$ $\quad a = \overline{BC}$ $\quad b = \overline{CA}$ $\quad h = h_c$
$a^2 + b^2 = c^2$ $\quad b^2 = qc$ $\quad a^2 = pc$ $\quad h^2 = pq$
  b) $g = t + s = \overline{EF}$ $\quad e = \overline{FG}$ $\quad f = \overline{GE}$ $\quad h = h_g$
$e^2 + f^2 = g^2$ $\quad f^2 = tg$ $\quad e^2 = sg$ $\quad h^2 = ts$

8 a) $e_1 = \sqrt{a^2 + b^2} \approx 7,06$ cm $\quad e_2 = \sqrt{a^2 + c^2} \approx 5,73$ dm
$e_3 = \sqrt{b^2 + c^2} \approx 4,46$ cm
  b) $e_1 = \sqrt{a^2 + b^2} \approx 9,85$ cm $\quad e_2 = \sqrt{a^2 + c^2} \approx 8,56$ cm
$e_3 = \sqrt{b^2 + c^2} \approx 7,79$ cm
  c) c = 9 cm; b = 18 cm; a = 36 cm
$e_1 = \sqrt{a^2 + b^2} \approx 40,25$ cm $\quad e_2 = \sqrt{a^2 + c^2} \approx 37,11$ cm
$e_3 = \sqrt{b^2 + c^2} \approx 20,12$ cm

9 a) $a = \sqrt{b^2 + c^2} = \sqrt{(10{,}5\text{ cm})^2 + (4{,}9\text{ cm})^2} \approx 11{,}6$ cm
   u = 10,5 cm + 4,9 cm + 11,6 cm = 27 cm
b) $c = \sqrt{b^2 - a^2} = \sqrt{(86\text{ mm})^2 - (42\text{ mm})^2} \approx 75$ mm
   u = 42 mm + 86 mm + 75 mm = 203 mm
c) $a = \sqrt{c^2 - b^2} = \sqrt{(7{,}1\text{ cm})^2 - (3{,}5\text{ cm})^2} \approx 6{,}2$ cm
   u = 6,2 cm + 3,5 cm + 7,1 cm = 16,8 cm
d) $c = \sqrt{a^2 - b^2} = \sqrt{(6\text{ cm})^2 - (3\text{ cm})^2} \approx 5{,}2$ cm
   u = 3 cm + 6 cm + 5,2 cm = 14,2 cm

10

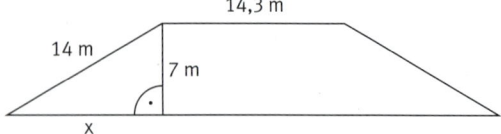

$x = \sqrt{(14\text{ m})^2 - (7\text{ m})^2} \approx 12{,}1$ m
Länge der Dammsohle insgesamt:
12,1 m + 12,1 m + 14,3 m = 38,5 m

11

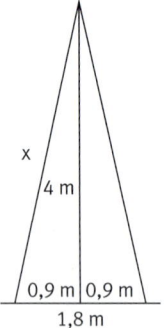

$x = \sqrt{(0{,}9\text{ m})^2 + (4\text{ m})^2} = 4{,}1$ m
Länge der Leiter insgesamt:
2 · 4,1 m = 8,2 m

Seite 111

12 a)/c)

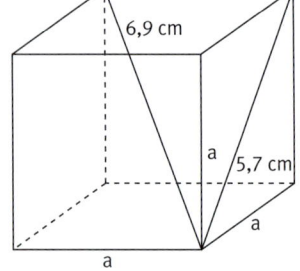

b) Oberfläche des gesamten Würfels = 96 cm²
   Oberfläche einer Seite des Würfels = 96 cm² : 6 = 16 cm²
   a · a = 16 cm² ⟹ Kantenlänge a = 4 cm
   Flächendiagonale:
   $e = \sqrt{(4\text{ cm})^2 + (4\text{ cm})^2} = 4\sqrt{2}$ cm ≈ 5,7 cm
   Raumdiagonale:
   $d = \sqrt{(4\sqrt{2}\text{ cm})^2 + (4\text{ cm})^2} \approx 6{,}9$ cm

13

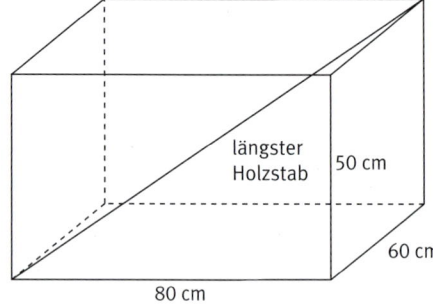

$d = \sqrt{(50\text{ cm})^2 + (60\text{ cm})^2 + (80\text{ cm})^2} \approx 111{,}8$ cm
Der längste Holzstab, welcher in den Umzugskarton passt, misst 111,8 cm.

14 (2 m)² + (3 m)² = (3,5 m)²?
13 m² ≠ 12,25 m²
Das Hochbeet wurde nicht rechtwinklig angelegt. Der Auszubildende muss getadelt werden.

15

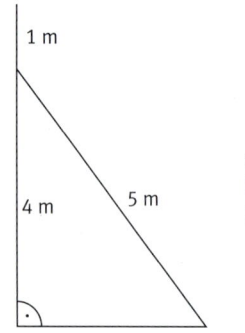

$x = \sqrt{(5\text{ m})^2 - (4\text{ m})^2} = 3$ m
Das Fußende der Leiter steht 3 m von der Wand entfernt.

16 a) • Ein rechtwinkliges Dreieck wird mithilfe des Thaleskreises konstruiert.
• Die Hypotenuse des rechtwinkligen Dreiecks misst den Durchmesser des Kreises.
• Die eine Kathete wird mit x cm, die andere Kathete mit 2x cm beschrieben.
• Der Satz von Pythagoras wird aufgestellt.

b) Länge der Hypotenuse:
r = 5 cm; d = 2 · r = 2 · 5 cm = 10 cm

c) Länge der Katheten:
(2x cm)² + (x cm)² = (10 cm)²
4x² cm² + x² cm² = 100 cm²
5x² cm² = 100 cm²
$x = \sqrt{20}$ cm = $2\sqrt{5}$ cm ≈ 4,5 cm

Die kürzere Kathete misst ungefähr 4,5 cm; die längere Kathete ungefähr 9 cm.
Konstruktion: Es können zwei Dreiecke konstruiert werden, da es keine Angabe gibt ob die Seite a oder die Seite b die längere Kathete ist.

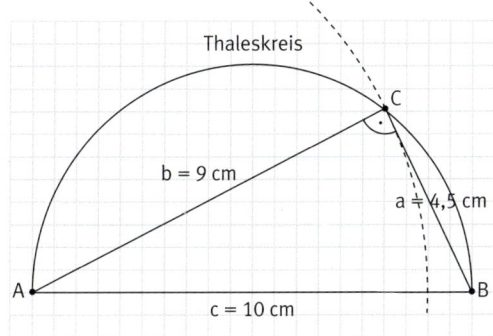

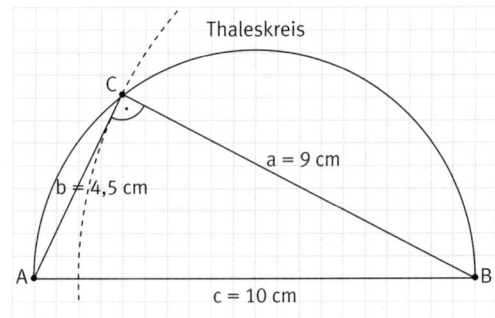

17 Allgemeine Zusammenhänge

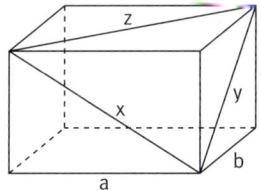

$a^2 + c^2 = x^2;\ x = \sqrt{a^2 + c^2}$
$b^2 + c^2 = y^2;\ y = \sqrt{b^2 + c^2}$
$a^2 + b^2 = z^2;\ z = \sqrt{a^2 + b^2}$

a) $x = \sqrt{(4\ cm)^2 + (3{,}8\ cm)^2} \approx 5{,}5\ cm$
$y = \sqrt{(6{,}5\ cm)^2 + (3{,}8\ cm)^2} \approx 7{,}5\ cm$
$z = \sqrt{(4\ cm)^2 + (6{,}5\ cm)^2} \approx 7{,}6\ cm$

b) $x = \sqrt{(2{,}4\ cm)^2 + (1{,}8\ cm)^2} = 3\ cm$
$y = \sqrt{(2{,}5\ cm)^2 + (1{,}8\ cm)^2} \approx 3{,}1\ cm$
$z = \sqrt{(2{,}4\ cm)^2 + (2{,}5\ cm)^2} \approx 3{,}5\ cm$

c) $x = \sqrt{(5\ cm)^2 + (10\ cm)^2} = 5\sqrt{5}\ cm \approx 11{,}2\ cm$
$y = \sqrt{(2{,}5\ cm)^2 + (10\ cm)^2} \approx 10{,}3\ cm$
$z = \sqrt{(5\ cm)^2 + (2{,}5\ cm)^2} \approx 5{,}6\ cm$

d) $x = \sqrt{(2{,}4\ m)^2 + (2 \cdot 2{,}5\ m)^2} \approx 5{,}5\ m$
$y = \sqrt{(2{,}5\ m)^2 + (2 \cdot 2{,}5\ m)^2} \approx 5{,}6\ m$
$z = \sqrt{(2{,}4\ m)^2 + (2{,}5\ m)^2} \approx 3{,}5\ m$

e) $b = 3 \cdot 3{,}4\ cm = 10{,}2\ cm$
$a = 2 \cdot 10{,}2\ cm = 20{,}4\ cm$
$x = \sqrt{(20{,}4\ cm)^2 + (3{,}4\ cm)^2} \approx 20{,}7\ cm$
$y = \sqrt{(10{,}2\ cm)^2 + (3{,}4\ cm)^2} \approx 10{,}8\ cm$
$z = \sqrt{(20{,}4\ cm)^2 + (10{,}2\ cm)^2} \approx 22{,}8\ cm$

f) $b = 0{,}5 \cdot 23{,}4\ cm = 11{,}7\ cm$
$a = 2{,}5 \cdot 11{,}7\ cm = 29{,}25\ cm$
$x = \sqrt{(29{,}25\ cm)^2 + (23{,}4\ cm)^2} \approx 37{,}5\ cm$
$y = \sqrt{(11{,}7\ cm)^2 + (23{,}4\ cm)^2} \approx 26{,}2\ cm$
$z = \sqrt{(29{,}25\ cm)^2 + (11{,}7\ cm)^2} \approx 31{,}5\ cm$

18 Die Aussage ist falsch. Die Behauptung gilt nur für Dreiecke, welche bei Punkt C den rechten Winkel besitzen.

19 Die Aussage ist falsch. Die Höhe h_c teilt die Hypotenuse nur dann in zwei gleich lange Abschnitte, wenn der Punkt C genau über der Mitte der Hypotenuse liegt. Der Punkt C kann aber auf jedem beliebigen Punkt (immer auf dem Thaleskreis!) über der Hypotenuse liegen.

20 Die Aussage ist falsch. Es kann (muss aber nicht) sich um ein gleichseitiges Dreieck handeln. Ebenso auch um ein beliebiges Dreieck, wie beispielsweise a = 1 cm, b = 2 cm und c = 3 cm.

21 Die Aussage ist richtig.

22 Die Aussage ist richtig.

23 Die Aussage ist falsch. Man muss beliebige rechtwinklige Dreiecke suchen.

24 Die Aussage ist falsch. Es gilt: $d = \sqrt{a^2 + b^2 + c^2}$

25 Die Aussage ist richtig.

26 Die Aussage ist falsch. Mithilfe von $e = \sqrt{2a^2}$ berechnet man die Diagonale eines Quadrats.

Lösungen zu „5.5 Das kann ich!" Seite 126

1 a) Dies trifft auf alle Pyramidenarten zu, beim Tetraeder sind es sogar gleichseitige Dreiecke.

b) Dies trifft auf Tetraeder zu.

c) Dies trifft auf quadratische Pyramiden zu.

d) Dies trifft auf Tetraeder und quadratische Pyramiden zu.

e) Dies trifft auf quadratische Pyramiden zu.

2 a) Netz ②

b) Netz ① gehört zu einem dreiseitigen Prisma; Netz ③ zu einer gleichseitigen, dreiseitigen Pyramide (Tetraeder).

3 $V_{Pyramide} = \frac{1}{3}abh \qquad V_{Pyramide} = 76\,500\ mm^3$
$h_a \approx 90\ mm \qquad A_{Dreieck\ a} = 2025\ mm^2$
$h_b \approx 88\ mm \qquad A_{Dreieck\ b} = 2640\ mm^2$
$A_O = 12\,030\ mm^2 = 120{,}3\ cm^2$

4 a)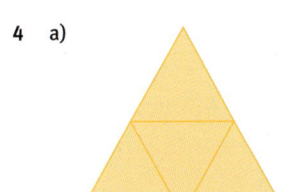

b) $h_s = \sqrt{5^2 - \left(\frac{5}{2}\right)^2}$
$h_s \approx 4{,}3\ cm$

c) $A_O = 4 \cdot \frac{1}{2} \cdot 5 \cdot 4{,}3$
$A_O = 43\ cm^2$

5 a) $V_{Kegel} \approx 142{,}4$ cm³
 $s \approx 9{,}4$ cm
 $A_{O\,Kegel} \approx 168{,}4$ cm²

 b) $r \approx 40$ mm
 $V_{Kegel} \approx 75\,398$ mm³
 $A_{O\,Kegel} \approx 12\,566$ mm²

 c) $r \approx 1{,}4$ m; $s \approx 5$ m
 $V_{Kegel} \approx 9{,}9$ m³
 $A_{O\,Kegel} \approx 28{,}1$ m²

 d) $r \approx 1{,}4$ cm; $h \approx 3{,}1$ cm
 $V_{Kegel} \approx 6{,}4$ cm³
 $A_{O\,Kegel} \approx 21{,}1$ cm²

6 a) $r \approx 6{,}9$ cm; $u \approx 43{,}4$ cm; $s \approx 13{,}8$ cm; $A_M \approx 299{,}1$ cm²;
 $A_O \approx 448{,}7$ cm²

 b) $r \approx 7{,}3$ cm; $u \approx 45{,}9$ cm; $h \approx 15{,}4$ cm; $A_O \approx 557{,}4$ cm²;
 $V \approx 859{,}4$ cm³

 c) $r \approx 1{,}3$ m; $s \approx 23{,}2$ m; $h \approx 23{,}2$ m; $A_M \approx 94{,}7$ cm²; $V \approx 41{,}1$ m³

 d) $r \approx 6$ cm; $s \approx 24{,}7$ cm; $u \approx 37{,}7$ cm; $A_M \approx 466{,}3$ cm²;
 $A_O \approx 579{,}4$ cm²; $V \approx 904{,}8$ cm³

7

	a)	b)	c)	d)
a	8,2 cm	3,5 cm	9,0 cm	15,0 cm
h	17,0 cm	9,8 cm	6 cm	10,6 cm
s	18,0 cm	10,2 cm	8,7 cm	15 cm
h_s	17,5 cm	10,0 cm	7,5 cm	13 cm
A_O	354,2 cm²	82,3 cm²	216 cm²	615 cm²
V	381,0 cm³	40,0 cm³	162 cm³	795 cm³

8 Für den Flächeninhalt eines gleichseitigen Dreiecks gilt:
 $A = \frac{1}{4} \cdot a^2 \cdot \sqrt{3}$

 a) $A_O = \frac{1}{4} \cdot a^2 \cdot \sqrt{3} + 3 \cdot \frac{1}{2} \cdot a \cdot h_s$
 $= \frac{1}{4} \cdot (3\text{ cm})^2 \cdot \sqrt{3} + 3 \cdot \frac{1}{2} \cdot 3\text{ cm} \cdot 4{,}8\text{ cm} \approx 25{,}5$ cm²

 b) $A_O = \frac{1}{4} \cdot a^2 \cdot \sqrt{3} + 3 \cdot \frac{1}{2} \cdot a \cdot h_s$
 $50{,}6\text{ m}^2 = \frac{1}{4} \cdot (4{,}5\text{ m})^2 \cdot \sqrt{3} + 3 \cdot \frac{1}{2} \cdot 4{,}5\text{ m} \cdot h_s$
 $50{,}6\text{ m}^2 = 8{,}8\text{ m}^2 + 6{,}75\text{ m} \cdot h_s$
 $h_s = \frac{50{,}6\text{ m}^2 - 8{,}8\text{ m}^2}{6{,}75\text{ m}} \approx 6{,}2$ m

 c) $A_O = \frac{1}{4} \cdot a^2 \cdot \sqrt{3} + 3 \cdot \frac{1}{2} \cdot a \cdot h_s$
 $A_O = \frac{1}{4} \cdot (7{,}2\text{ mm})^2 \cdot \sqrt{3} + 3 \cdot \frac{1}{2} \cdot 7{,}2\text{ mm} \cdot 1100\text{ mm}$
 $\approx 11\,902{,}4$ mm² $\approx 119{,}02$ cm²

9 a) $V = \frac{1}{3} \cdot (1{,}25\text{ m})^2 \cdot \pi \cdot 1{,}8\text{ m} \approx 2{,}9$ m³

 b) $2{,}9\text{ m}^3 = \frac{1}{3} \cdot r^2 \cdot \pi \cdot 1{,}5\text{ m}$
 $r = \sqrt{\frac{3 \cdot 2{,}9\text{ m}^3}{\pi \cdot 1{,}5\text{ m}}} \approx 1{,}4$ m
 $d = 2 \cdot 1{,}4\text{ m} = 2{,}8$ m

10 $h_s = \sqrt{\left(\frac{a}{2}\right)^2 + h^2} = \sqrt{(11{,}5\text{ cm})^2 + (36\text{ cm})^2} \approx 37{,}8$ cm
 $s = \sqrt{h_s^2 + \left(\frac{a}{2}\right)^2} = \sqrt{(37{,}8\text{ cm})^2 + (11{,}5\text{ cm})^2} \approx 39{,}5$ cm
 Gesamtlänge der Kanten $= 4 \cdot 39{,}5$ cm $+ 4 \cdot 23$ cm $= 250$ cm

11 a) $63\text{ m} = 2 \cdot r \cdot \pi$
 $r = \frac{63\text{ m}}{2\pi} \approx 10{,}03$ m
 $V = \frac{1}{3} \cdot \pi \cdot (10{,}03\text{ m})^2 \cdot 6{,}5\text{ m} \approx 684{,}8$ m³

 b) $s = \sqrt{r^2 + h^2} = \sqrt{(10{,}03\text{ m})^2 + (6{,}5\text{ m})^2} \approx 11{,}95$ m
 $A_M = 10{,}03\text{ m} \cdot 11{,}95\text{ m} \cdot \pi \approx 376{,}55$ m²

 c) Zum Flächeninhalt werden noch 6 % dazugerechnet:
 $A = A_M \cdot 1{,}06 = 376{,}55\text{ m}^2 \cdot 1{,}06 \approx 399{,}14$ m²
 Kosten: $399{,}14 \cdot 4\,€ = 1596{,}56\,€ \approx 1600\,€$

Seite 127

12 a) $A_O = A_{M\,Kegel\,1} + A_{M\,Kegel\,2}$
 $A_O = \pi \cdot 4 \cdot s_1 + \pi \cdot 4 \cdot s_2$
 $s_1 = \sqrt{5^2 + 4^2}$ cm
 $s_1 \approx 6{,}4$ cm
 $s_2 = \sqrt{2^2 + 4^2}$ cm
 $s_2 \approx 4{,}5$ cm
 $A_O = \pi \cdot 4 \cdot 6{,}4$ cm² $+ \pi \cdot 4 \cdot 4{,}5$ cm²
 $A_O = \pi \cdot 4 \cdot (6{,}4 + 4{,}5)$ cm²
 $A_O \approx 137{,}0$ cm²
 $V = \frac{1}{3} \cdot \pi \cdot 4^2 \cdot 5$ cm³ $+ \frac{1}{3} \cdot \pi \cdot 4^2 \cdot 2$ cm³
 $V = \frac{1}{3} \cdot \pi \cdot 4^2 \cdot (5 + 2)$ cm³
 $V \approx 117{,}3$ cm³

 b) $A_O = A_{M\,Zylinder} + 2 \cdot A_{M\,Kegel}$
 $s_{Kegel} = \sqrt{4^2 + 6^2}$ cm $= \sqrt{52}$ cm $\approx 7{,}2$ cm
 $A_O = 8 \cdot 30 \cdot \pi$ cm² $+ 2 \cdot 4 \cdot 7{,}2 \cdot \pi$ cm²
 $A_O \approx 934{,}9$ cm²
 $V = V_{Zylinder} + 2 \cdot V_{Kegel}$
 $V = 4^2 \cdot 30 \cdot \pi$ cm³ $+ 2 \cdot \frac{1}{3} \cdot 4^2 \cdot 6 \cdot \pi$ cm³
 $V \approx 1709{,}0$ cm³

13 a) $A_{Dach} = 4 \cdot \frac{1}{2} \cdot 8\text{ m} \cdot h_s$
 $h_s = \sqrt{12^2 - 4^2}$ m
 $h_s \approx 11{,}3$ m
 $A_{Dach} = 4 \cdot \frac{1}{2} \cdot 8\text{ m} \cdot 11{,}3$ m
 $A_{Dach} = 180{,}8$ m²
 $V = \frac{1}{3} \cdot (8\text{ m})^2 \cdot h$
 $h = \sqrt{11{,}3^2 - 4^2}$ m
 $h \approx 10{,}6$ m
 $V = \frac{1}{3} \cdot (8\text{ m})^2 \cdot 10{,}6$ m
 $V \approx 226{,}1$ m³

 b) $A_{Dach} = \pi \cdot 20\text{ m} \cdot 33$ m
 $A_{Dach} \approx 2073$ m²
 $V = \frac{1}{3} \cdot \pi \cdot (20\text{ m})^2 \cdot h$
 $h = \sqrt{33^2 - 20^2}$ m
 $h \approx 26{,}2$ m
 $V = \frac{1}{3} \cdot (20\text{ m})^2 \cdot \pi \cdot 26{,}2$ m
 $V \approx 10\,974{,}6$ m³

14 a) $3{,}8\ dm^3 = \frac{1}{3} \cdot r^2 \cdot \pi \cdot 6{,}5\ dm$

$r = \sqrt{\frac{3 \cdot 3{,}8\ dm^3}{\pi \cdot 6{,}5\ dm}} \approx 0{,}75\ dm$

$d = 2 \cdot 0{,}75\ dm = 1{,}5\ dm = 15\ cm$

b) $V = \frac{1}{3} \cdot (7{,}5\ cm)^2 \cdot \pi \cdot 75\ cm \approx 4417{,}9\ cm^3 \approx 4{,}4\ dm^3$

15 a)

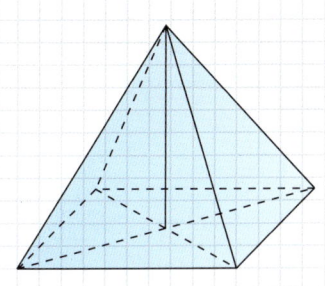

b) Höhe der Pyramide:
$28\ cm^3 = \frac{1}{3} \cdot (4\ cm)^2 \cdot h$
$h = \frac{3 \cdot 28\ cm^3}{(4\ cm)^2} = 5{,}25\ cm$

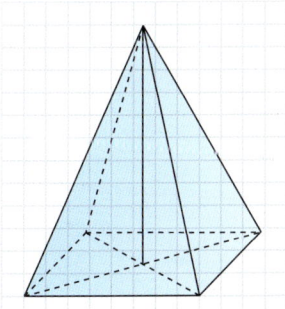

c)

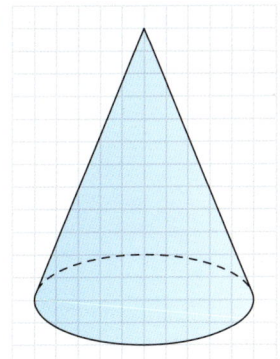

16

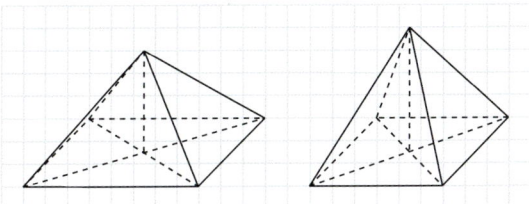

17 a)

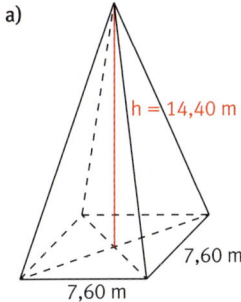

b) $A_{Dach} = 4 \cdot \frac{1}{2} \cdot 7{,}6 \cdot h_s$
$h_s = \sqrt{14{,}4^2 + \left(\frac{7{,}6}{2}\right)^2}\ m$
$h_s \approx 14{,}9\ m$
$A_{Dach} = 4 \cdot \frac{1}{2} \cdot 7{,}6\ m \cdot 14{,}9\ m$
$A_{Dach} \approx 226{,}5\ m^2$

18 Die Aussage ist richtig mit Ausnahme der Dreieckspyramide. Das Netz dieser Pyramide besteht aus vier Dreiecken.

19 Die Aussage ist falsch. Die Seitenflächen sind immer gleichschenklige Dreiecke.

20 Die Aussage ist falsch. Die Mantelfläche errechnet sich mit der Formel $A_M = r \cdot s \cdot \pi$, die Grundfläche ist ein Kreis ($A_G = r^2 \cdot \pi$).

21 Die Aussage ist falsch. Die Oberfläche besteht aus einem Kreis und einem Kreissektor.

22 Die Aussage ist richtig: der Zusammenhang lautet:
$h = \sqrt{(h_s)^2 - \left(\frac{a}{2}\right)^2}$.

23 Die Aussage ist falsch. Das Volumen ist ein Drittel des Produkts aus Grundfläche und Höhe.

24 Die Aussage ist richtig.

25 Die Aussage ist falsch. Die nach hinten verlaufenden Linien werden um die Hälfte gekürzt.

Lösungen zu „6.5 Das kann ich!" Seite 142

1 a) $\sin \alpha \approx 0{,}53;\ \cos \alpha \approx 0{,}85$
b) $\sin \alpha = 0{,}28;\ \cos \alpha = 0{,}96$

2 a) $a \approx 5{,}9\ cm;\ c \approx 6{,}5\ cm$
b) $c \approx 426{,}9\ m;\ b \approx 408{,}2\ m$
c) $b \approx 0{,}8\ km;\ c \approx 1{,}6\ km$
d) $b \approx 52{,}5\ mm;\ c \approx 58{,}3\ mm$

3 a) $\alpha \approx 11{,}9°;\ \beta \approx 78{,}1°$
b) $\alpha \approx 78{,}7°;\ \beta \approx 11{,}3°$
c) $\alpha \approx 14{,}5°;\ \beta \approx 75{,}5°$
d) $\alpha \approx 36{,}9°;\ \beta \approx 53{,}1°$
e) $\alpha \approx 18{,}7°;\ \beta \approx 71{,}3°$
f) $\alpha \approx 62{,}6°;\ \beta \approx 27{,}4°$
g) $\alpha \approx 21{,}8°;\ \beta \approx 68{,}2°$
h) $\alpha \approx 44{,}4°;\ \beta \approx 45{,}6°$
i) $\alpha = \beta = 45°$

4 a) $\sin\alpha = \frac{n}{u}$; $\cos\alpha = \frac{m}{u}$; $\tan\alpha = \frac{n}{m}$
$\sin\beta = \frac{m}{u}$; $\cos\beta = \frac{n}{u}$; $\tan\beta = \frac{m}{n}$

b) $\sin\alpha = \frac{x}{z}$; $\cos\alpha = \frac{y}{z}$; $\tan\alpha = \frac{x}{y}$
$\sin\beta = \frac{y}{z}$; $\cos\beta = \frac{x}{z}$; $\tan\beta = \frac{y}{x}$

5 Die fehlenden Seitenlängen lassen sich über den Satz von Pythagoras berechnen. Ein fehlender Winkel lässt sich mithilfe der Zusammenhänge für Sinus, Kosinus oder Tangens berechnen. Der dritte fehlende Winkel lässt sich über die Winkelsumme im Dreieck berechnen.

a) $c = \sqrt{a^2 + b^2} = \sqrt{(5\,m)^2 + (12{,}4\,m)^2} \approx 13{,}4\,m$
$\sin\alpha = \frac{5\,m}{13{,}4\,m}$ $\Rightarrow \alpha \approx 22°$ $\Rightarrow \beta = 68°$

b) $c = \sqrt{a^2 + b^2} = \sqrt{(30{,}1\,cm)^2 + (13{,}8\,cm)^2} \approx 33{,}1\,cm$
$\tan\alpha = \frac{30{,}1\,cm}{13{,}8\,cm}$ $\Rightarrow \alpha \approx 65°$ $\Rightarrow \beta = 25°$

c) $a = \sqrt{c^2 - b^2} = \sqrt{(12{,}2\,cm)^2 - (8{,}4\,cm)^2} \approx 8{,}8\,cm$
$\cos\alpha = \frac{8{,}4\,cm}{12{,}2\,cm}$ $\Rightarrow \alpha \approx 46°$ $\Rightarrow \beta = 44°$

d) $b = \sqrt{a^2 - c^2} = \sqrt{(73\,mm)^2 - (48\,mm)^2} = 55\,mm$
$\sin\gamma = \frac{48\,mm}{73\,mm}$ $\Rightarrow \gamma \approx 41°$ $\Rightarrow \beta = 49°$

6 a) $b = \sqrt{c^2 - a^2} = \sqrt{(6\,cm)^2 - (5{,}1\,cm)^2} \approx 3{,}2\,cm$
$\sin\gamma = \frac{5{,}1\,cm}{6\,cm}$ $\Rightarrow \gamma \approx 58°$ $\Rightarrow \beta = 32°$

b) $h = \sqrt{a^2 - \left(\frac{c}{2}\right)^2} = \sqrt{(38\,mm)^2 - (32\,mm)^2} \approx 20{,}5\,mm$
$\cos\beta = \frac{32\,mm}{38\,mm}$ $\Rightarrow \beta \approx 33°$

Wegen $\overline{AC} = \overline{BC}$ gilt: $\alpha = \beta = 33°$ $\Rightarrow \gamma = 114°$

7 a) $\alpha = 17°$; $\beta = 73°$ b) $\alpha = 54°$; $\beta = 36°$ c) $\alpha = 56°$; $\beta = 34°$
d) $\alpha = 72°$; $\beta = 18°$ e) $\alpha = 48°$; $\beta = 42°$ f) $\alpha = 32°$; $\beta = 58°$

Seite 143

8

	a)	b)	c)
a	4,8 cm	5 cm	6,6 cm
b	3,6 cm	5,2 cm	4,4 cm
c	6,0 cm	7,2 cm	7,9 cm
α	53°	44,0°	56,3°
β	37°	46°	33,7°

9 a) nicht rechtwinklig   b) rechtwinklig mit $\alpha \approx 90°$

10 a)

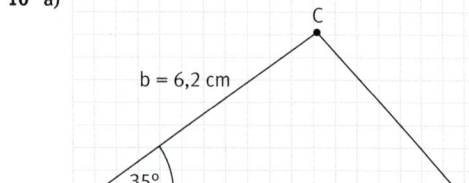

b) $a \approx 4{,}9\,cm$

11 Die Dreiecke sind im Rahmen der Messgenauigkeit rechtwinklig.

a)

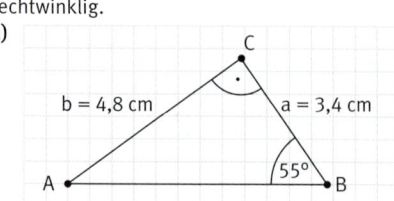

$c \approx 5{,}9\,cm$; $\alpha \approx 35{,}5°$; $\gamma \approx 89{,}5°$

b)

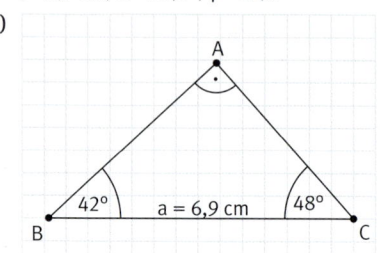

$b \approx 4{,}6\,cm$; $c \approx 5{,}1\,cm$; $\alpha = 90°$

c)

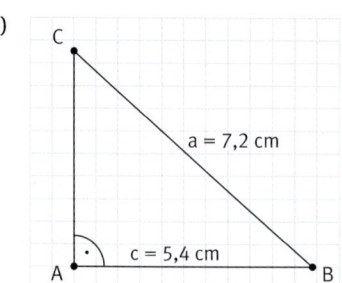

$b \approx 4{,}8\,cm$; $\beta \approx 41{,}4°$; $\gamma \approx 48{,}6°$

d)

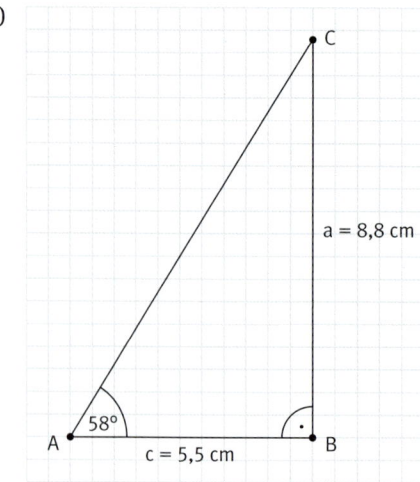

$b \approx 10{,}4\,cm$; $\beta \approx 90{,}0°$; $\gamma \approx 32{,}0°$

12 a) $\alpha \approx 75{,}3°$ b) $\alpha \approx -79{,}7°$ bzw. $\alpha \approx 280{,}3°$

13 a) $\tan^{-1} m = 8{,}5°$
⟹ Steigung m = tan 8,5° ≈ 0,15 ($\frac{15}{100}$ oder 15 %)

b) $\tan^{-1} m = 45°$
⟹ Steigung m = tan 45° = 1 (100 %)

c) $\tan^{-1} m = 60°$
⟹ Steigung m = tan 60° ≈ 1,7 ($\frac{170}{100}$ oder 170 %)

14 Seitenhöhe h_s ≈ 8,1 cm
Körperhöhe h ≈ 7,7 cm
$V = \frac{1}{3} a^2 \cdot h$ ≈ 66,8 cm³

15 Die Aussage ist richtig.

16 Die Aussage ist falsch. Der Kosinus bezeichnet das Verhältnis von Ankathete zu Hypotenuse.

17 Die Aussage ist richtig.

18 Das ist falsch, denn: sin 90° = cos 0° = 1. Der Tangenswert eines Winkels kann auch größer als 1 sein.

19 Die Aussage ist falsch. Ähnliche Dreiecke stimmen unabhängig von den Seitenlängen in ihren Winkelmaßen überein. Somit bleiben Sinus, Kosinus und Tangens gleich.

20 Die Aussage ist falsch. Die in diesem Kapitel behandelten Zusammenhänge gelten speziell für rechtwinklige Dreiecke.

21 Die Aussage ist falsch. Bei einer Steigung von 100 % beträgt der Steigungswinkel 45 °.

22 Sind zwei Seitenlängen gegeben, kann die dritte Seitenlänge mit dem Satz von Pythagoras berechnet werden. Für die Berechnung mindestens eines Winkels benötigt man aber die Zusammenhänge Sinus, Kosinus oder Tangens. Der zweite fehlende Winkel kann dann über die Winkelsumme berechnet werden. Die Aussage ist also im Allgemeinen falsch. In der Regel benötigt man die Zusammenhänge Sinus, Kosinus und Tangens, da diese Seitenlängen und Winkel in rechtwinkligen Dreiecken miteinander in Beziehung setzen.

Lösungen zu „7.5 Das kann ich!" Seite 160

1 a)

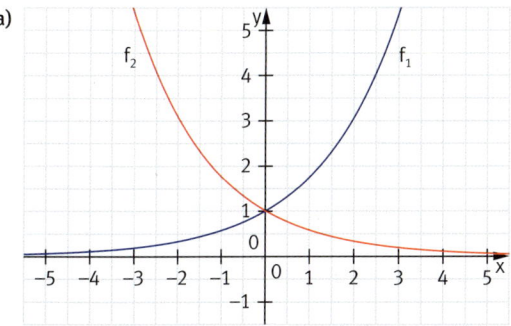

b) $\mathbb{D} = \mathbb{R}$; $\mathbb{W} = \mathbb{R}$ mit y > 0
Die x-Achse ist die waagerechte Asymptote.

c) Der Graph zu f_1 ist streng monoton steigend, der Graph zu f_2 ist streng monoton fallend.
Der Graph zu f_2 entsteht durch Spiegelung des Graph von f_1 an der y-Achse bzw. umgekehrt. Die y-Achse bildet somit die Symmetrieachse beider Graphen.

2 a)/c) blauer Graph: f_1: $y = 2{,}5 \cdot 2^x$
roter Graph (Spiegelung): f_2: $y = 2{,}5 \cdot 0{,}5^x$

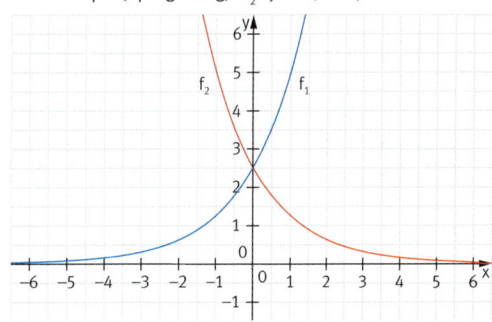

b) Eigenschaften:
f(0) = 2,5; $\mathbb{D} = \mathbb{R}$; $\mathbb{W} = \mathbb{R}$ mit y > 0
Die x-Achse ist die waagerechte Asymptote.
Der Graph zu f_1 ist streng monoton steigend, der Graph zu f_2 ist streng monoton fallend.
Der Graph zu f_2 entsteht durch Spiegelung des Graph von f_1 an der y-Achse bzw. umgekehrt. Die y-Achse bildet somit die Symmetrieachse beider Graphen.

3

x		−2	−1	0	1	2	3
a)	$y = 2^x$	0,25	0,5	1	2	4	8
b)	$y = \left(\frac{3}{2}\right)^x$	0,44	0,67	1	1,5	2,25	3,38
c)	$y = \frac{2{,}5^x}{2}$	0,08	0,2	0,5	1,25	3,13	7,81
d)	$y = 0{,}1 \cdot 4^x$	0,01	0,03	0,1	0,4	1,6	6,4

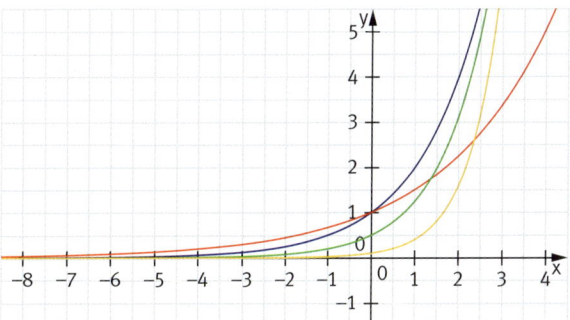

4

x		−2	−1	0	1	2	3
a)	$y = \left(\frac{1}{2}\right)^x$	4	2	1	0,5	0,25	0,13
b)	$y = \left(\frac{1}{5}\right)^x$	25	5	1	0,2	0,04	0,01
c)	$y = \left(\frac{2}{3}\right)^x$	2,25	1,5	1	0,67	0,44	0,3
d)	$y = \left(\frac{1}{10}\right)^x$	100	10	1	0,1	0,01	0,001

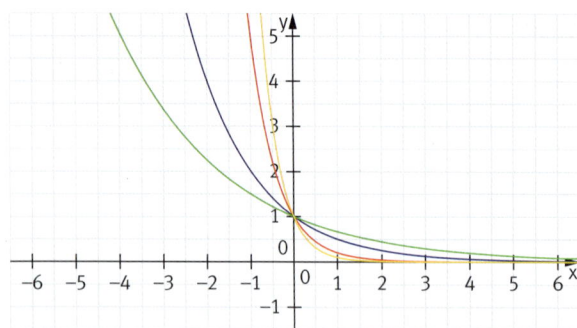

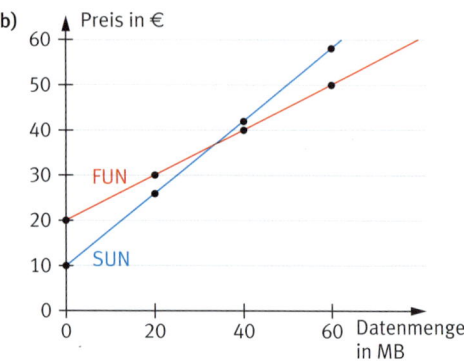

5 Allgemeine Form: $y = a^x$
   a) Einsetzen von P (3|8): $8 = a^3 \Leftrightarrow a = 2$
      $\Rightarrow y = 2^x$
   b) Einsetzen von P (0|1): $1 = a^0 \Leftrightarrow 1 = 1$
      $\Rightarrow$ wahre Aussage, d.h. $a \in \mathbb{R}$, $a \neq 0$ (unendlich viele Lösungen). Der Graph jeder Exponentialfunktion der Form $y = a^x$ geht durch den Punkt P (0|1).
   c) Einsetzen von $P(4|\frac{1}{16})$: $\frac{1}{16} = a^4 \Leftrightarrow a = \frac{1}{2} \Rightarrow y = \left(\frac{1}{2}\right)^x$
   d) Einsetzen von P (2|0,49): $0,49 = a^2 \Leftrightarrow a = 0,7 \Rightarrow y = 0,7^x$

6 Einsetzen von $x = 0$ in die Funktionsgleichungen:
   a) P (0|0,3)   b) P (0|13)   c) P $(0|\frac{1}{3})$
   d) P (0|5)   e) P (0|0,3)   f) P $(0|\frac{3}{5})$

7 a) $1024 = a^5 \Leftrightarrow a = 4$
      $y = 4^x$
   b) $\sqrt{2} = a^{\frac{1}{2}} \Leftrightarrow \sqrt{2} = \sqrt{a} \Leftrightarrow a = 2$
      $y = 2^x$

8 a) Es handelt sich um lineares Wachstum. Der ersparte Betrag nimmt pro Zeiteinheit (Monate) immer um den gleichen Summanden (5 €) zu.
   b) Es handelt sich um exponentielles Wachstum. Das Gehalt vervielfacht sich pro Zeiteinheit (Jahre) immer mit dem gleichen Faktor (1,05).
   c) Es handelt sich um lineare Abnahme. Die Höhe der Kerze verringert sich pro Zeiteinheit (5 Minuten) immer um den gleichen Summanden (1 cm).
   d) Es handelt sich um exponentielle Abnahme. Die Umsätze vervielfachen sich pro Zeiteinheit (Jahre) immer mit dem gleichen Faktor (0,97).
   e) Geht man davon aus, dass der Bambus täglich genau 70 cm wächst, handelt es sich um lineares Wachstum. Die Höhe des Bambus nimmt pro Zeiteinheit (Tage) immer um den gleichen Summanden (70 cm) zu.
   f) Geht man davon aus, dass der Bambuspreis jährlich um exakt 5 % steigt, handelt es sich um exponentielles Wachstum. Der Preis vervielfacht sich pro Zeiteinheit (Jahre) immer mit dem gleichen Faktor (1,05).

9 a) x: Datenmenge in MB; y: Preis in €
      FUN: $y = 0{,}50$ €/MB $\cdot x + 19{,}99$ €
      SUN: $y = 0{,}80$ €/MB $\cdot x + 9{,}99$ €

   c) Der Tarif SUN ist günstiger, wenn man weniger als etwa 35 MB pro Monat benötigt (genau: 33,33 MB). Anschließend ist der Tarif FUN günstiger.

10 a)

Tage	0	10	20	30	40	50
Masse	20 mg	10 mg	5 mg	2,5 mg	1,25 mg	0,625 mg

   b)

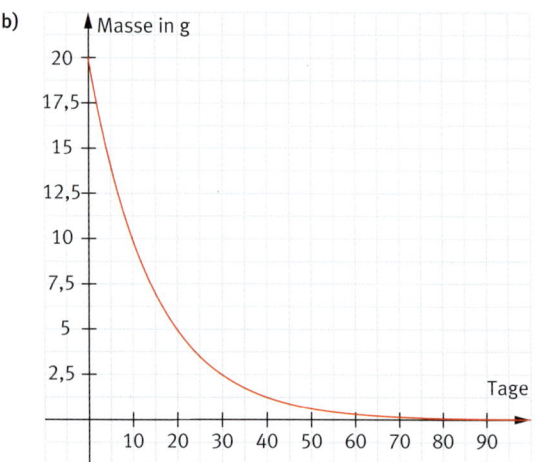

   c) Beispielsweise durch Probieren erhält man eine prozentuale Abnahme von ca. 6,7 %.

11 Startwert: 50 Algen $\Rightarrow b = 50$
Verdoppelung des Bestandes pro Zeiteinheit: $a = 2$
$\Rightarrow y = 50 \cdot 2^x$
$\Delta x = 12$ Stunden
   a) $1\,000\,000 = 50 \cdot 2^x$
      $\Leftrightarrow \quad 20\,000 = 2^x \quad | \log$
      $\Leftrightarrow \quad \log 20\,000 = x \cdot \log 2$
      $\Leftrightarrow \quad x = \frac{\log 20\,000}{\log 2} \approx 14{,}3$ (Zeiteinheiten)
      $14{,}3 \cdot 12$ h $= 171{,}6$ h
Nach ca. 171 Stunden bzw. 7 Tagen befinden sich mehr als 1 Million Algen im Teich.
   b) $y = 50 \cdot 2^x$
   c) Es ist davon auszugehen, dass dem Algenwachstum bei einem zu großen Bestand durch Pflanzengifte entgegengewirkt wird.

Seite 161

12 Die Bevölkerungszunahme kann mit folgenden Exponentialfunktionen beschrieben werden:

Nigeria:
Einwohner (Anfangsbestand): 177,5 (Millionen)
Zunahme: 2,5 %
Δx: 1 Jahr $\Rightarrow f_1: y = 177,5 \cdot 1,025^x$

USA:
Einwohner (Anfangsbestand): 317,7 (Millionen)
Zunahme: 0,4 %
Δx: 1 Jahr $\Rightarrow f_2: y = 317,7 \cdot 1,004^x$

$$177,5 \cdot 1,025^x = 317,7 \cdot 1,004^x$$
$$\Leftrightarrow \frac{1,025^x}{1,004^x} = \frac{317,7}{177,5}$$
$$\Leftrightarrow \left(\frac{1,025}{1,004}\right)^x = \frac{317,7}{177,5} \quad | \log$$
$$\Leftrightarrow x \cdot \log \frac{1,025}{1,004} = \log \frac{317,7}{177,5}$$
$$\Leftrightarrow x \approx 28,1$$

Nach circa 28 Jahren ist die Bevölkerung in beiden Ländern gleich groß.

13 a) Wachstum: $y = 200 \cdot 1,12^x$
   Abnahme: $y = 200 \cdot 0,88^x$
b) Wachstum: $y = 5000 \cdot 1,035^x$
   Abnahme: $y = 5000 \cdot 0,965^x$
c) Wachstum: $y = 20 \cdot 1,015^x$
   Abnahme: $y = 20 \cdot 0,985^x$
d) Wachstum: $y = 3 \cdot 1,2^x$
   Abnahme: $y = 3 \cdot 0,8^x$

14 a) $f_1 \to 4 \quad f_2 \to 5 \quad f_3 \to 2 \quad f_4 \to 3 \quad f_5 \to 6$
   $f_6 \to 1$
b) $f_1 \to 2 \quad f_2 \to 7 \quad f_3 \to 8 \quad f_4 \to 1 \quad f_5 \to 4$
   $f_6 \to 3 \quad f_7 \to 5 \quad f_8 \to 9 \quad f_9 \to 6$

15 Die Aussage ist falsch. Viele Wachstumsprozesse aus der Natur verlaufen nicht nach bestimmten Gesetzmäßigkeiten bzw. mathematischen Zusammenhängen.

16 Die Aussage ist falsch. $\log_c a = x$ würde bedeuten: Logarithmus von a zur Basis c, die Umkehroperation wäre also: $c^x = a$.

17 Die Aussage ist richtig. $\log_2 0 = x$ würde bedeuten: Logarithmus von 0 zur Basis 2, die Umkehroperation wäre also: $2^x = 0$. Keine Zahl $\neq 0$ kann potenziert 0 ergeben. Also hat die Gleichung keine Lösung.

18 Die Aussage ist richtig. Für eine Exponentialfunktion der Form $f(x) = b \cdot a^x$ gilt: $f(0) = b$.

19 Die Aussage ist falsch. $f(x) = 2^x$ besitzt keine Nullstelle, aber mit der x-Achse eine waagerechte Asymptote.

20 Die Aussage ist für Exponentialfunktionen der Form $f(x) = b \cdot a^x$ falsch. Diese haben keine Nullstellen, sondern nähern sich der x-Achse an, ohne sie aber zu berühren. Die x-Achse ist eine waagerechte Asymptote.

21 Die Aussage ist richtig. Es handelt sich um eine Parallele zur x-Achse.

22 Die Aussage ist richtig.

23 Die Aussage ist richtig.

Lösungen zu „8.6 Das kann ich!" Seite 176

1 a) Es ist kein Zufallsversuch, denn das Rad Fahren wurde erlernt.
b) Es ist ein Zufallsversuch, bei dem der Ausgang ungewiss ist.
c) Es ist ein Zufallsversuch wie beim Glücksrad, wenn Laurin keine Übung damit hat.
d) Es ist ein Zufallsversuch, wenn die Karten gut gemischt sind.

2 Man muss den Versuch sehr oft durchführen (am besten mehr als 2000-mal), sodass sich die relativen Häufigkeiten der einzelnen Positionen bei jeweils einem Wert stabilisiert haben. Dieser jeweilige Wert kann als Schätzwert für die Wahrscheinlichkeit verwendet werden.

3 Lösungsmöglichkeit: Wenn man ein Zufallsexperiment sehr häufig durchführt, kann man mithilfe der relativen Häufigkeit eines Ergebnisses dessen Wahrscheinlichkeit abschätzen.

4 Man kann erwarten, dass etwa die Hälfte der Gefangenen frei kommt, da sich bei der großen Anzahl von Gefangenen die relative Häufigkeit bei $\frac{1}{2}$ stabilisieren müsste.

5 A: „Die Zahl ist ungerade." $P(A) = \frac{3}{6} = \frac{1}{2}$ mögliches Ereignis
B: „Die Zahl ist größer als 1." $P(B) = \frac{5}{6}$ mögliches Ereignis
C: „Die Zahl ist eine Primzahl." $P(C) = \frac{3}{6} = \frac{1}{2}$ mögliches Ereignis
D: „Die Zahl ist der größte oder kleinste Wert." $P(D) = \frac{2}{6} = \frac{1}{3}$ mögliches Ereignis
E: „Die Zahl ist 9." $P(E) = \frac{0}{6} = 0$ unmögliches Ereignis
F: „Die Zahl ist 6." $P(F) = \frac{1}{6}$ mögliches Ereignis

6 $P(\text{„Schwarzer Peter"}) = \frac{1}{5} = 20\%$
Mit einer Wahrscheinlichkeit von 20 % zieht Benny den „Schwarzen Peter".

7 Michelle benötigt eine „6". $P(\text{„6"}) = \frac{1}{6}$

8 a) $P(\text{„violett"}) = P(\text{„gelb"}) = P(\text{„grün"}) = \frac{7}{25} = 28\%$
$P(\text{„schwarz"}) = \frac{4}{25} = 16\%$
Es liegt kein Laplace-Experiment vor.
b) $P(1) = P(9) = P(16) = P(25) = P(36) = \frac{1}{36}$
$P(2) = P(3) = P(5) = P(8) = P(10) = P(15) = P(18) = P(20) = P(24) = P(30) = \frac{2}{36} = \frac{1}{18}$
$P(4) = \frac{3}{36} = \frac{1}{12}$
$P(6) = P(12) = \frac{4}{36} = \frac{1}{9}$
Es liegt kein Laplace-Experiment vor.

c) Ergebnisse: 11; 12; 13; 14; 15; 16; 21; 22; 23; 24; 25; 26;
31; 32; 33; 34; 35; 36; 41; 42; 43; 44; 45; 46;
51; 52; 53; 54; 55; 56; 61; 62; 63; 64; 65; 66
Alle Ergebnisse sind gleich wahrscheinlich: P = $\frac{1}{36}$
Es liegt ein Laplace-Experiment vor.

9 Beide Tipps sind gleich wahrscheinlich, da jede mögliche Zahlenkombination mit derselben Wahrscheinlichkeit gezogen wird, weil alle 49 Lottozahlen genau einmal in der Lottotrommel vorkommen. Es spielt dabei keine Rolle, welche Zahlen zuvor gezogen wurden: Weder die Lottozahlen noch der Ziehungsautomat haben ein „Gedächtnis".

10 a) A = {11; 22; 33; 44; 55; 66}
b) B = {22; 44; 66; 24; 42; 46; 64; 26; 62}
c) C = {22; 23; 32; 25; 52; 35; 53}

11 $\bar{A}$: „Im August scheint nicht jeden Tag die Sonne." oder
$\bar{A}$: „An mindestens einem Tag im August scheint die Sonne nicht."
$\bar{B}$: „Das nächste Kind, …, ist kein Mädchen." oder
$\bar{B}$: „Das nächste Kind, …, ist ein Junge."
$\bar{C}$: „Hiran wird heute nicht in Geschichte abgefragt."
$\bar{D}$: „Der Zins für den Kredit ist kleiner als 4 %."
$\bar{E}$: „Finn ist nicht der Bruder von Lotte."
$\bar{F}$: „Nesrin wird größer werden als 1,65 m."

Seite 177

12 Bei jeder Ziehung ist die Wahrscheinlichkeit eine Zahl zu ziehen, gleich groß. Weder „12" noch „16" hat eine größere Wahrscheinlichkeit.

13 Es sind individuelle Lösungen möglich.
a) Beispiel für ein Laplace-Experiment: Werfen eines Würfels
A = {1; 2; 3; 4; 5; 6}. Ist der Würfel nicht gezinkt, sind aufgrund von Symmetrien alle Augenzahlen gleich wahrscheinlich. Die Wahrscheinlichkeit beträgt jeweils $\frac{1}{6}$. Es handelt sich also um ein Laplace-Experiment.
b) Beispiel für ein sicheres Ereignis:
B: „Beim Werfen eines normalen Spielwürfels erhält man die Augenzahlen 1, 2, 3, 4, 5 oder 6."
C: „Auf einen Dienstag folgt ein Mittwoch."
Der Würfel hat die Augenzahlen 1 bis 6. Eine dieser Augenzahlen wird sicher erwürfelt.
Auf einen Dienstag folgt immer ein Mittwoch.
c) Beispiel für ein unmögliches Ereignis:
D: „Beim zweimaligen Werfen eines normalen Spielwürfels beträgt die Summe beider Augenzahlen 1".
E: „Auf einen Dienstag folgt ein Donnerstag."
Die Summe beider Augenzahlen kann nie 1 betragen. Die kleinstmögliche Summe ist 2, falls in beiden Würfen die Augenzahl 1 gewürfelt wurde.
Auf einen Dienstag folgt immer ein Mittwoch und somit nie ein Donnerstag.

14 Die Aussage ist richtig.

15 Die Aussage ist richtig.

16 Die Aussage ist falsch. Die relativen Häufigkeiten stabilisieren sich.

17 Das ist richtig: Die Wahrscheinlichkeit, „Zahl" zu werfen, ist bei einer Laplace-Münze 0,5. Das Gesetz der großen Zahlen besagt, dass bei sehr vielen Würfen (und 10 Millionen sind sehr viel) in etwa bei der Hälfte aller Würfe, also bei in etwa 5 Millionen Würfen „Zahl" erscheint.

18 Wenn man einen Laplace-Würfel verwendet, ist die Aussage falsch: Jede Zahl wird im Mittel gleich oft gewürfelt. Verwendet man keinen Laplace-Würfel, so kann die Aussage – je nach Würfel – durchaus zutreffen.

19 Die Aussage ist richtig.

20 Die Aussage ist richtig, denn bei 60 Würfen kann man davon ausgehen, dass mindestens eine 1 darunter ist.

21 Die Aussage ist falsch. Wegen der geringen Anzahl an Versuchsdurchführungen kann man nicht auf eine gezinkte Münze schließen.

22 Das ist falsch: Praktikumsstellen werden nicht verlost, sondern nach der Qualität der Bewerber vergeben. Also haben nicht alle Bewerber die gleichen Chancen, den Platz zu bekommen. Damit handelt es sich nicht um ein Laplace-Experiment.

23 Die Aussage ist falsch. Jede Kugel hat die gleiche Wahrscheinlichkeit, gezogen zu werden.

24 Die Aussage ist richtig, denn die Summe aller Wahrscheinlichkeiten beträgt 100 %. Sofern der Würfel alle Ziffern von 1 bis 6 umfasst, bleiben für die anderen Ziffern nur noch 25 % Wahrscheinlichkeit insgesamt übrig.

25 Die Aussage ist im Allgemeinen falsch. Laplace-Wahrscheinlichkeiten lassen sich nur für solche Zufallsexperimente angeben, bei denen alle möglichen Ergebnisse gleich wahrscheinlich sind.

26 Die Aussage ist falsch. Jede Zahlenkombination hat die gleiche Wahrscheinlichkeit, gewürfelt zu werden.

27 „Mindestens vier" heißt „vier oder mehr". Das Gegenteil ist also „weniger als vier". Die Aussage ist richtig, falls es um ganze Zahlen geht. Sie ist falsch, falls Dezimalzahlen erlaubt sind, denn beispielsweise auch 3,8 ist weniger als vier.

28 Die Aussage ist falsch. Das Gegenteil von „nie" ist „nicht nie", also „manchmal".

29 Das ist falsch: Das Gegenteil von „Maren ist in Timo verliebt." ist „Maren ist nicht in Timo verliebt." Maren kann also entweder gar nicht verliebt sein oder in irgendjemand anderen als Timo.

Stichwortverzeichnis

Abc-Formel 58
Abschreibung
– degressive 147
– lineare 147
absolute Häufigkeit 14
Additionsverfahren 8
Ähnlichkeit 80
Ähnlichkeitssätze 82
Ankathete 130, 132
Argument 10
arithmetisches Mittel 14
Assoziativgesetz 7
Asymptote, waagrechte 150
ausklammern 34, 58
ausmultiplizieren 34, 37

Basis 7, 16
Binomische Formeln 37

Definitionsbereich 10, 38, 56
Diskriminante 58
Distributivgesetz 7

Einheitskreis 137
Einsetzungsverfahren 8
Ereignis 168
Ergebnis 164
Exponent 7, 16
Exponentialfunktion 146, 150
exponentielles Wachstum 146
Extremwert 38

Faktorisieren 34, 37
Flächeninhalte 12
Formvariable (Koeffizient) 44
Funktion 9, 10
– exponentielle 146
– lineare 10, 146
– periodische 137
– quadratische 38
Funktionswert 10

Gegenereignis 170
Gegenkathete 130, 132
gemischt quadratische
Gleichungen 58
Gerade 9, 10
Gesetz der großen Zahlen 166
Gleichsetzungsverfahren 8
Gleichungen
– gemischt quadratische 58
– lineare 8
– reinquadratische 40
Gleichungssysteme, lineare 8
Graph 9 f.
Gesetz der großen Zahlen 166

Häufigkeiten 14, 166
Hochpunkt 56
Höhensatz 101
Hyperbel 9
Hypotenuse 96, 130

Irrationale Zahlen 22

Kathete 96
Kathetensatz 101
Kegel 114
– Oberflächeninhalt 116
– Mantelflächeninhalt 116
– Schrägbilder 118
– Volumen 118
Koeffizient (Formvariable) 44, 52
Kommutativgesetz 7
Kongruenzsätze für Dreiecke 11
Körpernetz 13, 114
Kosinus 130
Kosinusfunktion 137
Kubikwurzel 18
Kubikzahl 16

Laplace-Wahrscheinlichkeit 168
lineare Funktion 10, 146
lineare Gleichungen 8
lineare Gleichungssysteme 8
lineares Wachstum 146
Linearfaktorzerlegung 52
Logarithmus 24, 149
Lösungsmenge 8, 40, 58

Maßstäbliche Vergrößerungen 76, 80
maßstäbliche Verkleinerungen 76, 80
Maximum 14
Minimum 14
Mittel, arithmetisches 14
Modalwert 14
Monotonie 56, 150

Normalparabel 38
Nullprodukt, Satz vom 42, 58
Nullstelle 10, 38, 56, 58

Parabel 38
– Stauchung, Streckung, Spiegelung 44
– Parallelverschiebung 48
Periodenlänge 137
periodische Funktionen 137
Potenz 7, 16
pq-Formel 59
Prismen 14
Prozentrechnung 11
Pyramide
– Oberflächeninhalt 116
– Mantelflächeninhalt 116
– Schrägbilder 118
– Volumen 118
Pythagoras, Satz des 96

Quadratische Funktionen 38, 52
– allgemeine Form 52
– Normalform 52
– Scheitelpunktform 48, 52
– Produktform 52
quadratische Gleichungen 40

Quadratwurzel 18
Quadratzahl 16

Radikand 40
Radizieren (Wurzelziehen) 18, 24
rationale Zahlen 7
– Addition 7
– Division 7
– Multiplikation 7
– Subtraktion 7
Rechnen mit Wurzeln 20
Rechteck 12
reinquadratische Gleichungen 40
relative Häufigkeit 14, 166
Rotationskörper 115

Satz des Pythagoras 96
– in Körpern 102
Satz des Thales 11
Satz vom Nullprodukt 42, 58
Scheitelpunkt 38, 52, 56
Schrägbilder 13, 118
Sinus 130
Sinusfunktion 137
Spannweite 14
Strahlensätze 84
Streckenteilung 75, 87
Streckfaktor k 76
Streckzentrum Z 76

Tangens 132
Terme 9, 34
Tetraeder 114
Thales, Satz des 11
Tiefpunkt 5

Vergrößerungen 76
Verhältnis a : b
Verkleinerungen 7

Waagrechte Asymptote
Wachstum
– exponentielles
– lineares
Wertebereich
Wurzeln
Wurzelziehen (Radizieren)

Zahlen, Gesetz der großen
Zahlen, irrationale
Zentralwert
zentrische Streckung
– geradentreu
– kreistreu
– verhältnistreu
– winkeltreu
Zinsrechnung
Zufallsexperiment
Zuordnungen
Zylinder

Bildnachweis

123RF / PaylessImages – S. 3, 73; DIZ / Süddeutscher Verlag, Bilderdienst, SZ-Photo Horst Müller, München – S. 68; dpa Picture-Alliance / Baumgart, Ursula, SZ-Photo, Frankfurt – S. 3, 33; Ingolf Engelhardt, Stadtilm – S. 157; Euroluftbild.de / VISUM, Hamburg – S. 4, 113; Fotolia / alko007 – S. 83; - / ankiro – S. 5, 163; - / by-studio – S. 164, 176; - / dieter76 – S. 47; - / DocRaBe – S. 148; - / earthedit – S. 176; - / ExQuisine – S. 105; - / frankoppermann – S. 102; - / Christos Georghiou – S. 29; - / Jose Gil – S. 104; - / Jörg Hackemann – S. 69; - / Werner Hilpert – S. 123; - / pico – S. 83; - / Anja Roesnick – S. 176; - / Schlierner – S. 158; - / slavun – S. 4, 129; - / Manfred Steinbach – S. 155; - / thorabi – S. 47; - / Tobif82 – S. 5, 145; - / Thomas Wagner – S. 122; - / Widmann – S. 118; - / wion – S. 47; GettyImages, Staff, Pascal Guyot – S. 132; Toralf Hieb, Kirschkau – S. 56; Michaela Silvia Hoffmann, Bamberg – S. 38; Georg Klingler, Roth – S. 117; Sonja Krebs, Bamberg / Bamberg Tourismus und Kongress Service – S. 140; Matthias Ludwig, Würzburg – S. 81; Okapia / imageBROKER, Stefan Huwiler, Frankfurt – S. 140; Orlamünder Dach-Wand-Abdichtungen, Göppingen – S. 117; Thinkstock / Fuse – S. 47; Thinkstock / Hemera, Markus Gann – S. 125; Thinkstock / Ingram Publishing – S. 147; Thinkstock / iStockphoto – S. 38 (2), 40, 43, 64, 74, 117, 124, 132; -/ iStockphoto, Bigaut-Photography – S. 132; -/ iStockphoto, Alexey Bykov – S. 65; -/ iStockphoto, Editorial Carso80 – S. 3, 15; -/ iStockphoto, Richard Eyre – S. 64; -/ iStockphoto, Gewitterkind – S. 141; - / iStockphoto, giampieroortenzi – S. 148; -/ iStockphoto, Rostislav Glinsky – S. 157; -/ iStockphoto, Karpiyon – S. 75; -/ iStockphoto, Maciej Korzekwa – S. 135; -/ iStockphoto, lucky 1 – S. 137; -/ iStockphoto, mipan – S. 62; -/ iStockphoto, prosot-photography – S. 138; -/ iStockphoto, Rawpixel Ltd. – S. 156; -/ iStockphoto, roustik - S. 91; -/ iStockphoto, Richard Seniuk – S. 68; -/ iStockphoto, SerrNovik – S. 175; -/ iStockphoto, sgoodwin4813 – S. 105; -/ iStockphoto, Taina Sohlmann – S. 109; -/ iStockphoto, stefanschnurr – S. 109; -/ iStockphoto, tegmen – S. 122; -/ iStockphoto, thoronen – S. 154; -/ iStockphoto, typo-graphics – S. 156; -/ iStockphoto, wavebreakmedia Ltd – S. 155; -/ iStockphoto, Bahadir Yeniceri – S. 8; Thinkstock / Photo Objects.net / Hemera Technologies – S. 121 (2); Thinkstock / Purestock – S. 154; VG Bild-Kunst, Bonn 2016 – S. 33; www.go-images.com, Wolfgang Ehn, Mittenwald – S. 134; www.wikimedia.org – S. 46, 140; www.wikimedia.org / 120 – S. 24; www.wikimedia.org / 2013Mariordo@aol.com, CC BY-SA 3.0 – S. 125; www.wikimedia.org / aiwaz.net – S. 23; www.wikimedia.org / Dr. Manuel – S. 61; www.wikimedia.org / GFDL, CC BY-SA 2.0-de – S. 136; www.wikimedia.org / slgckgc, CC BY-SA 2.0 – S. 150.